向为创建中国卫星导航事业

并使之立于世界最前列而做出卓越贡献的北斗功臣们

致以深深的敬意!

"十三五"国家重点出版物

国家出版基金项目
NATIONAL PUBLICATION FOUNDATION

出版规划项目

卫星导航工程技术丛书

主　编　杨元喜
副主编　蔚保国

多源融合导航技术及其演进

Multi-Source Navigation and Its Evolution

袁洪　魏东岩　等编著

国防工业出版社

·北京·

内 容 简 介

多源融合导航是通过多种传感器、信息源的融合来提高导航定位授时性能的一种导航定位技术,可广泛应用于人员、车辆、飞机等典型应用目标在复杂应用环境下的导航定位。

全书共9章,重点介绍多源融合导航技术的系统架构、关键算法、设计实例以及未来的技术演进等,既包括基础理论与方法,也包括具体的设计实例等。

本书可供从事多源融合导航定位技术工作的工程技术人员阅读,也可作为相关专业高年级本科生、研究生的参考书。

图书在版编目(CIP)数据

多源融合导航技术及其演进/袁洪等编著. —北京:
国防工业出版社,2021.3
(卫星导航工程技术丛书)
ISBN 978-7-118-12157-5

Ⅰ.①多… Ⅱ.①袁… Ⅲ.①信息融合-定位系统-研究 Ⅳ.①P228

中国版本图书馆 CIP 数据核字(2020)第 140680 号

※

国防工业出版社出版发行
(北京市海淀区紫竹院南路 23 号 邮政编码 100048)
天津嘉恒印务有限公司印刷
新华书店经售
*
开本 710×1000 1/16 插页 8 印张 15¼ 字数 283 千字
2021 年 3 月第 1 版第 1 次印刷 印数 1—2000 册 定价 108.00 元

(本书如有印装错误,我社负责调换)

国防书店:(010)88540777 书店传真:(010)88540776
发行业务:(010)88540717 发行传真:(010)88540762

孙家栋院士为本套丛书致辞

探索中国北斗自主创新之路
凝练卫星导航工程技术之果

当今世界,卫星导航系统覆盖全球,应用服务广泛渗透,科技影响如日中天。

我国卫星导航事业从北斗一号工程开始到北斗三号工程,已经走过了二十六个春秋。在长达四分之一世纪的艰辛发展历程中,北斗卫星导航系统从无到有,从小到大,从弱到强,从区域到全球,从单一星座到高中轨混合星座,从 RDSS 到 RNSS,从定位授时到位置报告,从差分增强到精密单点定位,从星地站间组网到星间链路组网,不断演进和升级,形成了包括卫星导航及其增强系统的研究规划、研制生产、测试运行及产业化应用的综合体系,培养造就了一支高水平、高素质的专业人才队伍,为我国卫星导航事业的蓬勃发展奠定了坚实基础。

如今北斗已开启全球时代,打造"天上好用,地上用好"的自主卫星导航系统任务已初步实现,我国卫星导航事业也已跻身于国际先进水平,领域专家们认为有必要对以往的工作进行回顾和总结,将积累的工程技术、管理成果进行系统的梳理、凝练和提高,以利再战,同时也有必要充分利用前期积累的成果指导工程研制、系统应用和人才培养,因此决定撰写一套卫星导航工程技术丛书,为国家导航事业,也为参与者留下宝贵的知识财富和经验积淀。

在各位北斗专家及国防工业出版社的共同努力下,历经八年时间,这套导航丛书终于得以顺利出版。这是一件十分可喜可贺的大事!丛书展示了从北斗二号到北斗三号的历史性跨越,体系完整,理论与工程实践相结合，突出北斗卫星导航自主创新精神，注意与国际先进技术融合与接轨，展现了"中国的北斗，世界的北斗，一流的北斗"之大气！每一本书都是作者亲身工作成果的凝练和升华，相信能够为相关领域的发展和人才培养做出贡献。

"只要你管这件事，就要认认真真负责到底。"这是中国航天界的习惯，也是本套丛书作者的特点。我与丛书作者多有相识与共事，深知他们在北斗卫星导航科研和工程实践中取得了巨大成就，并积累了丰富经验。现在他们又在百忙之中牺牲休息时间来著书立说，继续弘扬"自主创新、开放融合、万众一心、追求卓越"的北斗精神，力争在学术出版界再现北斗的光辉形象，为北斗事业的后续发展鼎力相助，为导航技术的代代相传添砖加瓦。为他们喝彩！更由衷地感谢他们的巨大付出！由这些科研骨干潜心写成的著作，内蓄十足的含金量！我相信这套丛书一定具有鲜明的中国北斗特色，一定经得起时间的考验。

我一辈子都在航天战线工作，虽然已年逾九旬，但仍愿为北斗卫星导航事业的发展而思考和实践。人才培养是我国科技发展第一要事，令人欣慰的是，这套丛书非常及时地全面总结了中国北斗卫星导航的工程经验、理论方法、技术成果，可谓承前启后，必将有助于我国卫星导航系统的推广应用以及人才培养。我推荐从事这方面工作的科研人员以及在校师生都能读好这套丛书，它一定能给你启发和帮助，有助于你的进步与成长，从而为我国全球北斗卫星导航事业又好又快发展做出更多更大的贡献。

2020 年 8 月

于 2019 年第十届中国卫星导航年会期间题词。

期待 卫星导航工程技术丛书

助力中国北斗系统发展

于 2019 年第十届中国卫星导航年会期间题词。

卫星导航工程技术丛书
编审委员会

卫星导航工程技术丛书
编写委员会

主　　　编　杨元喜

副　主　编　蔚保国

委　　　员　（按姓氏笔画排序）

尹继凯　朱衍波　伍蔡伦　刘　利

刘天雄　李　隽　杨　慧　宋小勇

张小红　陈金平　陈建云　陈韬鸣

金双根　赵文军　姜　毅　袁　洪

袁运斌　徐彦田　黄文德　谢　军

蔡志武

丛书序

宇宙浩瀚、海洋无际、大漠无垠、丛林层密、山峦叠嶂，这就是我们生活的空间，这就是我们探索的远方。我在何处？我之去向？这是我们每天都必须面对的问题。从原始人巡游狩猎、航行海洋，到近代人周游世界、遨游太空，无一不需要定位和导航。

正如《北斗赋》所描述，乘舟而惑，不知东西，见斗则寤矣。又戒之，瀚海识途，昼则观日，夜则观星矣。我们的祖先不仅为后人指明了"昼观日，夜观星"的天文导航法，而且还发明了"司南"或"指南针"定向法。我们为祖先的聪颖智慧而自豪，但是又不得不面临新的定位、导航与授时（PNT）需求。信息化社会、智能化建设、智慧城市、数字地球、物联网、大数据等，无一不需要统一时间、空间信息的支持。为顺应新的需求，"卫星导航"应运而生。

卫星导航始于美国子午仪系统，成形于美国的全球定位系统（GPS）和俄罗斯的全球卫星导航系统（GLONASS），发展于中国的北斗卫星导航系统（BDS）（简称"北斗系统"）和欧盟的伽利略卫星导航系统（简称"Galileo 系统"），补充于印度及日本的区域卫星导航系统。卫星导航系统是时间、空间信息服务的基础设施，是国防建设和国家经济建设的基础设施，也是政治大国、经济强国、科技强国的基本象征。

中国的北斗系统不仅是我国 PNT 体系的重要基础设施，也是国家经济、科技与社会发展的重要标志，是改革开放的重要成果之一。北斗系统不仅"标新""立异"，而且"特色"鲜明。标新于设计（混合星座、信号调制、云平台运控、星间链路、全球报文通信等），立异于功能（一体化星基增强、嵌入式精密单点定位、嵌入式全球搜救等服务），特色于应用（报文通信、精密位置服务等）。标新立异和特色服务是北斗系统的立身之本，也是北斗系统推广应用的基础。

2020 年 6 月 23 日，北斗系统最后一颗卫星发射升空，标志着中国北斗全球卫星导航系统卫星组网完成；2020 年 7 月 31 日，北斗系统正式向全球用户开通服务，标志着中国北斗全球卫星导航系统进入运行维护阶段。为了全面反映中国北斗系统建设成果，同时也为了推进北斗系统的广泛应用，我们紧跟北斗工程的成功进展，组织北斗系统建设的部分技术骨干，撰写了卫星导航工程技术丛书，系统地描述北斗系统的最新发展、创新设计和特色应用成果。丛书共 26 个分册，分别介绍如下：

卫星导航定位遵循几何交会原理，但又涉及无线电信号传输的大气物理特性以及卫星动力学效应。《卫星导航定位原理》全面阐述卫星导航定位的基本概念和基本原理，侧重卫星导航概念描述和理论论述，包括北斗系统的卫星无线电测定业务（RDSS）原理、卫星无线电导航业务（RNSS）原理、北斗三频信号最优组合、精密定轨与时间同步、精密定位模型和自主导航理论与算法等。其中北斗三频信号最优组合、自适应卫星轨道测定、自主定轨理论与方法、自适应导航定位等均是作者团队近年来的研究成果。此外，该书第一次较详细地描述了"综合 PNT"、"微 PNT"和"弹性 PNT"基本框架，这些都可望成为未来 PNT 的主要发展方向。

北斗系统由空间段、地面运行控制系统和用户段三部分构成，其中空间段的组网卫星是系统建设最关键的核心组成部分。《北斗导航卫星》描述我国北斗导航卫星研制历程及其取得的成果，论述导航卫星环境和任务要求、导航卫星总体设计、导航卫星平台、卫星有效载荷和星间链路等内容，并对未来卫星导航系统和关键技术的发展进行展望，特色的载荷、特色的功能设计、特色的组网，成就了特色的北斗导航卫星星座。

卫星导航信号的连续可用是卫星导航系统的根本要求。《北斗导航卫星可靠性工程》描述北斗导航卫星在工程研制中的系列可靠性研究成果和经验。围绕高可靠性、高可用性，论述导航卫星及星座的可靠性定性定量要求、可靠性设计、可靠性建模与分析等，侧重描述可靠性指标论证和分解、星座及卫星可用性设计、中断及可用性分析、可靠性试验、可靠性专项实施等内容。围绕导航卫星批量研制，分析可靠性工作的特殊性，介绍工艺可靠性、过程故障模式及其影响、贮存可靠性、备份星论证等批产可靠性保证技术内容。

卫星导航系统的运行与服务需要精密的时间同步和高精度的卫星轨道支持。《卫星导航时间同步与精密定轨》侧重描述北斗导航卫星高精度时间同步与精密定轨相关理论与方法，包括：相对论框架下时间比对基本原理、星地/站间各种时间比对技术及误差分析、高精度钟差预报方法、常规状态下导航卫星轨道精密测定与预报等；围绕北斗系统独有的技术体制和运行服务特点，详细论述星地无线电双向时间比对、地球静止轨道/倾斜地球同步轨道/中圆地球轨道（GEO/IGSO/MEO）混合星座精密定轨及轨道快速恢复、基于星间链路的时间同步与精密定轨、多源数据系统性偏差综合解算等前沿技术与方法；同时，从系统信息生成者角度，给出用户使用北斗卫星导航电文的具体建议。

北斗卫星发射与早期轨道段测控、长期运行段卫星及星座高效测控是北斗卫星发射组网、补网，系统连续、稳定、可靠运行与服务的核心要素之一。《导航星座测控管理系统》详细描述北斗系统的卫星/星座测控管理总体设计、系列关键技术及其解决途径，如测控系统总体设计、地面测控网总体设计、基于轨道参数偏置的 MEO 和 IGSO 卫星摄动补偿方法、MEO 卫星轨道构型重构控制评价指标体系及优化方案、分布式数据中心设计方法、数据一体化存储与多级共享自动迁移设计等。

波束测量是卫星测控的重要创新技术。《卫星导航数字多波束测量系统》阐述数字波束形成与扩频测量传输深度融合机理，梳理数字多波束多星测量技术体制的最新成果，包括全分散式数字多波束测量装备体系架构、单站系统对多星的高效测量管理技术、数字波束时延概念、数字多波束时延综合处理方法、收发链路波束时延误差控制、数字波束时延在线精确标校管理等，描述复杂星座时空测量的地面基准确定、恒相位中心多波束动态优化算法、多波束相位中心恒定解决方案、数字波束合成条件下高精度星地链路测量、数字多波束测量系统性能测试方法等。

工程测试是北斗系统建设与应用的重要环节。《卫星导航系统工程测试技术》结合我国北斗三号工程建设中的重大测试、联试及试验，成体系地介绍卫星导航系统工程的测试评估技术，既包括卫星导航工程的卫星、地面运行控制、应用三大组成部分的测试技术及系统间大型测试与试验，也包括工程测试中的组织管理、基础理论和时延测量等关键技术。其中星地对接试验、卫星在轨测试技术、地面运行控制系统测试等内容都是我国北斗三号工程建设的实践成果。

卫星之间的星间链路体系是北斗三号卫星导航系统的重要标志之一，为北斗系统的全球服务奠定了坚实基础，也为构建未来天基信息网络提供了技术支撑。《卫星导航系统星间链路测量与通信原理》介绍卫星导航系统星间链路测量通信概念、理论与方法，论述星间链路在星历预报、卫星之间数据传输、动态无线组网、卫星导航系统性能提升等方面的重要作用，反映了我国全球卫星导航系统星间链路测量通信技术的最新成果。

自主导航技术是保证北斗地面系统应对突发灾难事件、可靠维持系统常规服务性能的重要手段。《北斗导航卫星自主导航原理与方法》详细介绍了自主导航的基本理论、星座自主定轨与时间同步技术、卫星自主完好性监测技术等自主导航关键技术及解决方法。内容既有理论分析,也有仿真和实测数据验证。其中在自主时空基准维持、自主定轨与时间同步算法设计等方面的研究成果,反映了北斗自主导航理论和工程应用方面的新进展。

卫星导航"完好性"是安全导航定位的核心指标之一。《卫星导航系统完好性原理与方法》全面阐述系统基本完好性监测、接收机自主完好性监测、星基增强系统完好性监测、地基增强系统完好性监测、卫星自主完好性监测等原理和方法,重点介绍相应的系统方案设计、监测处理方法、算法原理、完好性性能保证等内容,详细描述我国北斗系统完好性设计与实现技术,如基于地面运行控制系统的基本完好性的监测体系、顾及卫星自主完好性的监测体系、系统基本完好性和用户端有机结合的监测体系、完好性性能测试评估方法等。

时间是卫星导航的基础,也是卫星导航服务的重要内容。《时间基准与授时服务》从时间的概念形成开始:阐述从古代到现代人类关于时间的基本认识,时间频率的理论形成、技术发展、工程应用及未来前景等;介绍早期的牛顿绝对时空观、现代的爱因斯坦相对时空观及以霍金为代表的宇宙学时空观等;总结梳理各类时空观的内涵、特点、关系,重点分析相对论框架下的常用理论时标,并给出相互转换关系;重点阐述针对我国北斗系统的时间频率体系研究、体制设计、工程应用等关键问题,特别对时间频率与卫星导航系统地面、卫星、用户等各部分之间的密切关系进行了较深入的理论分析。

卫星导航系统本质上是一种高精度的时间频率测量系统,通过对时间信号的测量实现精密测距,进而实现高精度的定位、导航和授时服务。《卫星导航精密时间传递系统及应用》以卫星导航系统中的时间为切入点,全面系统地阐述卫星导航系统中的高精度时间传递技术,包括卫星导航授时技术、星地时间传递技术、卫星双向时间传递技术、光纤时间频率传递技术、卫星共视时间传递技术,以及时间传递技术在多个领域中的应用案例。

空间导航信号是连接导航卫星、地面运行控制系统和用户之间的纽带,其质量的好坏直接关系到全球卫星导航系统(GNSS)的定位、测速和授时性能。《GNSS 空间信号质量监测评估》从卫星导航系统地面运行控制和测试角度出发,介绍导航信号生成、空间传播、接收处理等环节的数学模型,并从时域、频域、测量域、调制域和相关域监测评估等方面,系统描述工程实现算法,分析实测数据,重点阐述低失真接收、交替采样、信号重构与监测评估等关键技术,最后对空间信号质量监测评估系统体系结构、工作原理、工作模式等进行论述,同时对空间信号质量监测评估应用实践进行总结。

北斗系统地面运行控制系统建设与维护是一项极其复杂的工程。地面运行控制系统的仿真测试与模拟训练是北斗系统建设的重要支撑。《卫星导航地面运行控制系统仿真测试与模拟训练技术》详细阐述地面运行控制系统主要业务的仿真测试理论与方法,系统分析全球主要卫星导航系统地面控制段的功能组成及特点,描述地面控制段一整套仿真测试理论和方法,包括卫星导航数学建模与仿真方法、仿真模型的有效性验证方法、虚-实结合的仿真测试方法、面向协议测试的通用接口仿真方法、复杂仿真系统的开放式体系架构设计方法等。最后分析了地面运行控制系统操作人员岗前培训对训练环境和训练设备的需求,提出利用仿真系统支持地面操作人员岗前培训的技术和具体实施方法。

卫星导航信号严重受制于地球空间电离层延迟的影响,利用该影响可实现电离层变化的精细监测,进而提升卫星导航电离层延迟修正效果。《卫星导航电离层建模与应用》结合北斗系统建设和应用需求,重点论述了北斗系统广播电离层延迟及区域增强电离层延迟改正模型、码偏差处理方法及电离层模型精化与电离层变化监测等内容,主要包括北斗全球广播电离层时延改正模型、北斗全球卫星导航差分码偏差处理方法、面向我国低纬地区的北斗区域增强电离层延迟修正模型、卫星导航全球广播电离层模型改进、卫星导航全球与区域电离层延迟精确建模、卫星导航电离层层析反演及扰动探测方法、卫星导航定位电离层时延修正的典型方法等,体系化地阐述和总结了北斗系统电离层建模的理论、方法与应用成果及特色。

卫星导航终端是卫星导航系统服务的端点,也是体现系统服务性能的重要载体,所以卫星导航终端本身必须具备良好的性能。《卫星导航终端测试系统原理与应用》详细介绍并分析卫星导航终端测试系统的分类和实现原理,包括卫星导航终端的室内测试、室外测试、抗干扰测试等系统的构成和实现方法以及我国第一个大型室外导航终端测试环境的设计技术,并详述各种测试系统的工程实践技术,形成卫星导航终端测试系统理论研究和工程应用的较完整体系。

卫星导航系统 PNT 服务的精度、完好性、连续性、可用性是系统的关键指标,而卫星导航系统必然存在卫星轨道误差、钟差以及信号大气传播误差,需要增强系统来提高服务精度和完好性等关键指标。卫星导航增强系统是有效削弱大多数系统误差的重要手段。《卫星导航增强系统原理与应用》根据国际民航组织有关全球卫星导航系统服务的标准和操作规范,详细阐述了卫星导航系统的星基增强系统、地基增强系统、空基增强系统以及差分系统和低轨移动卫星导航增强系统的原理与应用。

与卫星导航增强系统原理相似,实时动态(RTK)定位也采用差分定位原理削弱各类系统误差的影响。《GNSS 网络 RTK 技术原理与工程应用》侧重介绍网络 RTK 技术原理和工作模式。结合北斗系统发展应用,详细分析网络 RTK 定位模型和各类误差特性以及处理方法、基于基准站的大气延迟和整周模糊度估计与北斗三频模糊度快速固定算法等,论述空间相关误差区域建模原理、基准站双差模糊度转换为非差模糊度相关技术途径以及基准站双差和非差一体化定位方法,综合介绍网络 RTK 技术在测绘、精准农业、变形监测等方面的应用。

GNSS 精密单点定位(PPP)技术是在卫星导航增强原理和 RTK 原理的基础上发展起来的精密定位技术,PPP 方法一经提出即得到同行的极大关注。《GNSS 精密单点定位理论方法及其应用》是国内第一本全面系统论述 GNSS 精密单点定位理论、模型、技术方法和应用的学术专著。该书从非差观测方程出发,推导并建立 BDS/GNSS 单频、双频、三频及多频 PPP 的函数模型和随机模型,详细讨论非差观测数据预处理及各类误差处理策略、缩短 PPP 收敛时间的系列创新模型和技术,介绍 PPP 质量控制与质量评估方法、PPP 整周模糊度解算理论和方法,包括基于原始观测模型的北斗三频载波相位小数偏差的分离、估计和外推问题,以及利用连续运行参考站网增强 PPP 的概念和方法,阐述实时精密单点定位的关键技术和典型应用。

GNSS 信号到达地表产生多路径延迟,是 GNSS 导航定位的主要误差源之一,反过来可以估计地表介质特征,即 GNSS 反射测量。《GNSS 反射测量原理与应用》详细、全面地介绍全球卫星导航系统反射测量原理、方法及应用,包括 GNSS 反射信号特征、多路径反射测量、干涉模式技术、多普勒时延图、空基 GNSS 反射测量理论、海洋遥感、水文遥感、植被遥感和冰川遥感等,其中利用 BDS/GNSS 反射测量估计海平面变化、海面风场、有效波高、积雪变化、土壤湿度、冻土变化和植被生长量等内容都是作者的最新研究成果。

伪卫星定位系统是卫星导航系统的重要补充和增强手段。《GNSS 伪卫星定位系统原理与应用》首先系统总结国际上伪卫星定位系统发展的历程,进而系统描述北斗伪卫星导航系统的应用需求和相关理论方法,涵盖信号传输与多路径效应、测量误差模型等多个方面,系统描述 GNSS 伪卫星定位系统(中国伽利略测试场测试型伪卫星)、自组网伪卫星系统(Locata 伪卫星和转发式伪卫星)、GNSS 伪卫星增强系统(闭环同步伪卫星和非同步伪卫星)等体系结构、组网与高精度时间同步技术、测量与定位方法等,系统总结 GNSS 伪卫星在各个领域的成功应用案例,包括测绘、工业控制、军事导航和 GNSS 测试试验等，充分体现出 GNSS 伪卫星的"高精度、高完好性、高连续性和高可用性"的应用特性和应用趋势。

GNSS 存在易受干扰和欺骗的缺点，但若与惯性导航系统（INS）组合，则能发挥两者的优势，提高导航系统的综合性能。《高精度 GNSS/INS 组合定位及测姿技术》系统描述北斗卫星导航/惯性导航相结合的组合定位基础理论、关键技术以及工程实践，重点阐述不同方式组合定位的基本原理、误差建模、关键技术以及工程实践等，并将组合定位与高精度定位相互融合，依托移动测绘车组合定位系统进行典型设计，然后详细介绍组合定位系统的多种应用。

未来 PNT 应用需求逐渐呈现出多样化的特征，单一导航源在可用性、连续性和稳健性方面通常不能全面满足需求，多源信息融合能够实现不同导航源的优势互补，提升 PNT 服务的连续性和可靠性。《多源融合导航技术及其演进》系统分析现有主要导航手段的特点、多源融合导航终端的总体构架、多源导航信息时空基准统一方法、导航源质量评估与故障检测方法、多源融合导航场景感知技术、多源融合数据处理方法等，依托车辆的室内外无缝定位应用进行典型设计，探讨多源融合导航技术未来发展趋势，以及多源融合导航在 PNT 体系中的作用和地位等。

卫星导航系统是典型的军民两用系统，一定程度上改变了人类的生产、生活和斗争方式。《卫星导航系统典型应用》从定位服务、位置报告、导航服务、授时服务和军事应用 5 个维度系统阐述卫星导航系统的应用范例。"天上好用，地上用好"，北斗卫星导航系统只有服务于国计民生，才能产生价值。

海洋定位、导航、授时、报文通信以及搜救是北斗系统对海事应用的重要特色贡献。《北斗卫星导航系统海事应用》梳理分析国际海事组织、国际电信联盟、国际海事无线电技术委员会等相关国际组织发布的 GNSS 在海事领域应用的相关技术标准，详细阐述全球海上遇险与安全系统、船舶自动识别系统、船舶动态监控系统、船舶远程识别与跟踪系统以及海事增强系统等的工作原理及在海事导航领域的具体应用。

将卫星导航技术应用于民用航空，并满足飞行安全性对导航完好性的严格要求，其核心是卫星导航增强技术。未来的全球卫星导航系统将呈现多个星座共同运行的局面，每个星座均向民航用户提供至少 2 个频率的导航信号。双频多星座卫星导航增强技术已经成为国际民航下一代航空运输系统的核心技术。《民用航空卫星导航增强新技术与应用》系统阐述多星座卫星导航系统的运行概念、先进接收机自主完好性监测技术、双频多星座星基增强技术、双频多星座地基增强技术和实时精密定位技术等的原理和方法,介绍双频多星座卫星导航系统在民航领域应用的关键技术、算法实现和应用实施等。

本丛书全面反映了我国北斗系统建设工程的主要成就,包括导航定位原理,工程实现技术,卫星平台和各类载荷技术,信号传输与处理理论及技术,用户定位、导航、授时处理技术等。各分册:虽有侧重,但又相互衔接;虽自成体系,又避免大量重复。整套丛书力求理论严密、方法实用,工程建设内容力求系统,应用领域力求全面,适合从事卫星导航工程建设、科研与教学人员学习参考,同时也为从事北斗系统应用研究和开发的广大科技人员提供技术借鉴,从而为建成更加完善的北斗综合 PNT 体系做出贡献。

最后,让我们从中国科技发展史的角度,来评价编撰和出版本丛书的深远意义,那就是:将中国卫星导航事业发展的重要的里程碑式的阶段永远地铭刻在历史的丰碑上!

2020 年 8 月

前　言

定位、导航与授时(PNT)已日益渗透到生活、生产、经济、国防等各个领域,人们对 PNT 服务的依赖日益加深,同时对导航服务的要求也更高,包括精度、可靠性和覆盖性等多方面。尽管全球定位系统(GPS)、北斗卫星导航系统(BDS)等不断成熟,服务能力不断取得进步,但由于导航卫星距离地面较远、无线电信号易受干扰和遮蔽阻断的体制性限制因素,卫星导航难以全面满足人们的导航定位需求。除卫星导航之外,还发展了惯性导航、匹配导航、伪卫星定位、视觉导航等导航定位技术,但这些导航手段都有一定的局限性,总体来看,目前还未有某种定位手段能够解决所有导航问题。

在这样的背景下,基于多种手段融合的导航定位技术应运而生,融合导航是利用多种特点互补的导航手段,通过融合这些导航手段所提供的信号或信息,来满足用户需求。由此产生了导航技术领域关于"多源融合导航"的研究热潮,受到了国内外专家学者的广泛关注。多源融合导航是用户采用不同机理的传感器,感知不同类型的时空关联物理场信息,并进行融合处理,形成对复杂场景下用户定位、导航、授时(时空坐标)信息的最优估计,涉及控制、电子信息、计算机以及数学等多学科领域,是一个前沿性的交叉研究方向。

本书作者多年来一直扎根导航新技术研究,近年来也将多源融合导航作为研究团队的一个主要研究方向。本书建立在本团队对多源融合导航的理解和研究的基础上,通过系统性的分析、总结和整理,将作者原创性的研究成果呈现给读者,同时也涉及本学科的最前沿动态。本书面向从事多源融合导航教学、科研及开发的高校教师、研究生,或者在研究机构和工程科技界从事信息融合应用的工程技术人员,帮助其了解、学习和掌握多源融合导航的有关知识和技术内涵,供其作为工程实施和技术研究的参考。

全书共 9 章,涵盖多源融合导航系统架构、关键技术和多源融合处理方法及策略等几部分,针对不同平台、不同环境下融合导航处理体系结构的精度、通用性等问题,进行深入、系统的考虑,建立起复杂条件下多源融合导航的理论框架和基本解决思路。本书第 1 章简要介绍定位、导航、授时技术的发展历程,并阐述作者对多源融合导航的一些宏观认识和观点。第2章从多源融合导航的视角对比分析当前主要导航手段的优势和劣势，期望给读者呈现多源融合导航中不同"源"之间搭配组合的价值。第3章从对多源融合导航系统的顶层架构、效能评价指标等进行多方面描述，让读者能够对多源融合导航系统有宏观的认识和理解。第4章至第6章全方位阐述了多源导航领域涉及的关键技术，包括多源融合系统的时空基准、导航源质量评估与故障检测、多源融合导航场景感知技术，为融合方法的选择和融合策略的选取奠定了基础。第7章从多个角度来介绍多源融合处理方法，说明不同类型融合方法的特点和适用条件，帮助读者了解融合基本理论，为后续融合系统设计相关算法的选择提供依据和参考。第8章，作者依据工作经验，针对特定应用场景，给出了具体的设计示例，这些示例和架构为读者独立设计相应场景的融合定位系统提供参考。本书最后一章，展望未来多源融合导航技术的发展趋势，着重分析多源融合导航发展的时代背景、未来地位与使命，及其对导航产业未来发展的牵引作用等，期望能够在这一新兴的技术领域对导航技术研究从业者起到抛砖引玉的作用。

本书中的部分观点是多次与焦文海、陆明泉、陈罡、王智等同仁共同交流得出的，本书中大量素材由作者的同事来奇峰、陆一、纪新春、李祥红、李雯，以及博士生周阳林、张文超提供，在此一并表示感谢。

杨元喜院士对本书进行了审阅并提出了很多宝贵意见，在此表示特别感谢。

鉴于多源融合导航本身是一个相对较新的研究方向，不同的研究团队、不同的研究个体从各自的细分专业视角，对多源融合导航的认识和解读也不尽相同。本书中的一些观点仅代表一家之言，仅供读者参考。加之本书作者的知识水平有限，对相关邻近学科既有研究成果的掌握也有一定的局限性，书中不妥之处，恳请读者们批评指正。

作者

2020 年 8 月

目 录

第1章 绪 论

时间和空间是世间万物的天然属性,人们在讨论和描述世间任何一个事物时,总是明示或隐含着某一事物出现在什么时间、出现在什么地点等问题,时空问题是人类开展各种生产生活活动和军事活动时首先需要解决的基本问题。解决这些问题所涉及的技术,统称为定位、导航与授时(PNT)技术,有时又泛称为导航技术。

从历史上看,PNT技术经历了四个阶段发展历程,目前正在向第五阶段过渡,如图1.1所示。第一阶段是基于肉眼或简单仪器测量地磁指向、恒星/行星方位、地形标志/人工标记的导航技术,满足了人类迁徙、原始生产活动的基本需求;第二阶段发明了基于较为复杂的机械装置进行方位和标记测量的导航技术,满足了人类航海探索新大陆,开发殖民地的需求;第三阶段发明了基于无线电技术、电子技术、机电技术、精密仪器技术的系列导航技术,发明了人造无线电信标和惯性推算导航,测量也更加精密,应用范围也大为拓展,解决了大规模陆路/航空/航海运输,以及世界大战对定位导航授时的需求问题;第四阶段最显著的特征是发明了基于航天技术和原子钟的卫星导航技术,其核心是将人造卫星打造成高精度无线电信标的载体,解决了在全球地表及近地空间普适性的低成本定位导航授时问题,使得人类进入了全球卫星导航系统(GNSS)时代,极大地改变了人类的生产和生活方式。

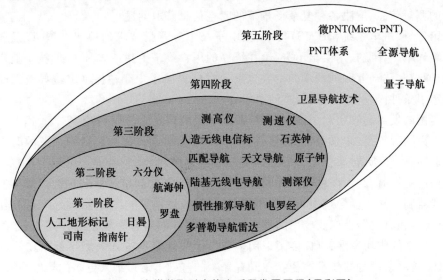

图1.1 人类获取时空信息手段发展历程(见彩图)

第四阶段可称为"GNSS 时代",其标志性成果是,美国的全球定位系统(GPS)、俄罗斯的全球卫星导航系统(GLONASS)、欧盟的伽利略卫星导航系统(简称 Galileo 系统)、中国的北斗卫星导航系统(BDS)等,以及相关的增强系统已经或即将建成,相应的应用服务模式也被社会普遍接受,产生了巨大的经济和社会效益。GNSS 的成功固然推动人类获取时空信息的能力达到空前的高水平,但也暴露出一些问题,比如,技术体制的发展受频点和星座资源制约、对电磁干扰和地形遮挡敏感等;单靠 GNSS 将不足以完全满足需求。这预示着人类获取时空信息的手段即将走出第四个发展阶段,迈向第五个全新的发展阶段,即所谓"GNSS 后时代"。

GNSS 后时代,PNT 技术如何发展,不仅是某一个国家面临的问题,而且世界卫星导航大国都对此表现出了关注。其中,美国动向更引人关注。最近 10 年来,美国在继续强化 GPS 性能的同时,陆续研究了一批不依赖 GPS 的新兴定位导航授时技术,并提出了 PNT 体系的概念,旨在解决 GPS 信号受到电磁阻隔(电磁对抗场景)和物理阻隔(室内、山地、城市峡谷等场景)下的时空信息获取问题;进而提出了建立美国国家 PNT 体系的设想[1-5]。细细品味美国建设 PNT 体系的核心要点,美国的上述部署体现了如下三方面的发展趋势:

第一,卫星导航固然大幅提升了人类获取时空信息的能力水平,但也同时极大地刺激了人类对时空信息需求的快速增长;卫星导航信号对电磁阻隔和物理阻隔的敏感性,使之不足以完全满足未来对时空信息获取能力的全面需求,必须寻找不依赖卫星导航的解决方案。

第二,目前尚不存在基于某种单一物理机理的普适性 PNT 技术,使其能够在未来 20～30 年中发展成为具有统治性的时空信息获取手段,解决各种复杂场景下的定位导航授时问题,因此,需要发展能够高效综合利用多种 PNT 技术的手段,融合不同手段的测量信息,解决各种复杂场景下的时空信息获取问题。

第三,微机电系统(MEMS)技术、微电子技术等背景技术的快速发展,以及各种其他新兴单项导航技术层出不穷,给在统一的用户终端上集成多种 PNT 技术奠定了基础,通信和移动互联网技术的发展也给通过外界向用户终端提供定位导航授时辅助创造了条件。

美国的发展动态引起了国内 PNT 领域学者的广泛重视与讨论[6-11]。其中一个比较一致的观点是:未来 10～20 年,以多手段融合的方式解决复杂场景下的时空信息获取问题,即所谓"多源融合导航",是一个必然的趋势。

从历史上看,利用两种或多种时空测量手段进行组合导航早已有之。最典型的是在武器制导和车辆导航中大量应用的卫星导航/惯性导航组合导航技术,还有在舰船、航天器和航空器上广泛应用的惯性导航/天文导航组合导航系统,等等。这些组合导航技术的成功发展,也佐证了采用多导航手段融合的方式来满足复杂场景下导航问题,是一条可行的技术途径。在既有经验的基础上通过纳入更多的导航源,以及采用更加智能和高效的融合方法,实现由传统组合导航向多源融合导航的跨越式发展,具有现实的可能性。

实际上,所谓"多源融合导航"还没有一个公认的标准概念定义。在此,我们借鉴"多源信息融合"或"多传感器信息融合"的概念定义[12],围绕 PNT 所涉及的时空坐标测定问题,对其进行界定和描述。按照美国三军组织实验室理事联合会(JDL)从军事应用角度给出的关于信息融合的定义,信息融合是一种多层次、多方面的处理过程,包括对多源数据进行检测、相关、综合和估计,从而提高状态和身份估计的精度,以及对战场态势和威胁的重要程度进行适时和完整的评价。多源融合导航应该属于多源融合面向导航应用的分支,套用 JDL 关于多源融合的概念定义表述,多源融合导航是一种对多手段 PNT 量测信息进行处理的过程,旨在充分且高效地利用多手段 PNT 信息,自适应地为不同种类和不同场景下的用户,提供唯一和可信赖的定位导航授时服务。多源融合导航主要针对导航用户终端,所涉及的处理环节一般包括:采用多种传感器感知 PNT 原始量测信息,对来源不同的 PNT 原始信息进行时空基准统一处理,对原始观测数据进行合理性判断和抽象化预处理,进行数据融合得到具有唯一性的 PNT 结果,对结果的精度和可信性评价等。

相比于依靠单一导航手段,多源融合导航具有以下几个方面的优点。第一,可以增强用户终端生存能力(可靠性)。多源融合导航终端集成有多个感知不同定位导航授时信号或信息的传感器,当其中若干传感器物理性损坏或受干扰时,一般总有其他传感器能够正常工作,从而使得用户不用采取附加的复杂操作就能获取 PNT 信息。第二,可以提升 PNT 服务的空间覆盖性和时间覆盖性。单一的 PNT 手段在空间和时间上的覆盖性总是有限的,多源融合导航终端通过配置多传感器接收多种 PNT 信号或信息,其空间和时间覆盖性等同于多个 PNT 手段空间和时间覆盖范围的合集。第三,可以提升 PNT 服务的可信性。在两个或多个定位导航授时手段同时有效的场合,多源融合导航终端可以对多个单一手段的结果进行互比确认,排除欺骗性的结果。第四,可以提升 PNT 服务的精度。不同 PNT 手段所提供的结果往往具有不同的误差特性,这些误差特性随时间和空间变化,采取适当的滤波策略,可以从总体上提升 PNT 结果的精度。第五,可以降低终端的资源占用和成本。与用户同时配置多个不同类型的 PNT 终端相比,多源融合导航终端可以在不同类型的传感器之间共用电源、时频信号、通信链路、计算资源等共性资源,结构设计和热设计上也可以进行一体化考虑,从而降低终端对资源的占用和成本。此外,多源融合导航的融合定位授时结果,可以为新加入的信号源或信息源提供初始的位置和时间捕获辅助信息,从而降低单项传感器的复杂度,进而降低资源的占用和成本。

多源融合导航技术的发展本质上由需求驱动。多源融合导航的需求,主要应集中在单一导航手段所不能完全满足使用要求的场景,且该场景能够被超过一种 PNT 手段的能力所覆盖。对于应用场景相对固定、单一导航手段能力能够满足需求的场合,如用户只在室外开阔环境活动的民用应用场景,基于多系统卫星导航终端就能满足需求,不必追求采用多源融合导航。近年来,在有关多源融合导航的各种研讨中,常以卫星导航的能力覆盖性为视角,讨论多源融合导航的应用场景。主要分为三类:民用室内外无缝导航、军用电磁干扰环境导航、水下地下(坑道)导航。其中,民用室内外无缝导航场景的特点是,卫星导航在用户的部分活动区域内是可用的,通过对用户所处环境的感知,卫星导航服务的性能也基本上是可预计的。在军用电磁干扰环境导航的应用场景下,卫星导航是部分可用的,但可用性难以预计。水下地下导航的应用场景下,卫星导航完全不可用。这三大类应用场景各自又可根据行业和用户需求进一步细分,如穿梭于城市室内外道路的智能(辅助)无人驾驶车辆导航、城市室内外行人无缝导航、涉及卫星导航被干扰条件和室内作战的军用单兵导航、军用车辆导航、无人机导航、远距离智能弹药投送、作战飞机导航、坑道人员或车辆导航、长航时潜航器导航,等等。这些细分的应用场景既对应着不同的精度、连续性、可靠性需求,也对应着不同的成本和资源开销要求,多源融合导航终端技术发展的绵延动力源泉在于不断增长的功能性能指标需求与终端成本资源开销最小化诉求之间的对立统一。

多源融合导航终端的核心在于不同导航源所提供导航定位授时信号或信息之间的融合,融合可分为两个不同的层级。第一个融合层级称为"位置域融合",指不同导航源所提供 PNT 解算结果即位置、速度、时间、姿态(PVTA)之间的融合,其核心技术路线:多源融合导航终端上集成的各种传感器分别提供其自身的 PVTA 解算结果,在此基础上,终端根据不同传感器所提供结果的误差特性,采用卡尔曼滤波等数据处理方式,融合提供一套统一的 PNT 结果。典型的例子是 GNSS 和惯性导航系统(INS)之间的松耦合。第二个融合层级称为"测量域融合",是将位置域融合处理流程中的融合处理环节前移,在传感器输出的原始观测量(这些观测量一定是与用户终端时空坐标相关联的,称为"时空关联观测量")基础上进行融合。典型的例子是 GNSS/INS 之间的紧耦合。位置域融合相较测量域融合来得简单可靠,但性能往往不如后者,特别是在某些情况下,单一的传感器不一定能够提供完整有效的 PNT 结果,却能提供一些有效的时空关联观测量,这时采用位置域融合就不能得到有效的融合导航结果,而测量域融合也许就可以。实际上,在 GNSS/INS 组合导航方法中,还有一种称为超紧耦合或深耦合的组合导航技术,其核心思想可以抽象为传感器之间相互辅助提升传感器对导航信号或信息的测量与获取能力。我们认为,就像在讨论卫星导航接收机技术时,不把导航芯片的半导体制作工艺纳入卫星导航接收机的技术范畴类似,深耦合的技术思路应作为单项传感器技术被单独考虑,而不应被纳入多源融合导航的技术范畴,否则会过分扩大多源融合导航技术的边界,不利于多源融合导航技术的发展。

本章前面提到过,多源融合导航的概念源于已有组合导航。既有的组合导航技术往往面向特定用户和应用场景,传感器的配置以及应用模式也相对固定。多源融合导航有别于组合导航的最突出特点在于,多源融合导航技术追求某种更具普适性终端软硬件架构,能够根据用户需求的变化和场景的变化弹性地接入所需的各种导航源,并进行充分和高效地融合处理,达成对用户 PVTA 特征及其可信性的高质量估计。上述关于多源融合导航作用和概念的定义,还局限于导航终端技术的范畴,并不涉及对导航源的优化或反馈。实际上,多源融合导航技术的长远发展不必完全局限于终端技术的范畴,可以从多系统导航源如何高效融合应用的角度,拓展到未来下一代导航源构建技术的范畴。因此,多源融合导航技术有着广阔的应用价值,在当前复杂场景导航终端设计方面,具有现实的研究价值,在未来导航系统设计、国家 PNT 基础设施建设方面,也具有广阔的发展空间。

本书专门讨论多源融合导航问题,是导航领域的一次尝试。多源融合导航技术涉及的头绪很多,本书都将有所涉及。如:多源融合终端层面的时空基准统一归算问题,是做到多导航源有效融合的基础;现阶段及可预期未来导航源的特点梳理,也是设计多源融合导航终端的基础;不同测量机理、不同特性导航源高效融合的数学方法,是发挥导航源潜力、达成最优融合结果的关键环节;场景检测方法,可用来帮助评估单项导航源的有效性和误差特性,为融合数学模型的建立奠定基础;融合终端架构的设计,在很大程度上影响着导航源接入的便利性和多源融合导航终端的研制、生产、应用、更新模式。此外,跳出终端的技术范畴,本书还将尝试着从融合终端的视角,讨论未来导航源的发展趋势,为国家 PNT 体系的设计与建设提供一些参考意见。

参考文献

[1] 郭丽红,李洲.美国国家天基 PNT 概况[J].全球定位系统,2011,36(5):85-90.

[2] 刘春保.美国 GPS 现代化的进展与未来发展[J].国际太空,2007(5):13-16.

[3] 张凤国,张红波.美国 PNT 体系结构研究方法[J].全球定位系统,2016,41(1):24-31.

[4] 车晓玲,晓春.像新鲜空气一样宝贵——浅析美国国家定位导航授时(PNT)体系结构[J].太空探索,2012(10):28-29.

[5] 刘庆军,刘锋,武向军.国家综合 PNT 体系的总体架构及其时空基准[C]//中国卫星导航学术年会,上海,2017.

[6] 杨元喜.综合 PNT 体系及其关键技术[J].测绘学报,2016,45(5):505-510.

[7] 杨元喜,李金龙,徐君毅,等.中国北斗卫星导航系统对全球 PNT 用户的贡献[J].科学通报,2011,56(21):1734-1740.

[8] 尤政,马林.构建微型定位导航授时体系,改变 PNT 格局[J].科技导报,2015,33(12):116-119.

[9] 曹冲.中国的卫星导航与战略性新兴产业[J].数字通信世界,2010(S1):24-27.

[10] 曹冲.卫星导航系统及产业现状和发展前景研究[J].全球定位系统,2009,34(4):1-6.

[11] 谢军,刘庆军,边朗.基于北斗系统的国家综合定位导航授时(PNT)体系发展设想[J].空间电子技术,2017,14(5):1-6.

[12] 潘泉.多源信息融合理论及应用[M].北京:清华大学出版社,2013.

第 2 章　主要导航源的测量原理与特点

多源融合导航,是指把来自不同导航源的导航信息根据实际应用需求进行融合,从而得到最佳的导航结果。尽管融合策略和融合方法对多源融合导航的性能起着重要的制约作用,但归根到底还是取决于其所融合的各种导航源的测量性能。本章从多源融合导航的视角,对现有的常用导航源进行介绍,分析各种不同的导航源的测量机理和特点,以期引导读者更好地理解不同类型导航源在测量性能上的互补性,为后续章节进一步讨论多源融合导航打下基础。

◢ 2.1　卫星导航及其增强

2.1.1　卫星导航

卫星导航泛指以人造地球卫星为时空信号和信息传输的主要节点,主要向地球地表以及近地空间提供定位、导航、授时服务的技术与系统[1],一般由卫星、地面监控系统、用户接收机三部分组成[2]。早期的卫星导航系统包括基于多普勒定位体制的 GPS、GLONASS 等,随着航天技术、原子钟技术等背景技术的发展,世界各国的卫星导航技术体制逐渐收敛于基于中圆地球轨道(MEO)卫星和地球静止轨道(GEO)卫星的卫星无线电导航业务(RNSS)体制,并被冠以 GNSS 的名称[3]。采用此技术体制的导航系统包括 GPS、GLONASS、BDS、Galileo 系统等在内的世界四大卫星导航系统。因此,在现阶段,当人们提及"卫星导航"这个名词时,一般指基于 RNSS 技术体制的全球卫星导航系统。

卫星导航系统定位的基本原理是三球交汇测量,如图 2.1 所示,假设已知三颗导航卫星的空间位置坐标分别为 (x_i, y_i, z_i),$i = 1, 2, 3$,如果能够测量得到用户接收机到这三个卫星的距离分别为 R_1、R_2、R_3,则用户接收机的位置应位于分别以三个卫星为球心,以 R_1、R_2、R_3 为半径的三个球的交汇点上,用户接收机的三维坐标 (x, y, z) 可用下面的方程进行求解得到:

$$\begin{cases} R_1 = \sqrt{(x - x_1)^2 + (y - y_1)^2 + (z - z_1)^2} \\ R_2 = \sqrt{(x - x_2)^2 + (y - y_2)^2 + (z - z_2)^2} \\ R_3 = \sqrt{(x - x_3)^2 + (y - y_3)^2 + (z - z_3)^2} \end{cases} \tag{2.1}$$

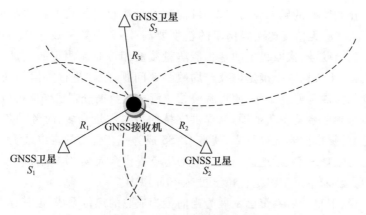

图 2.1　GNSS 定位原理示意图

式(2.1)中的卫星位置是通过地面监控系统进行测量得到的,然后,将卫星位置信息调制到卫星信号上进行广播,用户接收机通过解调卫星信号得到卫星位置。根据卫星位置解算得到的用户位置所采用的坐标参考系统因卫星系统不同而有所差异,如:GPS 采用 1984 世界大地坐标系(WGS-84),我国 BDS 采用 2000 中国大地坐标系(CGCS2000),二者可进行相互转换;所采用的时间系统一般为原子时(AT)、协调世界时以及不同导航系统所采用的时间系统(GPS 时(GPST)、GLONASS 时(GLO-NASST)等),也可进行相互转换。

式(2.1)中接收机与卫星间距离的测量主要利用卫星信号传播时间乘以光速获得,如果卫星时钟和接收机时钟是完全同步的,则能计算出真实的卫星到用户的距离。然而,接收机和卫星的时钟一般不同步,它与系统时(卫星系统时间)之间有一个偏移误差,记为 t_u,这个量是未知量,在实际应用中,为了确定用户的三维位置和时间偏移量 t_u,需要在式(2.1)的基础上引入一个新方程,即通过四颗卫星进行伪距测量,产生计算方程组:

$$\begin{cases} \rho_1 = \sqrt{(x-x_1)^2 + (y-y_1)^2 + (z-z_1)^2} + ct_u \\ \rho_2 = \sqrt{(x-x_2)^2 + (y-y_2)^2 + (z-z_2)^2} + ct_u \\ \rho_3 = \sqrt{(x-x_3)^2 + (y-y_3)^2 + (z-z_3)^2} + ct_u \\ \rho_4 = \sqrt{(x-x_4)^2 + (y-y_4)^2 + (z-z_4)^2} + ct_u \end{cases} \tag{2.2}$$

式中:ρ 为伪距;c 为光速。由此得到接收机的实际位置。

式(2.2)中,伪距测量是以测距码作为测量信号实现卫星到用户的距离测量,其测量精度一般为测距码的码元宽度的 1%,由于测距码的码元宽度较大,因而测量精度不高,对精码而言约为 $\pm 0.3\mathrm{m}$,对 C/A 码而言,则为 $\pm 3\mathrm{m}$ 左右,只能满足一般精度定位的要求。

基于载波相位原理进行距离测量,是另外一种实现卫星到用户距离测量的方法,载波的波长比测距码的码元要短得多,目前测量型接收机的载波相位测量的精度为0.2～0.3mm,其测距精度比测码伪距的精度要高2～3个数量级。但载波是一种没有任何标记的余弦波,接收机中的鉴相器测量载波相位时能测定的只是不足一周的部分,因而会产生整周数不确定以及整周数跳变问题,故在进行数据处理前,还需进行整周跳变的探测与修复工作,使得载波相位测量的数据处理工作变得较为复杂。

由于卫星导航系统覆盖范围广,提供支持的卫星数量众多,时钟同步精确,卫星实时播报性好,提供内容准确可靠,使得GNSS成为一套优秀的定位系统[4-10]。卫星导航系统可为地球表面、近地甚至地球外的地点提供全天候、实时、高精度的位置、速度、时间信息,目前单点卫星定位精度可达10m以内。

总体来说,卫星导航系统已发展为当前最为成熟的定位系统,但其存在固有的局限性与脆弱性。

局限性是指受物理遮蔽的影响,卫星导航用户无法使用卫星导航服务。其原因是:微弱的卫星导航信号不足以穿透各种物理遮蔽物,如在室内、地下、隧道、水下、高山、城市或峡谷,甚至浓密的森林中,不能获得卫星导航系统服务。

脆弱性是指因卫星导航信号功率过低及无线电信号传播与接收特性共同作用,导致用户不能较好地获得卫星导航服务。脆弱性主要体现在三个方面:①系统相关的脆弱性,主要指因卫星导航系统空间段、运行控制段和用户段故障或问题产生的脆弱性。其中,空间段和用户段问题的影响较大,例如运行控制段上传不健康的导航数据或接收机缺陷等。②传播途径相关的脆弱性,指导航卫星播发的导航信号需要穿过大气层、电离层才能到达位于地面、空中的用户接收设备(空间用户除外),因此卫星导航服务必然受到大气层、电离层变化的影响。此外,对于地面接收机而言,在复杂应用环境下信号的多径即"多路径"效应将给信号的接受处理带来很大的挑战,严重影响定位性能。③干扰相关的脆弱性,指在卫星导航信号相邻或相同频段工作的射频发射设备产生的段外辐射会对导航接收机形成干扰,这些干扰可分为有意干扰与无意干扰,其中有意干扰是一种主动干扰行为,其目的是阻止或阻断导航系统提供的PNT服务,主要包括阻断、欺骗和虚假信号干扰三种形式。

与脆弱性相比,卫星导航系统的局限性是明确的,卫星导航用户可以准确地判断是否处于物理遮蔽环境中,并采取措施将卫星导航系统局限性的影响降到最低。换言之,局限性并不能对卫星导航服务的应用构成威胁。因此,对卫星导航评估均以脆弱性为主要内容,且对脆弱性的影响及卫星导航安全应用环境建设的重视程度不断提升。

2.1.2 卫星导航增强

卫星导航增强技术泛指各类提高卫星导航系统精度、可靠性和可用性等性能的技术手段和方法,根据具体的技术原理可分为信息增强和信号增强两类。信息增强手段一般利用局域、区域和广域的卫星跟踪基站数据对卫星导航系统的星历、钟差、电离层和大气层传播延迟等误差进行确定,并向用户播发增强信息,通过信息辅助方式提高用户定位性能。信号增强手段则通过增加星基、空基或地基的测距信号源,通过增加测量源的方式提高系统导航定位性能。

目前,基于卫星导航增强技术的各类卫星导航增强系统发展迅速,从系统的实现形式上可以分为星基增强系统(SBAS)和地基增强系统(GBAS)。如表 2.1 所列,各类增强系统主要从精度、完好性、连续性和可用性方面对卫星导航系统进行增强,其中 SBAS 通过静止地球轨道卫星向用户提供增强信息,如美国的广域增强系统(WAAS)、俄罗斯的差分校正和监测系统等;GBAS 通过地面发射设备向用户设备提供增强信息,它能够提供比 SBAS 更高精度的导航服务[11-22],如美国的局域增强系统等。

表 2.1　当前卫星导航增强系统所采用的增强技术分类

增强系统	星基增强系统		地基增强系统	
精度增强技术	广域差分技术	广域精密定位技术	局域差分技术	局域精密定位技术
完好性增强技术	广域差分完好性监测技术	系统基本完好性监测技术		局域差分完好性监测技术
连续性和可用性增强技术	星基卫星增强技术		地基伪卫星增强技术	

卫星导航增强系统一般由基准监测站或基准监测站网络、数据处理中心或主控站、通信链路和发布平台三部分组成[23],各部分的主要功能描述如下。

(1)基准监测站。基准监测站数量多、分布广,可以获得更多不同空间和不同地域分布的测量数据,有利于分析处理误差数据,提高精度。

(2)数据处理中心。增强系统,特别是广域增强系统必须有一个处理能力强的数据处理中心,有时也称为广域主控站。主要任务是根据已知监测站的位置和采集到的参数,计算分离出卫星轨位、时钟、电离层及对流层时延等误差。数据处理中心决定着增强系统性能。

(3)通信链路和发布平台。数据处理中心编制增强电文,传送给发布平台播发增强信息或测距信号,供用户终端使用。

增强系统的关键技术包括[24]:误差数据检测、分析及剥离技术;载波相位测量和载波相位平滑伪距技术;各种增强系统的兼容和互操作技术;伪卫星增强技术。

卫星导航增强系统作为对卫星导航系统的补充和增强,越来越显示出它的生命力与重要性,现在,它已成为卫星导航中不可或缺的组成部分。卫星导航增强系统发展经历了四个过程:从低精度向高精度发展,从位置差分向伪距差分发展;从静态修正向动态修正发展,从静态定位向动态导航发展;从单站监测向网络化监测发展;从精度增强向可用性增强发展。并且,在卫星导航增强系统的演化和前进历程中,提出了覆盖范围增强的新概念,发展了连续运行参考站(CORS)。如今,高精度的增强定位技术和系统正在促进形成精准测量产业,推进各种导航定位新技术的发展,并有可能发展成为多信息广义导航定位系统[25]。

目前,国内外生产的卫星导航定位接收机种类很多、品牌繁杂,各种接收机根据各自卫星系统、解算处理方式的不同形成的原始数据格式各不相同,导致无法实现数据共享。为了保证和推动卫星导航定位终端产品的不断发展和应用推广,一些国际组织发布了 GNSS 接收机国际通用数据协议标准[26-28],如表 2.2 所列,主要是面向导航型、测量型通用接收机观测数据及差分结果输出、存储、传输、播发等环节。

表 2.2　卫星导航接收机通用数据协议分类[26]

序号	类别	协议标准名称	备注
1	事后处理文件传输格式	与接收机无关的交换格式(RINEX)	导航数据事后处理
2		精密星历数据存储格式-标准产品第 3 号	高精度导航数据事后处理
3	实时数据输出格式	导航定位数据输出格式(NMEA-0183)	导航数据的实时处理
4		海事无线电技术委员会提出的 GNSS 差分信号格式标准(RTCM·SC-104)	差分数据的实时处理
5		天宝公司差分格式标准 CMR/CMR +	—
6	监测评估及网络传输协议	通过互联网进行 RTCM 网络传输的协议(NTRIP)	海事无线电技术委员会(RTCM)差分数据的传输协议
7		欧空局空间信号互联网传输	欧洲静地轨道卫星导航重叠服务广域差分数据、完好性数据
8		国际 GNSS 服务实时工作组开发的 RTIGS 协议	RTCM 差分数据的传输协议

虽然卫星导航增强系统具有众多优势,但它的根基依然是卫星导航定位系统,因此面临着和卫星导航系统相类似的局限性和脆弱性问题,例如信号的覆盖性、多径、非视距等问题,显然卫星导航及其增强系统不能全面满足各类应用环境下的导航定位需求。

◢ 2.2　惯性导航及其组合

惯性导航系统作为一种自主的导航定位系统,在不与外界发生联系的条件下可实时、连续、稳定地输出载体当前的运动信息。在具体应用中,常常将惯性导航系统与其他定位系统或者约束方法相结合,保证导航定位结果输出的可靠稳定性。本节主要介绍惯性导航系统基本情况及其组合系统发展现状。

2.2.1　惯性导航

INS,有时也称惯性导航单元(INU),是完整的三维航位推算导航系统,具有自主、连续、隐蔽性强、无环境限制等特点,是现代精确导航、制导与控制系统的核心信息源。惯性导航技术是涉及物理、数学、力学、光学、材料学、精密机械学及微电子、计算机、控制、测试、先进制造工艺等技术的一门综合技术,已成为当今最主要的导航技术之一,是衡量一个国家尖端技术水平的重要标志[29]。

惯性导航系统由一组惯性测量单元(IMU)和导航处理器组成,IMU 通常包含 3 个相互正交的加速度计和 3 个陀螺仪。陀螺仪是测量角速度或角度的传感器,从工作原理上分为依据牛顿力学原理的机电陀螺和依据爱因斯坦相对论原理的光学陀螺,导航处理器根据陀螺仪测量的角速率得到载体的姿态;加速度计用来测量运动物体的线加速度,它将测量到的载体运动加速度传输给导航处理器,可以计算得到载体的运动速度和实时位置。

惯性导航以牛顿力学基本定律为基础,其基本工作原理如图 2.2 所示。系统使用加速度计连续进行测量,再根据陀螺仪输出的载体姿态,提取载体相对于某一导航坐标系的加速度信息。当载体初始速度已知时,加速度通过一次积分运算便可以得到载体相对于导航坐标系的瞬时速度;同理,在载体初始位置已知的情况下,对速度的再一次积分运算便可以得到载体相对导航坐标系的瞬时位置。

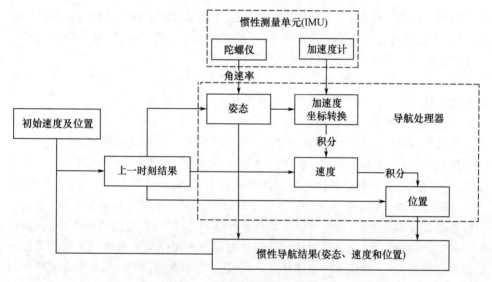

图 2.2　惯性导航原理示意图

由图 2.2 可见,惯性导航系统的精度主要取决于陀螺仪和加速度计的精度,其中陀螺仪的精度对系统精度影响更大。从目前国外惯性导航与制导系统发展和应用来看,陀螺仪的发展历程大致分为机电陀螺仪、激光陀螺仪、光纤陀螺仪和 MEMS 惯性仪表四个阶段。

机电陀螺是最早出现的实用化陀螺,通过高速旋转质量体的定轴性实现角度或角速度测量。机电陀螺的缺点在于存在运动部件导致抗冲击振动能力差,精度受加工工艺、材料的限制,批量生产难度大,可靠性、寿命等指标差。针对上述机电陀螺的缺点,人们努力寻求可消除运动部件缺点的陀螺方案。

1913 年,萨格奈克(Georges Sagnac)采用一个环形的干涉仪,证明在环形干涉仪旋转时,两个反向传播的光束的干涉条纹会产生变化,而且干涉仪旋转速率 Ω 改变时,干涉条纹也随之改变,这便是萨格奈克(Sagnac)效应。它表明无运动部件的光学系统同样能够检测相对惯性空间的旋转,如图 2.3 所示[30]。利用 Sagnac 效应实现陀螺的方案到目前经历了三代:激光陀螺、光纤陀螺和微光学陀螺。

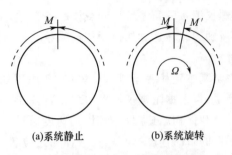

(a)系统静止　　　　　(b)系统旋转

图 2.3 "理想"圆形光路中的萨格奈克效应

激光陀螺与机电陀螺相比,不存在旋转质量体及其支撑轴承问题,因而在可靠性、寿命、抗冲击振动能力等方面均具有优势;但是光学加工精度要求高、光学腔中充高压气体存在密封问题和低角速度时的锁模问题。

光纤陀螺是激光陀螺之后的第二代光学陀螺,加工方便,工艺简单,特别是其较强的抗振性,使光纤陀螺成为捷联式惯性导航系统的首选惯性器件。

惯性导航系统分为平台式惯性导航系统和捷联式惯性导航系统。在平台式惯性导航系统中,惯性平台是系统的核心部件,它的主要任务是准确保持加速度计在空间的角位置,同时也使惯性器件与载体的角运动相隔离。惯性平台能直接建立导航坐标系,计算量小,容易补偿和修正测量仪表的输出,但缺点是结构复杂、尺寸大、重量大。捷联式惯性导航系统是将加速度计和陀螺仪安装在载体上的导航系统,其最大的特点是没有实体平台,在计算机中实时地计算姿态矩阵,通过姿态矩阵(由初始对准给出初始姿态矩阵)把导航加速度计测量的载体沿机体坐标系轴向的加速度信息变换到导航坐标系,然后进行导航计算。同时,从姿态阵的元素中提取姿态和航向信息。捷联式惯性导航系统省去了物理平台,具有结构简单、体积小、成本低、维护方便、能够输出更多的导航信息、便于采用余度配置以提高系统性能和可靠性高等优点[31]。目前捷联式惯性导航系统已经成为惯性系统的主流,所采用的敏感器的典型性能特性如表 2.3 和表 2.4 所列。

表 2.3 捷联式惯性导航系统敏感器的典型性能特性[32]

特性	速率积分陀螺	动力调谐陀螺	挠性陀螺	双轴速率传感器/磁流体动力敏感器	振动陀螺	环形激光陀螺	光纤陀螺
与加速度无关零偏/((°)/h)	0.05 ~ 10	0.05 ~ 10	1 ~ 50	360 ~ 1800	360 ~ 1800	0.001 ~ 10	0.5 ~ 50
与加速度有关零偏/((°)/(h·g))	1 ~ 10	0.01 ~ 10	1 ~ 10	180	36 ~ 180	0	<1

（续）

特性	速率积分陀螺	动力调谐陀螺	挠性陀螺	双轴速率传感器/磁流体动力敏感器	振动陀螺	环形激光陀螺	光纤陀螺
非等弹性零偏/($(°)$/$(h \cdot g^2)$)	1～2	0.1～0.5	0.05～0.25	18～40	18	0	<0.1
标度因数非线性/%	0.01～0.1	0.01～0.1	0.01～0.1	0.5～0.1	0.2～0.3	5～100	0.05～0.5
带宽/Hz	60	100	100	100/80	500	>200	>100
最大输入速率/（$(°)$/s）	>400	1000	>500	800/400	>1000	>1000	>1000
抗冲击力	中等	中等	中等	中等	>25000g	好	好

表 2.4　各种加速度计的典型性能[33]

特性	加速度计类型				
	力反馈摆式	振动光纤	振动石英	表面声波	硅
输入范围/g	±100	±20	±200	±100	±100
标度因数稳定性/%	0.1	0.001	0.01	0.1～0.5	0.5～2
标度因数非线性/%（满量程）	0.05	0.05	0.05	<0.1	0.1～0.4
固定零偏/mg	0.1～10	1	0.1～1	<0.5	<25
阈值/μg	10	1	<10	1～10	1～10
带宽/Hz	400	100	400	400	400

从目前主流厂家的惯性导航系统输出数据接口来看,不同厂家的惯导设备一般并无统一的通信协议,但其主要输出信息内容相同,主要包括三轴加速度和三轴角速度。时间参考系统通常直接采用设备本地时间,坐标参考系统采用载体坐标系、导航坐标系及地理坐标系等。

惯性导航可以不依靠外界信息,在不与外界发生联系的条件下为用户提供加速度、速度、位置、姿态和航向等全面的导航参数,同时,对磁、电、光、热及核辐射等形式的波、场的影响不敏感,具有极强的抗干扰能力,也不受气象条件和地形的限制,能满足全天候、全球范围内导航的要求。

但惯性导航也有着突出的缺点,即导航精度随时间增长而降低,所以为了保证惯性导航系统的可靠性和稳定性,常常用其他导航手段辅助惯性导航系统,建立全面完善的导航定位系统。

2.2.2　GNSS/INS 组合导航

GNSS 和 INS 的组合,是传感器组合或传感器一体化的重要体现,一般认为多源融合导航是在 GNSS/INS 组合导航技术的基础上发展而来的。

GNSS 和 INS 作为导航定位系统,在可靠性方面,INS 具有显著优势,其可连续工作,有完全的自主性,不需要任何地面设备配合工作,很少出现硬件故障,不易受光、电、磁的影响,具有很低的短时噪声。而 GNSS 信号会被遮挡或干扰,导致位置误差较大。在精度方面,INS 的导航精度随时间增加而不断下降,难以长时间独立工作,GNSS 则可以提供长时间内高精度全球性的位置输出,且成本低。

因此,GNSS 和 INS 的优缺点是互补的,结合两种技术的优势,使组合后的导航精度高于两个系统单独工作的精度。组合后的导航系统优势在于:GNSS 测量抑制了 INS 的漂移,实现惯性传感器的校准;而 INS 对 GNSS 导航结果进行了平滑并弥补了其信号中断的问题,提高了 GNSS 的抗干扰性和连续性[33]。这样,组合后的导航系统提供连续、长时和短时精度均较高、完整的导航参数。

GNSS/INS 组合导航系统的基本结构如图 2.4 所示。组合导航算法通常基于卡尔曼滤波器,它会比较 INS 与 GNSS 用户设备的输出,并估计惯性导航位置、速度、姿态以及其他参数的校正量,校正后的结果作为组合导航系统的输出[34-37]。

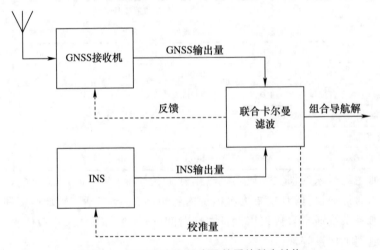

图 2.4　GNSS/INS 组合导航系统基本结构

可以看出,无论 GNSS 是否可用,GNSS/INS 组合导航系统都可以保证定位结果连续地输出:在 GNSS 信号丢失的阶段,INS 可提供较高的导航精度;而当 GNSS 信号再次可用时,INS 的高精度位置和速度估计可使 GNSS 信号被迅速重新捕获。

GNSS/INS 组合导航系统的结构根据惯性导航参数校正方法、GNSS 测量类型、INS 和组合算法辅助 GNSS 用户设备方式的不同,可定义为松耦合、紧耦合、超紧耦合等形态。

在松耦合模式下,INS 和 GNSS 接收机独立工作,将 INS 和 GNSS 二者分别输出的速度和位置信息的差值作为观测量,将 INS 误差方程作为系统方程,通过卡尔曼滤波对 INS 的速度、位置、姿态以及传感器的误差进行最优估计,并根据估计结果对 INS 进行输出或者反馈校正,即可得到组合导航解,该解与 INS 校正类型或 GNSS 辅助无关,如图 2.5 所示。

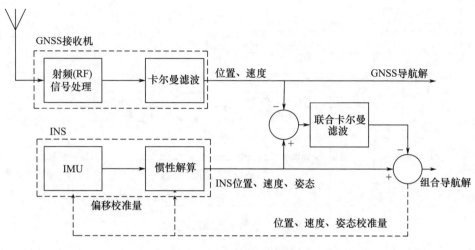

图 2.5　松耦合原理示意图

在松耦合模式下,INS 模块可以运行在较高的定位频率上,而卡尔曼滤波器可以按较低的 GNSS 定位频率运行。当 GNSS 接收机缺少可见卫星而不能完成定位时,组合系统可以直接输出 INS 模块的定位结果。如果 GNSS 定位效率较高,那么组合系统对 INS 传感器的质量要求不高;如果 GNSS 出现长时间不定位的情况,那么对于 INS 传感器就要求有较高的质量。

松耦合模式是位置域(第 3 章将会进行介绍)的融合,不用对 INS 模块及 GNSS 接收机内部做任何改动,不必处理伪距、多普勒频移等 GNSS 测量值,也不涉及接收机钟差。该模式具有简单、方便的特点。然而,在 GNSS 受到干扰的情况下,将会出现无 GNSS 输入解,或者 GNSS 观测量误差很大的情况,此时耦合终端会出现仅有 INS 独立导航的状态,导致定位性能变差。由此可知,GNSS/INS 松耦合模式,具有一定的抗 GNSS 信号干扰的能力,但性能较差,并不适用于较严重或较长时间干扰的场合。

与松耦合模式相比,紧耦合模式是在测量域(第 3 章将会进行介绍)进行融合,由星历信息和 INS 输出的位置和速度信息,计算得到相应于 INS 位置的伪距、伪距率,将其与 GNSS 接收机测量的伪距和伪距率相比较,它们的差值作为组合系统的观测量。通过卡尔曼滤波对 INS 和 GNSS 接收机的误差进行最优估计,然后对 INS 进行输出或者反馈校正得到组合导航解,它同样不考虑 INS 校正类型或 GNSS 辅助,如图 2.6 所示。

相对于松耦合,紧耦合有很多优点,其最大优点是大大增强了 GNSS 信号的抗干扰能力。由于不需要得到 GNSS 独立导航解,在 GNSS 的信号要求上就不需要 4 颗以上卫星的先决条件。在紧耦合模式下,即使只有一颗可跟踪卫星,理论上亦可以对组合导航系统的整体性能做出贡献。

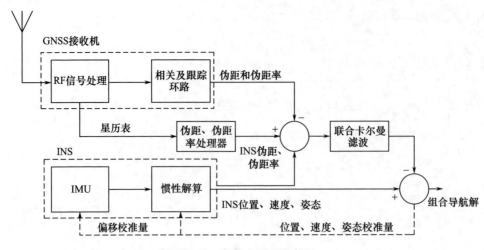

图 2.6　紧耦合原理示意图

对于超紧耦合,在实际应用中普遍认为,只要 INS 能够辅助卫星信号的跟踪,就可将两者之间的组合方式认为是超紧耦合模式。它的原理是使用滤波技术对 INS 的误差进行最优估计,同时使用校正后 INS 的速度信息对接收机的载波环、码环进行辅助,从而减小环路的等效带宽,增加 GNSS 接收机在高动态或者强干扰环境下的跟踪能力,如图 2.7 所示[38]。

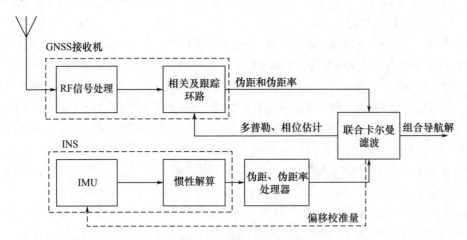

图 2.7　超紧耦合原理示意图

在超紧耦合系统中,因为 INS 提供速度信息给载波环,所以载波环本身所需检测、承受的用户动态应力得到降低,动态性能相应得到提高。同时,动态应力降低可以让载波环采用一个更窄的环路带宽,从而降低环路噪声和提高测量精度。但是,在环路动态消除较彻底、带宽减到较小时,时钟误差就成为一个凸显因素,因此接收机晶振选取也要与 INS 器件对超紧耦合终端的辅助效果相匹配,使接收机载波环任何一个影响因素都不凸显,做到资源和成本的优化配置。

三种组合方式的对比如表 2.5 所列。

表 2.5　三种组合方式对比

性能	松耦合	紧耦合	超紧耦合
捕获灵敏度	取决于接收机		好,有利于热启动
再捕能力	取决于接收机		好
定位精度	一般,抗干扰能力差	良好,伪距/伪距率的组合可为系统提供更多观测信息	好,INS 信息辅助抑制噪声和误差检测
动态性能	差,主要用于低动态平台 GPS 失锁后性能迅速恶化	较好,可以适应于大多数动态范围的应用	好,可同时适用商业和军事应用中的低动态和高动态平台
系统成本	较高,必须使用战术和战略级别中高精度的 IMU 器件		较低,可采用低质量的 MEMS IMU 器件

松、紧耦合是 GNSS 辅助 INS 的耦合方式,区别仅在于松耦合数据融合算法采用基于位置、速度的卡尔曼滤波,而紧耦合采用基于伪距、伪距率的卡尔曼滤波;而超紧耦合方式,有专门的辅助参数计算单元,即用 INS 速度信息辅助 GNSS 载波环。我们认为,在位置域和测量域进行融合的松、紧耦合模式是比较典型的多源融合方法,具有很强的代表性,而超紧耦合方式是一种非常具体的传感器间组合定位方式,不具代表性,一般不认为是一种多源融合方法。

无论采用哪种组合结构,GNSS/INS 组合导航都是利用两个子系统的导航信息进行组合处理,使系统性能得以提高,增强系统的可靠性,使用范围进一步扩大。现有的典型 GNSS/INS 组合产品如图 2.8 所示。表 2.6 和表 2.7 给出了美国 Trimble 公司的 POS 系列[39] 和加拿大 NovAtel 公司生产的 OEM-HG1900 系列和 SPAN-CPT 系列参数[40]。

SBG:IG-500N
(法国)

BDStar:BDI1000
(中国)

Naytech: NV-G1220
(美国)

StarNeto:XW-G17612
(中国)

Crossbow:NAV420CA
(美国)

PHINS
(美国)

KXNV-100
(中国)

il IMAR :MAR-FSAS SPAN
(德国)

图 2.8　典型 GNSS/INS 组合产品

表 2.6 Trimble 公司的 POS 系列产品参数

型号	姿态(动态)		位置 RMS/m	速度 RMS/(m/s)
	航向均方根(RMS)/(°)	俯仰、横滚 RMS/(°)		
POS AV610 (SPS)	0.03	0.005	1.5～3.0	0.03
POS AV610 (DGPS)	0.03	0.005	0.5～2.0	0.02
POS AV610 (XP)	0.02	0.005	0.1～0.5	0.01
POS AV610 (Post Process)	0.005	0.0025	0.05～0.30	0.005

表 2.7 NovAtel 公司产品参数

系列	位置		姿态		速度/ (m/s)	IMU	
	型号	水平精度 RMS/m	航向 RMS/(°)	俯仰、横滚 RMS/(°)		陀螺仪型号	质量/g
OEM-HG1900	SP	1.2	0.04	0.015		Tactical Grade MEMS	<460
	HP	0.1	0.037	0.013			
	实时动态 (RTK)	0.02	0.035	0.011	0.02		
SPAN-CPT	L1/L2	1.5	0.01	0.05		FOG	2360
	DGPS	0.45					
	RT-2	0.01 + 1ppm[①]					

①指固定误差为 0.01m,且误差随距离增大而变大,1km 的距离产生 1mm 误差,记作 1ppm

　　GNSS/INS 组合导航系统以 GNSS 时间系统和坐标系统为准,系统的定位精度与卫星信号受遮挡时长、器件性能等相关,同时,所采取组合方式也影响组合导航定位结果的精度。组合导航系统输出参数包括载体的姿态、速度、位置等相关信息。

　　目前 GNSS/INS 组合导航系统适用于已经装配了惯性导航系统的舰船、民用飞机、军用飞机以及远程导弹。低成本的惯性传感器与 GNSS 的组合还可用于轻型飞机、直升机、无人机、短距离和中距离制导武器、小型船只,甚至可用于火车,有时还可用于道路车辆和行人导航。未来,INS/GNSS 组合导航系统的进一步发展方向,是提高系统的容错率,使其能够自动故障检测、故障隔离和增强故障后的系统重构等。

2.2.3 行人航位推算(PDR)系统

　　PDR 系统是惯性导航系统和行人运动规律相结合的导航方法,它是利用行人行进过程中的运动规律(步长/步数检测、零速修正、建筑物航向约束等方法)约束惯性导航系统递推过程中的发散问题,从而获得行人姿态和位置的导航定位方法[15]。

目前,行人航位推算系统主要有两种解决方法[14]:一种是利用惯性传感器对步数计数,并估计步长 SL_i;结合航向 θ_i 输出,推算当前位置信息 P_i,原理如图 2.9(a)所示;另一种是将惯性传感器与身体固连(置于脚上、腿上等部位),采用惯性解算的方法,对行进过程中的每一步进行惯性递推计算位置增量 ΔP_i,同时利用零速修正等方法约束惯性累积误差,输出可靠位置信息 P_i,其原理如图 2.9(b)所示。

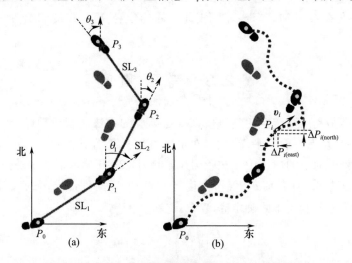

图 2.9　两种行人航位推算系统解决方法(见彩图)

步长 + 航向递推的算法(图 2.9(a))主要包括步态检测、步幅估计和导航参数更新三个阶段。步态检测阶段主要识别一步是否已经迈出,可利用行走过程中加速度计的输出信息,通过“过零加速度”检测或加速度峰值检测实现;步幅估计阶段常用的估计方法是将一段测得的行走距离除以步数,将得出的平均步长作为步幅值,但实际上由于行走姿态变化、地形的坡度和质地、是否穿越障碍等因素,步幅呈现变化状态;导航参数更新利用步数、步长以及惯性设备和数字罗盘输出的航向信息,采用航位推算的方法计算当前位置增量,实现位置更新。

纯惯性递推算法(图 2.9(b))主要包括零速检测、零速更新、惯性解算三个阶段[17]。零速检测阶段主要利用三轴加速度计和三轴陀螺仪的原始输出量,采用阈值检测方法实现;零速更新阶段利用零速检测阶段的结果,结合卡尔曼滤波进行实现;在惯性解算阶段,如果当前载体处于零速阶段则进行零速修正,反之则只进行惯性递推。该方法由于结合了行人运动规律(零速修正阶段)约束惯性传感器累积误差,故可较长时间保证输出定位结果的可靠性。

行人航位推算系统所采用的坐标系通常为载体坐标系,在实际应用中需要通过坐标变换实现载体坐标系到地理坐标系的转换,系统的输出参数一般包括速度、位置及姿态信息。

行人航位推算系统一般属于穿戴式系统,要求设备体积小、质量轻、功耗小,并且在大多数应用场景中要求低成本,因此一般均采用低成本的 MEMS 传感器实现,器件性能相对较差,系统定位精度通常在米级或十几米左右,对于步长 + 航向递推方式,有效维持时间约在分钟量级,对于纯惯性递推方法,有效维持时间可达半小时左右。但在实际应用中,受人体运动特征、环境干扰等因素的影响,行人航位推算系统还面临诸多问题,此外由于行人航位推算系统是一个相对定位系统,因此行人航位推算系统和 GNSS、蓝牙定位、蜂窝定位等方式的组合是一个必然的趋势。

2.3 气压测高

气压测高是利用测定点的气压值来确定高程的方法。其原理是,当空气处于静止状态时,空气块保持静力平衡状态,在水平方向上各面所受到的力相互抵消,在垂直方向所受到的向上的净压力必被重力所平衡,图 2.10 显示了气压随高度变化的趋势。测量气压常采用的设备是气压高度计,利用气压高度计周围的大气压力 p_b,根据标准大气模型并利用下式确定高度[14]:

$$h_b = \frac{T_s}{k_T}\left[\left(\frac{p_b}{p_s}\right)^{-\frac{Rk_T}{g_0}} - 1\right] + h_s \tag{2.3}$$

式中:p_s 和 T_s 分别为表面压力和温度;h_s 为测量点的大地高程;$R = 8.314\mathrm{J \cdot K^{-1} \cdot mol^{-1}}$ 为气体常数;$k_T = 6.5 \times 10^{-3}\mathrm{K \cdot m^{-1}}$ 为大气温度梯度;$g_0 = 9.80665\mathrm{m \cdot s^{-2}}$ 为表面平均重力加速度。

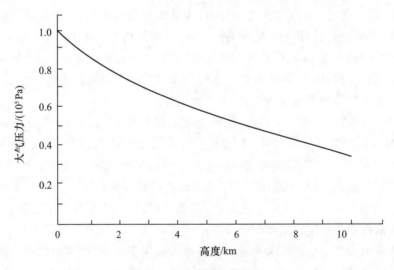

图 2.10 气压随高度变化

对于上述独立气压测量法,即通过直接测量大气压强来推算高度值的方法,除了受到重力场因素的影响外,还受到如大气温度、纬度、季节等因素的影响。大气物理特性变化无常导致的高度推算值误差较大,严重情况下,一天内的定点高度漂移达到数十米量级,稳定性和可靠性较差。

差分气压测高法是根据一定空间范围内大气压强变化趋势相同的物理特性,利用基准站气压测高值,修正移动用户终端气压测高值,并补偿大气物理环境变化对测点高度测量的结果影响,提高定位高度的准确性与可靠性。对于低速移动的目标,通过差分气压测高方式可以达到亚米级的高程定位精度,但对于车辆、火车等高速移动的目标,由于受气流扰动严重,精度下降明显[18]。

综合来看,气压计成本低廉,是粗略估计高程的有效手段,但高精度的气压测高需要一些辅助条件和一定的使用条件,因此在高精度定位中通常作为一种辅助的导航源来为其他导航手段提供参考。

2.4　视 觉 导 航

随着视觉研究的深入以及半导体和计算机技术的发展,视觉信息正被越来越多地应用到导航的实践中,视觉导航是一种通过视觉传感器的小孔成像原理,利用可见光和不可见光获取当前场景的图像并进行相应处理得到载体导航参数的技术。它处于多学科的交叉领域,研究范围涉及光学、图像、模式识别、电子和导航等多个学科[39-42]。

视觉导航主要利用计算机来模拟人的视觉功能,从客观事物的图像中提取有价值的信息,对其进行识别和理解,进而获得载体相关的导航参数信息。它一般由硬件和软件两部分构成:硬件构成主要包括电荷耦合元件(CCD)相机、图像采集卡、PC 机和控制执行机构等;软件安装于导航计算机内部,主要包括图像处理系统和判断决策系统。根据目前的研究情况,获取载体姿态、位置和速度的原理、参考特征、关键技术和典型应用如表 2.8 所列[43]。

表 2.8　全参数信息的视觉导航研究总表

导航参数	原理	参考特征	关键技术	典型应用
姿态	传感器图像与载体姿态信息	地平线、跑道等人工标志、相对运动物体、山川等	地平线提取、人工标志选定及解算、相对姿态转换及特征提取	2002 年美国海军与佛罗里达大学合作提取无人机(UAV)姿态研究
位置	待配准图像与参考图像配准定位	图像中的点、线、面等特征因素	数字地图制备、传感器发展、匹配算法研究	国外"战斧"巡航导弹、F 系列战术飞机等,国内"红鸟"等采用景象匹配辅助组合进行导航制导等

（续）

导航参数	原理	参考特征	关键技术	典型应用
速度	载体速度与序列图像特征关系	序列图像相似特征与光流	序列图像相似特征提取、光流计算	月球车速度测定,探测器降落过程动态参数估计,智能车辆速度测量

视觉导航系统中较为成熟的视觉相机接口形式包括模拟接口（PAL、NTSC、CCIR、RS170/EIA、非标准模拟制式）,数字接口（Camera Link、Channel Link、LVDS/RS422）和一些直联式数字接口（IEEE 1394、通用串行总线（USB）、以太网）,机器视觉中常用的图像格式主要包括 BMP、JPG 和 RAW。

目前,主要有两种视觉导航定位方法,分别是视觉里程计和基于合作目标匹配的视觉导航定位方法。

视觉里程计利用单目或双目摄像机得到图像序列,根据连续图像帧中特征点的位移变化,结合相机参数,通过特征提取和匹配过程,给出相机在连续帧时刻的位置、姿态变化,如图 2.11（b）所示,P_1 和 P_2 为连续两帧的图像。视觉里程计位置估计的处理流程为:①从摄像头采集当前视频图像,对图像进行预处理,并用相应的特征提取方法对整幅图像进行遍历,提取图像的特征点;②根据前一帧图像的特征点,计算当前帧图像特征点与前一帧图像特征点之间的马哈拉诺比斯（马氏）距离,选出每个特征点与前一帧特征点集中最小马氏距离的特征点,从而实现特征点匹配;③利用数学模型降低图像维度来实现特征约束,计算位置对应匹配特征权重;④通过特征点寻找直线特征,求解本质矩阵;⑤利用本质矩阵计算旋转矩阵和平移矩阵,从旋转矩阵和平移矩阵中提取出位置、姿态变化量;⑥结合上一帧的位置与姿态角,计算当前帧的位置与姿态,输出位置、姿态、速度[44-45]。

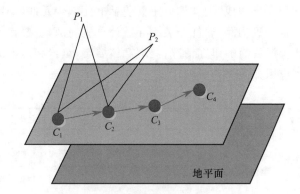

(a) 视觉里程计坐标系　　　　　(b) 视觉里程计图像帧变化

图 2.11　视觉里程计原理示意图

合作目标匹配导航是事先将环境中的一些特殊景物作为合作目标,运动载体在知道这些合作目标的坐标和形状等特征的情况下,通过对合作目标的探测来确定自身的位置。其工作流程是:首先设计合作目标,然后通过 CCD 传感器获取合作目标图像,根据自己设计的图案特征采用相应的图像处理技术,得到合作目标特征点信息,最后利用载体坐标系、摄像机坐标系、像素坐标系以及合作目标坐标之间的相互转换关系计算出相对位姿参数。

CCD 相机作为视觉导航的核心传感器,具有体积小、质量小、能耗低、成本低、视场宽、易于搭载等多方面优势;此外,视觉导航具有较高的自主性、可靠性,定位精度较高,可达厘米级甚至毫米级,可广泛应用于车辆、机器人、机械定位等多个领域。但视觉导航仍然面临诸多应用上的弊端,如对光照敏感、计算复杂度高、数据量大等问题,在实际应用中一般需要和其他定位手段结合使用。

2.5　地磁导航

地磁导航技术的历史非常悠久,在我国古代,人们就知道了利用地磁场指北的特性来辨别方向和指引道路,这是地磁导航最初始的应用。现代,随着人们对地磁场的不断深入研究以及地磁测量仪器的发展进步,地磁定位方法不断发展,地磁导航已成为一种重要的导航方式。由于地磁场分布广泛,因此地磁导航无需部署外部设施,具有全天候、自主性和隐蔽性的特点,同时,地磁导航误差不会随着时间而累积。

目前主流的地磁导航方法是根据地球的固有地磁场分布规律,通过匹配方式进行定位。通常的地磁导航方法分为两个环节:建立地磁场数据库和匹配定位[46-47]。

建立地磁场数据库是利用地磁场在近地空间的物理分布,绘制地磁的分布图或者建立地磁的分布模型,作为数据库进行事先存储。实际测量到的磁场可拆分成四个部分:

$$B = B_m + B_c + B_d + B_r \tag{2.4}$$

式中:B_m 为主磁场,产生于地核,是磁场的主要组成部分,而且变化缓慢、较稳定,国际地磁导航领先国家如美国、英国和德国,基本上每两年更新一次地球主磁场模式,以获得较高的导航定位精度,为地磁导航提供参考基准;B_c 为地磁异常场,产生于大的地质活动如地震、火山等,其在地表附近的空间分布具有典型不规则特征,大约占地磁场强的 4%,地磁异常场很稳定,基本不发生变化,我国国家地震局每五年进行一次区域磁场测量,为地表附近运动载体提供参考基准;B_d 为地球外部的干扰场,产生于磁层或者电离层,包括感应磁场和外源场(平静变化、磁暴和亚暴),平静变化可以通过模型进行预测,磁暴和亚暴随着星际空间的扰动变化剧烈,虽然只占磁场强度的很小一部分,但是强度变化大且形态复杂,其物理机制尚不十分清楚,目前还难以进行精确建模,也不可能对磁暴和亚暴进行高精度预报,因此这是地磁导航的主要误差来源之一;B_r 为由测量地局域的磁性材料等引起的偏差,例如测量平台自身的磁性材料,或周边建筑物、汽车、铁路等,在水下、空中的环境中,B_r 主要来自于测量平台,可以事先进行标定修正,相对而言对于测量磁场的贡献较小,但在地面的室内、车库等应用环境中,这部分的影响非常大,是测量磁场的主要部分。

地磁匹配原理是通过地磁传感器测得的实时地磁数据与存储在计算机中的地磁基准图进行匹配来定位,如图 2.12 所示,它的基本过程可描述如下。

(1) 在载体活动区域建立地磁场数学模型,并绘制出数字网格形式的地磁基准参考图,存储在导航系统数据库中。

(2) 由安装在航行载体上的地磁传感器实时测量地磁场数据,经载体运动一段时间后,测量得到一系列地磁特征值序列,经数据采集系统输送至计算机,并构成实时图。

(3) 由计算机运用相关匹配算法,将测量的地磁数据序列信息与存储在数据库中的地磁图进行比较,按照一定的准则判断实时图在区域地磁数据库中的最佳匹配位置。

(4) 将载体的实时航行位置输出。

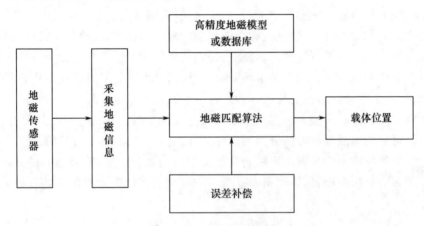

图 2.12　地磁匹配原理图

地磁匹配算法主要利用地形匹配,是一种基于相关度量的技术[16]。它主要分两类:一类强调它们之间的相似程度,如互相关算法和相关系数法;另一类强调它们之间的差别程度,如平均绝对差算法、均方差算法。目前主流的匹配算法有轮廓线匹配算法和迭代最近轮廓点(ICCP)匹配算法[48-50]。轮廓线匹配算法具有原理简单、适用范围广、对初始误差要求低等优点。然而该方法要求根据辅助系统(如惯导系统)输出的参考轨迹形状,遍历有效范围内所有平行于参考轨迹的序列,并通过相关性准则确定最优的匹配结果,算法的实时性受到搜索范围和搜索步长的制约,而且该算法无法修正惯导系统的初始航向误差,匹配精度较差。ICCP 匹配算法最初由图像配准算法迭代最近点(ICP)算法发展而来,ICCP 匹配算法主要求出测量轨迹与最近等值点轨迹之间的最优刚性变换,通过该变换校正测量轨迹来实现匹配的目的。然而该算法以磁场测量等值线上的最近点序列作为匹配目标,因此算法收敛于该最近点序列而不收敛于真实轨迹序列,算法精度无法得到保证;此外 ICCP 匹配算法在寻找最近点时需要耗费较多时间,这也影响了算法的实时性。有学者针对上述问题进行改进,比如将两类匹配算法融合以及采用仿生学匹配算法等,然而匹配算法的精度、实时性等问题还有待进一步研究。

　　地磁导航的应用场景较广,从空间到地面,从水上到水下都有地磁导航的应用。20 世纪 90 年代,美国科学家 Pasiaki 和 BarItzhack 提出通过测量卫星所在位置的地磁场强度自主确定卫星轨道,将地磁导航应用于实践。2000 年以后,美国国家航空航天局(NASA)Goddard 空间中心和相关大学的科研机构对水下地磁导航进行了研究并做了大量的地面试验。2003 年 8 月,美国国防部军事关键技术列表里提到地磁数据参考导航系统,该文件称,他们所研制的纯地磁导航系统的导航精度在地面和空中定位精度优于 30m(圆概率误差(CEP)),水下定位精度优于 500m(CEP)。另外,美国在导弹试验方面已开始应用地磁信息,并利用 E-2 飞机进行高空地磁数据测量。我们针对地磁导航在车辆方面的应用开展了高精度匹配定位技术研究,验证了基于地磁实现车辆米级定位的可行性[51]。

　　地磁导航以地球的基本物理场为基础,具有无源、无辐射、隐蔽性强、成本低、能耗低、地域广、自主性高、不受气象条件影响、人工维护成本小、误差不随时间累积等众多优点,可以用来增强导航系统的鲁棒性和可靠性、扩展导航服务的覆盖范围,因此,它已成为近年来新生的导航手段,在导航定位结果的连续性、可靠性、自主性等方面展现出了巨大的应用潜力。

　　地磁导航的局限性在于:①目前磁场定位方法都需要建立磁场数据库,工作量大,且需要周期性更新;②磁场容易受周边铁磁性物体的影响,定位结果易出现波动,对于应用环境有一定的要求;③受传感器精度、环境噪声等多方面因素的影响,地磁导航实现高精度定位的难度较大。

2.6　地面无线网络定位

　　近几年来,随着 3G 和 4G 蜂窝网络、数字广播网络、无线局域网(WLAN)、蓝牙网络等地面无线网络的飞速发展和移动智能终端的广泛普及,基于地面无线网络的定位导航技术受到广泛关注。地面无线网络具有覆盖广、用户多、终端传感器丰富、实时接入网络等诸多特点,与卫星导航系统相比,其在室内、复杂建筑物等环境下的覆盖优势尤为明显,因此,基于无线网络的定位技术在覆盖范围、基础设施、终端成熟度等方面具有很大的优势。

　　地面无线网络定位从定位原理上主要分为定位与定位辅助,其中定位是指通过测距、测角、匹配等方式直接用无线网络进行定位,定位辅助是指利用蜂窝网络的数据通信链路及概略位置对卫星导航进行辅助。本节将着重对目前研究较多的蜂窝网络定位、蓝牙定位、WLAN 定位进行介绍。

2.6.1 蜂窝网络定位

蜂窝网络是地面无线通信网络中应用最为广泛的移动通信系统,从第一代蜂窝网络"大哥大"时代开始,经历了以全球移动通信系统(GSM)和码分多址(CDMA)IS95 为代表的 2G 时代,以宽带码分多址(WCDMA)、时分同步码分多址(TD-SCDMA)和 CDMA2000 为代表的 3G 时代,目前正处于长期演进(LTE)和 LTE 增强(LTE-A)4G 网络的成熟商用时期,及 5G 网络的测试试验阶段。

蜂窝网络定位的形式通常是利用蜂窝基站与手机终端进行定位辅助或定位,最早的蜂窝定位业务可以追溯到 1996 年,当时,美国联邦通信委员会公布了 E-911 定位需求,要求在 2001 年 10 月 1 日前,网络运营商必须能对发出 E-911 紧急呼叫的移动设备用户提供精度在 1.25m 以内的定位服务,后来美国联邦通信委员会根据通信网络的发展对该要求做了多次更新。第三代合作伙伴计划(3GPP)标准化组织针对 LTE 定义了三种定位方法:增强小区身份识别号(E-CID)、网络增强系统(A-GNSS)和下行到达时间差(TDOA)[50-51]。

1) E-CID 定位方法

基站小区号(CID)定位方法,又名起源蜂窝(COO)定位法,是最早的通信网络定位方式。其根据移动终端所在蜂窝网络的小区或扇区来断定移动终端的位置坐标。

世界上每个蜂窝网络小区都有唯一确定的基站身份识别号(ID),即小区全球识别码(CGI)。CGI 分别由位置区识别码(LAI)和小区识别码(CI)组成,LAI 包含移动网络国家代码(MCC)、移动网络代码(MNC)和位置区代码(LAC)三个子代码。通过查询用户的所在 CID,用户便可以通过基站得到移动终端所在国家和小区的地理信息,从而获得自己的大致位置。CID 的表示为

$$CID = CGI = LAI + CI = MCC + MNC + LAC + CI \tag{2.5}$$

因此,只要用户与基站进行通信,便可以判断出用户终端的大致位置,从而可以选用最近的基站对用户进行服务。不过,由于移动终端可能存在于小区内的任何位置,所以该方法的定位精度取决于小区的面积大小和基站的布站密度,蜂窝网半径越小,定位的精度也就越高。

CID 定位是最早的通信网络定位方式,主要目的是让基站更精准地给用户提供服务,但 Cell 的覆盖通常在几百米到几十千米不等,因此定位精度较低。为提高 CID 方式的定位精度,在应用过程中又提出了诸多 E-CID 定位法,例如 GSM 网络中通过移动端提前发送量(TA)值辅助定位,3G 网络中结合往返时间(RTT)来辅助 CID,LTE 网络中结合到达角度(AOA)的方式对 CID 方式进行增强[52]。但受多径、衰落等因素影响,这些方法对定位精度的改善非常有限,即便对于微蜂窝覆盖,其精度也难以突破一两百米。

总体来看,通过 E-CID 法定位实现难度较低,定位速度快,但精度差,其定位结果仅适合于粗略位置的确定,以辅助其他算法。

2）A-GNSS 定位方法

A-GNSS 是一种辅助定位方法，主要的技术思路是通过蜂窝网络建立 GNSS 定位终端与 GNSS 定位服务器间的通信链路，为 GNSS 定位终端提供定位辅助信息，降低 GNSS 接收机的初始定位时间，提高定位精度，提高接收机灵敏度。

对于没有网络辅助的独立 GNSS 接收机，启动时通常不带有任何先验信息，接收机并不知道当地哪些卫星可见，更不知道卫星的位置，接收机需要在频率和时间两维空间里对所有卫星进行盲搜索，也就是捕获过程，这个过程通常在 20s 左右。一旦接收机找到一颗卫星的相关峰，则搜索结束，但此时仍然不知道卫星的位置，还需要解码卫星周内时间及星历数据，这些数据每 30s 发送一次，因此一般情况下接收机需要至少 1min 的时间才能定位，如果这个过程中信号被阻挡或衰减，即使是短短的几毫秒，就可能发生误码，接收机必须再等待 30s 来获得星历数据，从而再次进行定位。在实际应用中，如果接收机在弱信号环境中，上述过程通常需要数分钟才能建立首次定位。

对于有网络连接的 GNSS 接收机而言，如果能够通过通信链路为 GNSS 用户接收机提供星历、历书等信息，接收机的首次定位将不再是盲搜索过程。通过历书和星历，接收机可以事先得到当前卫星位置列表，再结合蜂窝系统通过基站 ID 等方式给出的粗略位置，接收机搜索卫星过程可以做到有的放矢，这样可以大幅降低用户的首次定位时间（通常可以缩减到几秒），加快定位速度，同时降低设备功耗。此外，在靠近建筑物或者天气不好等相对恶劣的环境下，GNSS 信号非常微弱，独立的 GNSS 定位终端往往会因为不能接收完所有的卫星星历和时钟等参数而导致定位失败，A-GNSS 由于有网络辅助数据，终端可直接锁定卫星定位。

在 A-GNSS 发展过程中，国际性的行业组织 3GPP、3GPP2、电信工业协会、欧洲电信标准研究院等对 A-GNSS 涉及的传输协议、定位设备、定位精度等都给出了详细的规范，发布了一系列与 A-GNSS 定位相关的行业标准，也为 A-GNSS 定位技术的发展提供良好的基础。A-GNSS 已经成为时下应用最广泛的移动终端定位方式，新一代的智能手机都支持此功能。

不难理解，虽然 A-GNSS 在一定程度对 GNSS 的定位性能进行了改善，但是 A-GNSS 定位离不开 GNSS，无法单独依靠通信网络完成定位，因此在 2.1 节中提到的 GNSS 在室内覆盖、多径、干扰等方面存在的问题 A-GNSS 同样存在。

3）TDOA 定位方法

TDOA 是蜂窝定位方法中定位精度相对较高的一种方式，该方法通过检测无线信号到达两个基站的时间差，再利用双曲线算法进行定位。从 2G 网络到 LTE 网络均支持这种方式，但不同的蜂窝网络中获取时间观测量的方式有所不同，下面进行简要介绍。

在 2G 网络 GSM 中，通过在网络基站中加入多个定位测量单元（LMU）来同时接收终端发出的定位信号，从而在网络端获得用户设备到不同 LMU 的时间差，这种技术称为 E-OTD。在 3G 网络 WCDMA 中，用户终端是通过测量两个小区的公共物理信道(CPHCH)信号来获得到达时间差的,为了克服 CDMA 系统的远近效应,标准中还引入了下行空闲周期(IPDL)机制,在特定的随机时刻停止服务基站的所有信道的信号发射,以保证终端能测量到其他邻近小区基站的无线信号,这种方式称为观测到达时间差(OTDOA)。在 4G 网络 LTE 系统中,在 OTDOA 的基础上又进一步加入了定位参考信号(PRS),专门用于移动台测量基站的信号,移动台对接收到的信号与本地信号进行相关运算得到 TDOA 值。

通过 TDOA 信号测量的方式比 CID 方式显然可以获得更高的精度,在实验室环境中可获得米级甚至亚米级的定位结果,但是室内无线电信号受多径、非视距等因素的影响严重,测量误差较大,特别是在复杂构型的建筑物内,实际应用的效果并不理想,因此基于蜂窝网络的高精度定位还有很大的研究空间。

2.6.2　蓝牙/WLAN 定位技术

蓝牙(IEEE 802.15.1)是一种流行的低功耗、短距离无线通信技术[53],具有设备成本低、组网便捷等特点。WLAN(802.11)是广泛应用的一种无线局域网技术,其主要特点是成本低、网络传输速率高。蓝牙网络和 WLAN 在室内具有非常广泛的覆盖性,且目前大多数智能手机终端都搭载了蓝牙和 WLAN 模块,因此基于智能手机的蓝牙和 WLAN 定位技术是目前解决室内定位问题最为直接的一种方式。

从定位原理来看,蓝牙/WLAN 定位主要包括基于信号传播时间的定位算法和基于信号强度的定位算法两种[54-56]。

基于信号传播时间的定位算法与前述的 GNSS 定位、蜂窝网络定位类似,包括到达时间(TOA)定位、TDOA 定位、AOA 定位等,这里不再赘述。与上述其他技术类似,由于受到时间同步、非视距、多径等因素的影响,这种方式的定位精度在实际应用中很难得到保证,目前还在探索中。

基于信号强度的定位算法是目前蓝牙/WLAN 定位技术的主要方式,又称为指纹定位法[57-58],包括离线建库和在线定位两个阶段。其中离线建库的过程是对定位区域内的蓝牙/WLAN 信号进行扫描并记录的过程,大多数系统中都把定位区域进行网格化划分,记录网格点处的信号强度、AP/Beacon 的 ID、媒体接入控制(MAC)地址等特征参数,与该网格点的位置坐标一并记录在数据库中,这些网格点被称为参考点(RP)。记录的参数因为和位置相关联,因此被称为指纹数据。整个过程是离线完成的,因此被称为离线建库过程。在线定位过程是指用户实时定位的过程,由用户终端在定位点采集蓝牙/WLAN 特征参数,并与离线建立的指纹数据库进行匹配,实现位置解算。

国外的研究机构、大学、公司等对蓝牙/WLAN 定位研究较多,如加利福尼亚大学洛杉矶分校、匹兹堡大学、赫尔辛基大学、IBM 公司、Intel 公司等都进行了相关领域的技术研究。这些机构在相关研究的基础上,完成了一些精度较高的定位系统,例如,赫尔辛基大学研究的 Ekahau 系统、微软研发的 RADAR 定位系统和 RADAR-2 定位系统、马里兰大学提出的 Horus 系统、莱斯大学研究并提出的 Rice 系统、加利福尼亚大学洛杉矶分校研发的 Nibble 系统等,Google 地图、高德地图、百度地图等知名导航地图提供商在地图中都开展了蓝牙/WLAN 技术的尝试。

我们在中国科学院光电研究院的车库、办公楼及室外区域环境下布设了蓝牙/WLAN 定位实验场,实测蓝牙指纹定位在实验室环境下精度可以达到 1m 左右,但在实际应用中,由于建筑物结构的变化、电子器件的老化、电池的损耗等多方面因素,蓝牙/WLAN 指纹退化严重,指纹库需要频繁更新,耗时耗力,且无线电信号容易受周围行人、车辆等动态因素的影响,导致定位精度恶化,在实际应用中只能达到几米甚至十几米的定位精度。因此,对于蓝牙/WLAN 定位,如何通过众包大数据等技术提高指纹建立的便捷性,以及如何通过 MEMS 传感器等其他传感器的辅助来提高系统定位精度是目前该领域的共同关注问题[59]。

▲ 2.7　伪卫星定位

伪卫星定位是通过地面或近地空间平台发射导航信号的定位方式,基本原理与 GNSS 类似。目前,伪卫星已被发展成为增强 GPS 应用的信号源,它不仅能增强室外卫星的几何分布性能,而且在某些情况下(如室内)甚至可以替代 GPS 卫星星座。伪卫星主要发射 GPS 频段(如 L1 和 L2 频率)的信号,这些信号可用于伪距和载波相位测量。作为 GPS 卫星增强系统的伪卫星,无论是在测距码还是在载波相位定位方面都十分具有吸引力。伪卫星的应用不仅增加了 GPS 卫星的数量,而且它的一个显著特点是高度角很低,信号不经过电离层传播,通过利用这种低高度角伪卫星,GPS 与其组合后能够有效改善定位几何图形结构,极大提高在垂直方向上的定位精度。伪卫星定位系统可作为独立的室内导航和定位系统,与 GPS 一起构成真正意义上的全球导航定位系统。

伪卫星具有多方面的应用,如飞机着陆,都市环境下的地面交通导航、变形监测、外星体探测等方面的应用。

Locata 是由澳大利亚 Locata 公司发明的一种地基伪卫星定位系统[59-60],主要目标是对 GPS 的定位精度、覆盖区域等进行增强,商用上称为 LocataNet,是目前商业上最成熟的伪卫星定位方案。

Locata 的定位原理与 GPS 类似,系统由 LocataLites 和 Locata 接收机组成。其中 LocataLite 是澳大利亚 Locata 公司自行研制的一种时钟同步伪卫星收发器,它发射类 GPS 卫星信号,利用载波相位测量可以达到厘米级别的精度,针对 LocataLite 的接收装置称为 Locata 接收机。需要说明的是,如果 LocataLites 定位足够精确,则不用 GPS 卫星信号即可单独和 Locata 接收机实现组网完成定位。Locata 接收机可以被放置在移动单元上进行动态航迹测量,能够同时接收 GPS 信号和 LocataLite 信号。当 Locata 接收机追踪到 4 颗或者更多的 LocataLite 信号时,给出的三维定位精度可以达到亚厘米级。

Locata 的一项主要关键技术是时钟同步,当 LocataLite 的时钟同步之后,整个系统不再需要参考站来差分消除伪卫星和接收机之间的时钟偏差,因为每一个 LocataLite 都会自动与主 LocataLite 或者其他的 LocataLite 进行时钟同步。这项时钟同步技术称为 TimeLoc,主要分为以下几个步骤。

步骤 1:利用一个 LocataLiteA 对四颗甚至更多的 GPS 卫星进行观测,来精确定出自己所在的三维位置,然后 LocataLiteA 利用其 Locata 的信号开始发射 C/A 码测距信号。

步骤 2:LocataLiteB 追踪并捕获到从 LocataLiteA 发射的信号,也利用观测四颗或更多的 GPS 卫星来确定自身的三维位置。这里 LocataLiteB 采用一个不同的伪随机噪声(PRN)码发射 C/A 码和载波信号,并且利用直接数字合成技术调节自己的温控晶振来减少其 C/A 码信号与从 LocataLiteA 发射的 C/A 码信号之间的差异,另外通过持续的监测两个信号来确保 LocataLiteA 和 LocataLiteB 时钟同步。这种技术的优势是利用低价的温控晶振代替昂贵的原子钟来获取时钟同步。

步骤 3:LocataLiteC 接收到从 LocataLiteA 和 B 发射的信号,并且通过观测 GPS 卫星来确定自身处的位置。通过调节温控晶振使得发射的 C/A 码信号与 LocataLiteA 和 B 的 C/A 码信号时钟同步。

步骤 4:对于 LocataLiteD,也按照上述步骤确定自身位置,以及与 LocataLiteA、B、C 信号时钟同步,这样四颗 LocataLite 都已经确认自身位置并且信号都实现了时钟同步,然后通过双向测距技术计算出两两之间的距离。这时不再需要 GPS 卫星定位,由这四颗 LocataLite 就可以构成一个独立的定位系统,并且当一个 Locata 在这个系统中移动时,可以根据三角测量法确定其位置。

与 GNSS 类似,Locata 的观测量同样包括伪距、载波相位等参数,具体的接口文件可参考文献[60]。根据实际使用模式,Locata 可以采用与 GPS 相同的时间与空间坐标系基准,亦可采用本地的其他时间与空间坐标系。

目前,Locata 已经在军事和工业上开展应用,例如:在位于墨西哥的美国空军白沙导弹试验场上,该系统被用于追踪军需品;西澳大利亚的波丁顿金矿则正利用其进行高精度定位挖掘及钻井。

从本质上讲,Locata 属于一种无线电测距导航系统,因此无线电导航系统存在的非视距、多径等问题,Locata 同样存在,在复杂的室内环境下很难保证定位精度,通过其他定位手段进行组合定位非常必要[61-62]。

2.8　塔康系统

塔康即战术空中导航(TACAN)系统[63-65]是一种航空无线电近程导航系统。所谓近程导航,通常指作用距离在 400～500km 范围的导航系统。TACAN 系统在 1948—1951 年期间由美国研制,1954 年投入装备,几十年来该系统发展迅速。目前全世界已经有三十多个国家装备该系统,使它早已成为美国和北约的军事标准系统,是世界上普遍使用的十几种无线电导航系统之一。

早期的 TACAN 系统一般只包括两大基本设备,即塔康信标和机载设备;现代 TACAN 系统则配套比较完备,除基本设备外,还配有信标监测器、信标模拟器、TACAN 指示控制设备(或机载设备测试仪)等。

TACAN 系统是一种采用脉冲调制技术的极坐标系统。TACAN 系统工作时,信标设备的各个有关部分全部投入运行状态。其中,信标接收机随时处于高度灵敏状态,等待接收机载设备发来的测距询问信号,而信标发射机则不断地通过天线向其周围空间发射信号。

TACAN 机载设备包括收发机、测距/测位电路及相应的指示器。工作时有两个控制状态,分别是"收/发状态"和"接收状态",使用时由飞行员通过开关来选择。在"收/发状态"时,机载设备不断向信标发射测距询问信号,所以信标台的发射信号中一定包括这个机载设备的测距询问应答信号,即测距应答信号。在"接收状态"时,机载设备不发射测距询问信号,因而信标也不会发出该设备的测距应答信号,因此机载设备只能完成测位和识别信标台的功能,即它接收来自信标的信号中只有方位信号和信标识别信号。

因此,TACAN 系统在工作时,测距、测位都是由机载设备主导实现测量和显示的,信标设备只为测量提供必要的信号。当机载设备处在"接收状态"时,系统实现测位和识别,当在"收/发状态"时,则可以同时测距、测位、识别全功能工作,在此情况下,TACAN 系统实现了极坐标定位。

测距是 TACAN 系统的重要任务之一。TACAN 系统机载接收机在测距时,接收机不仅接收到本身询问信号对应的应答信号,而且还接收到信标台回答其他飞机的应答信号及测位基准信号等。测位,是 TACAN 系统完成定位必不可少的另一环节。TACAN 系统测位采用的是相位式全向信标原理,具体来讲就是,地面信标天线辐射特定的方位信号(其中包括基准和包络调制信号),机载设备接收到此信号后经过信号处理,测出基准和包络之间的相位差,并显示出来。TACAN 信标天线在水平面内以 15 周/s 顺时针旋转的心形方向图向周围空间发射方位信号,如图 2.13 所示。

最初,TACAN 系统仅可以做地对空的信号收发,后来也作为地对空/空对空的方位和斜距的测量手段。近年来,TACAN 系统广泛应用于空军航空导航。目前,空军的主战飞机歼七 D、歼八 B、歼十、歼十一(苏 27)、歼轰-7A("飞豹")、预警机等都装备了该系统设备,预计有数百架飞机配装塔康系统。它为使用者提供以目的地(航母、空军基地等)为参考的方位和斜距,可以说是民航距离测量设备(DME)/甚高频全向信标(VOR)的军用进阶版。而在搭载 VOR 和 TACAN 的 VORTAC 系统中,其他飞机可以使用其提供的 DME 结果作为着陆参考,配备了 TACAN 设备的飞机则可以用其作为非精确进场着陆的导航。之前,NASA 的航天飞机返回着陆时就使用该设备非精确进场着陆,但现在已经由 GPS 取代。

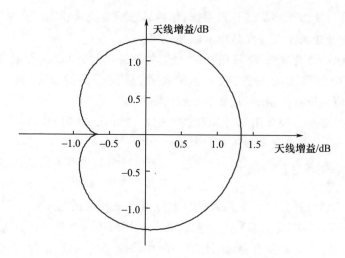

图 2.13　TACAN 信标天线信号心形方向图

2.9　天文导航

天文导航是以太阳、月球、行星和恒星等自然天体作为导航信标,以天体的地平坐标(方位或高度)作为观测量,进而确定测量点地理位置或空间位置及方位基准的技术和方法。

传统天文导航理论的实质,是选定一个通过监测站且和地球有某种确定关系的地方矢量(如铅垂线或水平天线),并选定若干个在地心惯性参考系中位置和位置变化已知的天体,直接测定地方矢量和天体矢量之间的相对位置变化获取导航信息,最终解出监测站地理位置及方向基准。现代天文导航系统的要求为:具有为载体提供包含时间参考量的三维位置和速度信息的定位、定姿功能;具有提供准确时间信息,并可实现远距离高精度时间同步的授时功能;具有不受气象条件制约,可实现全天候连续导航的能力;导航设备只收不发,从根本上保证导航系统工作的隐蔽性;具有自适应信标选择能力,以便增强系统可靠性。

天文导航可分为星光导航与射电天文导航。星光导航在天体辐射的可见光波段实施观测,射电天文导航则是在天体辐射的无线电信号(射电信号)波段实施测量。在阴雨天气条件下,常规的光学仪器无法观测天体,星光导航的使用受到限制。大气层内星光导航受气象条件及昼夜明暗影响,从而难以实现全天候工作,是天文导航技术应用的严重障碍。而全天候工作不仅是现代导航技术的共同特征,更是特定导航系统的基本要求。天体辐射的射电信号虽然很弱,但一定波长的天体射电信号基本不受天气条件影响。利用天体射电来实现天文导航,便可以摆脱不良天气条件及昼夜明暗的限制,因而,射电天文导航技术成为全天候天文导航技术的必由之路[66-67]。

天文导航作为一种自主导航方式,仅靠载体上的设备进行导航,与外部无线电设备无关。由于以天体为导航信标,所以天文导航技术同时适用于海洋、陆地和空间。天文导航作为一种可靠性高、自主性强、隐蔽性好、在宇宙空间内处处适用的导航技术,具有重要的地位和作用[68-70]。天文导航具有下列优势。

（1）被动式测量,自主式导航。天文导航以天体作为导航信标,被动地接收天体自身辐射信号,进而获取导航信息,是一种完全自主的导航方式,工作安全、隐蔽。

（2）抗干扰能力强,高度可靠。天体辐射覆盖了 X 射线、紫外线、可见光、红外线等整个电磁波谱,从而具有极强的抗干扰能力。此外,天体的空间运动规律不受人为改变,这从根本上保证了天文导航最完备的可靠性。

（3）适用范围广,发展空间大。天文导航不受地域、空域和时域的限制,是一种在宇宙空间内处处适用的导航技术。对地面导航而言,技术成熟后可实现全球、昼夜、全天候、全自动天文导航。

（4）设备简单造价低,便于推广应用。天文导航不需要设立陆基台站,更不必向空中发射轨道运行体,设备简单,工作可靠,不受其他因素制约,便于建成独立自主的导航体制。在现有的测向定姿技术中,基于恒星参考系的测向、定姿技术具有最高精度,并将其作为惯性导航设备的标校基准使用。

（5）包括卫星导航技术在内的无线电导航技术建立在编码测量基础之上,通过对信号的接收和解调获取导航编码是卫星导航的重要特征。由于电子战技术极易造成导航系统无法解码或误码,从而导致系统瘫痪,因而卫星导航技术被称作未来战争的软肋,极易在战争条件下遭受人为破坏和攻击。基于天体射电信号相关测量的天文导航技术,可称其为天电导航技术,只接收天体辐射的无线电波（包括人造天体的载波信号）而不必解码,从而具有高度的可靠性和抗干扰能力,这与无线电导航技术形成显著区别。

上述优点表明,天文导航具有独到的优越性,这些优越性是 GPS 等无线电导航系统无法比拟的。

迄今为止,我国尚未建立自己的天文导航系统,可用以形成全球导航能力、构成独立导航体制的天文导航技术的发展也大大滞后于美俄等军事大国,这对我国国民经济建设及国防建设构成了极大的潜在危险。由此进一步完善导航体制,摆脱导航信息获取受制于人的尴尬局面,打破导航信息垄断格局,把我国的国防建设及经济建设建立在独立自主、安全可靠的导航技术之上,具有重大意义,是一项关乎国家安全、应用前景广阔并富有挑战性、紧迫性的重大任务。

本章系统地介绍了目前存在的多种导航源的测量原理与特点,并有针对性地对每种导航手段的基本方法、优势与劣势、应用局限性等进行分析。在表2.9中,对目前存在的导航源的性能进行概括性的总结。

综合来看,不同导航源在定位机理、定位精度、服务范围、观测量,以及成本、体积、功耗、软硬件接口、协议规范等方面的差异也相差较大,其适用的场景不尽相同。目前尚不存在某个单一的导航技术能够完全解决所有应用场景下的导航定位问题,

表 2.9 各种导航源性能特性分析

| 系统/手段 | 定位原理 | 观测信息 | 输出信息 | 定位精度 | 主要指标 | | | | 服务范围 | 目前状态及用户 | 备注 |
					授时	连续性	完好性	对抗能力			
GNSS	测距	伪距、载波相位	位置、速度、时间	10~20m	1~20ns	一般	一般	较弱	全球	应用广泛,用户较多	非自主手段,战时不可用
北斗三号全球系统	测距	伪距、载波相位、多普勒、载噪比	位置、速度、时间	水平10m 高程10m	1~20ns	一般	较好	一般	全球	处于运行阶段,大力推广应用,用户量剧增	将成为我国PNT体系的核心和基石
北斗/GNSS增强系统	为卫星导航用户终端提供差分改正数	差分改正信息	位置、速度、时间	0.1~2m	5ns	一般	好	好	区域/全球(与基准站分布有关)	可满足民用高精度导航定位需求,用户较多	定位精度与基准站分布、接收终端性能以及定位方法有关
TACAN	测距/测角	距离、角度	位置、速度、角度变化量	370m,2°	—	一般	一般	一般	370km区域	主要用于飞机	作用范围较小,约400~600km
地磁导航	匹配	匹配特征、位置	位置、速度及变化量	10m~1km	—	好	无	强	全球	尚未大范围推广应用	精度受限于局域地磁图精度
惯性导航	推算定位	角速度、线加速度	位置、速度、姿态	0.8n mile/h	—	好	一般	强	全球	主要与卫星导航配合用于水下、室内等无导航信号的区域	需要其他手段对初始位置进行标定,误差累积显著
PDR系统	推算行为	移动距离、角度	位置	5m(根据角度精度)	—	好	一般	好	地面	室内外	需要初始定位、角度不准时,误差累积显著

（续）

系统/手段	定位原理	观测信息	输出信息	主要指标					服务范围	目前状态及用户	备注
				定位精度	授时	连续性	完好性	对抗能力			
视觉里程计	推算定位	移动距离、角度	位置、姿态	5m（与像素有关）	—	好	一般	一般	地面	室内外	需要初始定位，当检测误差时，误差积累显著
视觉地标定位	匹配	匹配特征位置	位置、速度及变化量	0.1~0.2m	—	差	无	一般	特定区域	目前主要处于试验验证阶段，尚未大范围推广应用	应用范围十分有限，图像匹配对硬件计算要求较高
WLAN定位	匹配	接收信号（RSSI）观测矢量	位置、速度及变化量	2~10m	—	一般	无	一般	WLAN覆盖区域	主要用于室内导航，用户群体发展迅速	目前实现室内定位的主要WLAN算法，受节点分布以及外部环境影响较大
天文导航	测角	相对于天体的角度	位置、速度、角度及变化量	100m	1~10ns	一般	无	强	低轨至星际空间	目前尚处于试验验证阶段	
气压测高	匹配	匹配特征位置	高度及变化量	高程	—	好	一般	强	低空		

在实际应用中,需要结合具体的应用场景特点,合理选择导航手段,相互辅助,通过融合方式来满足实际应用需求。

参考文献

[1] 赵万龙,孟维晓,韩帅. 多源融合导航技术综述[J]. 遥测遥控,2016,37(6):54-60.

[2] XU Y,YUAN H. High-sensitivity acquisition of ultrahigh dynamic direct sequence spread spectrum signals in space communications[J]. Communications,China,2013,10(10):26-36.

[3] XU Y,YUAN H,LUO R,et al. Research on the optimization of the performance of CTL loop discriminator[J]. International Journal of Future Generation Communication & Networking,2015,8:145-156.

[4] ZHANG X K,GONG Y K,QU J H. An optimal selection model of the satellite lurk orbit[J]. Applied Mechanics & Materials,2012:249-250,270-273.

[5] 袁洪,刘文学,袁超,等. 一种 GNSS 双频信号跟踪的新方法[J]. 宇航学报,2015,36(1):82-89.

[6] ZHANG J,YUAN H. Analysis of unmanned aerial vehicle navigation and height control system based on GPS[J]. Journal of Systems Engineering and Electronics,2010,21(4):643-649.

[7] ELLIOTTD K,CHRISTOPHER J H. GPS 原理与应用[M]. 寇艳红,译. 北京:电子工业出版社,2007.

[8] XU Y,XU L,YUAN H,et al. Direct p-code acquisition algorithm based on bidirectional overlap technique[J]. Journal of Systems Engineering and Electronics,2014,25(4):538-546.

[9] LI L,LI Z,YUAN H,et al. Integrity monitoring-based ratio test for GNSS integer ambiguity validation[J]. GPS Solutions,2016,20(3):573-585.

[10] LI L,YUAN H,YUAN C,et al. GNSS satellite selection algorithm revisited:a weighted way with integrity consideration[C]//中国卫星导航学术年会,武汉,2013:173-187.

[11] XU Y,YUAN H,LUO R,et al. Research on the optimization of the performance of CTL loop discriminator[J]. International Journal of Future Generation Communication & Networking,2015,8(5):145-156.

[12] 赵姣姣,曲江华,袁洪. 针对北斗系统的降维快速高精度定向算法[J]. 测绘学报,2015,44(5):488-494.

[13] 汪亮,李子申,袁洪,等. BDS/GPS/GLONASS 组合的双频单历元相对定位性能对比分析[J]. 科学通报,2015(9):857-868.

[14] GROVES P D. GNSS 与惯性及多传感器组合导航系统原理[M]. 李涛,吴文起,译. 北京:国防工业出版社,2015.

[15] YAO T,WEI D,YUAN H,et al. Research on the feedback correction-based fusing method for WLAN and PDR positioning[J]. Chinese Journal of Scientific Instrument,2016,37(2):446-453.

[16] GONG P,WEI D,JI X,et al. Research on geomagnetic matching localization for pedestrian[C].// China Satellite Navigation Conference (CSNC) 2018 Proceedings,Harbin,2018.

[17] ZHANG W,WEI D,GONG P,et al. The PDR system based on improved QSF + map matching algo-

rithm[C]//China Satellite Navigation Conference(CSNC),Harbin,2018.

[18] GUO H,WEI D,OUYANG G,et al. Research on barometric altimeter assisting GNSS navigation for urban environments[C]//China Satellite Navigation Conference(CSNC)Harbin,2018.

[19] 刘春保.卫星导航系统脆弱性评估与对策[J].卫星应用,2015(4):49-54.

[20] WANG L,LI Z,ZHAO J,et al. Smart device-supported BDS/GNSS real-time kinematic positioning for sub-meter-level accuracy in urban location-based services[J]. Sensors,2016,16(12):2201.

[21] WANG L,LI Z,YUAN H,et al. Influence of the time-delay of correction for BDS and GPS combined real-time differential positioning [J]. Electronics Letters,2016,52(12):1063-1065.

[22] WANG L,LI Z,YUAN H,et al. Research and implementation on BDS/GNSS real-time positioning for urban high-precision location-based services[C]//China Satellite Navigation Conference(CSNC),Changsha,2016.

[23] 施浒立,李林.卫星导航增强系统讨论[J].导航定位与授时,2015,2(5):30-36.

[24] 曹冲.卫星导航常用知识问答[M].北京:电子工业出版社,2010.

[25] 徐洪亮.GNSS性能增强技术研究[D].上海:上海交通大学,2013.

[26] 李斌,王党卫,杨明.一种地基增强系统(GBAS)B值的分析与处理技术[J].现代导航,2013(1):19-23.

[27] 魏永刚.北斗系统应用标准化发展战略思考[J].导航定位学报,2013(4):1-7.

[28] 周玉霞,康登榜.卫星导航接收机数据传输协议标准综述[J].航天标准化,2015(4):10-21.

[29] 周玉霞,周明等.GNSS互联网数据传输协议标准综述[J].导航定位学报,2015(4):32-37.

[30] KING A D. Inertial navigation-forty years of evolution[J]. GEC Review,1998,13(3):1-15.

[31] LEFEVREH C. The fiber-optic gyroscope[M].张桂才,王巍,译.北京:国防工业出版社,2002.

[32] TITTERTOND H,WESTON J L. Strapdown inertial navigation technology[M].张天光,王秀萍,王丽霞,等译.北京:国防工业出版社,2007.

[33] 张天光,王秀萍,王丽霞,等.捷联惯性导航技术[M].北京:国防工业出版社,2010.

[34] 张承志.天体测量学[M].北京:高等教育出版社,1986.

[35] GREWAL S,WEILL R,ANDREWS P. GPS惯性导航组合[M].北京:电子工业出版社,2011.

[36] 徐丹.一种GNSS/INS导航测试系统的设计与实现[D].北京:中国科学院研究生院,2010.

[37] 徐胜红,张宗麟.测量融合组合导航方法研究[J].中国惯性技术学报,2001,9(2):16-19.

[38] 秦永元.卡尔曼滤波与组合导航原理[M].西安:西北工业大学出版社,1998.

[39] GREWALM S,ANDREWS A P,BARTONE C G. Global positioning systems,inertial navigation,and integration[M]. 2nd ed. Hoboken:John Wiley & Sons,Inc.,2007.

[40] Product Resource [EB/OL] [2019-8-7]. http://www. trimble. com/GNSS-inertial/index. aspx. 2019.

[41] IMU-CPT™ Product Sheet [EB/OL]. [2016-5-15]. http://www. novatel. com. cn / support/info/document/558.

[42] 管叙军,王新龙.视觉导航技术发展综述[J].航空兵器,2014(5):3-8.

[43] 黄显林,姜肖楠,卢鸿谦,等.自主视觉导航方法综述[J].吉林大学学报(信息科学版),2010,28(2):158-165.

[44] 王先敏,曾庆化,熊智,等.视觉导航技术的发展及其研究分析[J].信息与控制,2010,39

(5):607-613.

[45] 邹晓东. 基于摄影测量的手机视觉定位技术研究[D]. 北京:中国科学院大学,2014.

[46] LAI Q F,WEI D Y,ZHANG X G. A multi-information fusion positioning method based on GPS/BDS/visual/WLAN/barometric[C]//ION GNSS+,Tampa,Florida,2015.

[47] 周军,葛致磊,施桂国,等. 地磁导航发展与关键技术[J]. 宇航学报,2008,29(5):1467-1472.

[48] 杨云涛,石志勇,关贞珍,等. 地磁场在导航定位系统中的应用[J]. 中国惯性技术学报,2007,15(6):686-692.

[49] 高长生,荆武兴,张燕,等. 基于 Unscented 卡尔曼滤波器的近地卫星磁测自主导航[J]. 中国空间科学技术,2006,26(1):27-32.

[50] 吴美平,刘颖,胡小平. ICP 算法在地磁辅助导航中的应用[J]. 航天控制,2007,25(6):17-21.

[51] WEI D Y. Vehicle localization based on odometry assisted magnetic matching[C]//International Conference on Indoor Positioning & Indoor Navigation,Sapporo,2017.

[52] WEI D,HE Z,GONG X,et al. A position approach based on the special sub-frame in TDD LTE-A system[C]//China Satellite Navigation Conference (CSNC),Xi'an,2015.

[53] ZENG M S,HE Z L,XU Y. Cycle duty design of pulse navigation signal[C]//China Satellite Navigation Conference (CSNC),Changsha,2016.

[54] 曾茂书. 一种适用于 TD-LTE 的地基导航信号研究[D]. 北京:中国科学院大学,2016.

[55] 王海熔. 基于 BLE 的大型商场室内定位导航系统的设计与实现[D]. 杭州:浙江工业大学,2015.

[56] LI W,WEI D,LAI Q. Geomagnetism-aided indoor wi-fi radio-map construction via smartphone crowdsourcing[J]. Sensors,2018,18(5):1462.

[57] LI W,WEI D,YUAN H,et al. A novel method of WiFi fingerprint positioning using spatial multi-points matching[C]//International Conference on Indoor Positioning and Indoor Navigation,Madrid,2016.

[58] 苗晟,董亮,何丽波,等. 一种基于信息过滤的无线电定位方法[J]. 国外电子测量技术,2014(3):31-34.

[59] 姚团结. 基于 WLAN/蓝牙及 PDR 的复杂场景下行人定位方法研究[D]. 北京:中国科学院大学,2016.

[60] CHOH H,KIM M I,KIM S H. A study on PDR heading angle error correction algorithm using WLAN based localization information[C]//Embedded and Multimedia Computing Technology and Service,Gwangju,2012.

[61] Locate Signal Interface Control Document[EB/OL]. [2014-1-29]. http://www.locata.com/wp-content/uploads/2014/07/Locata-ICD-100E.pdf.

[62] WEI J,LI Y,RIZOS C. On-the-fly locata/inertial navigation system integration for precise maritime application[J]. Measurement Science and Technology,2013,24(10):105104.

[63] LI Y,RIZOS C. Seamless navigation through a locata-enhanced GPS and INS integrated system[C]//International Symposium on GPS/GNSS,Taipei,Taiwan,2010:26-28.

[64] 李正荣,黄晓涛. 超宽带定位技术的分析与思考[J]. 电信快报,2008(4):29-32.

［65］高斐．塔康系统关键技术的研究与实现［D］．西安:西安电子科技大学,2011.

［66］张忠兴．论我国塔康系统的综合利用［C］//中国电子学会导航专业委员会塔康系统学术会议,1985.

［67］王安国．现代天文导航及其关键技术［J］．电子学报,2007,35(12):2347-2353.

［68］夏一飞,黄天衣．球面天文学［M］．南京:南京大学出版社,1995.

［69］王安国,江曦华．基于过量观测数据实时在线处理的天文字位计算理论和实践［J］．导航,2000(3):77-82.

［70］王绥珺．射电天文方法［M］．北京:科学出版社,1988.

第 3 章　多源融合导航系统架构

如第 2 章所述,近些年来,各类导航定位技术不断涌现,不同导航源在定位性能、应用场景、成本、接口规范等各方面的特性各不相同,即便是同类导航源,不同等级的传感器也可能性能差异悬殊。

对于实际导航应用而言,多种传感器的具体融合模式和融合方法既不能一概而论,也不可能一一列举,本章将从整体上对多源融合导航系统的架构、评价指标等进行综合介绍,让读者能够对多源融合导航系统有宏观的认识和理解。

◣ 3.1　多源融合导航系统的基本架构

3.1.1　系统架构

多源融合导航系统是对多种导航源数据进行融合的信息处理系统,本节将结合融合系统中信息处理的过程对多源融合导航系统的架构进行介绍。

图 3.1 给出了按层次结构划分的多源融合导航系统架构,共包括三个层次,分别是硬件接口层、数据抽象层和数据融合层。在每一层内部,有具体的功能模块来完成具体的任务,不同层之间,以及同一层内不同功能模块之间通过接口进行交互。层次化和模块化设计的优点在于结构清晰,可根据实际应用特点对功能模块进行具体设计,但架构上保持一致,设备之间的兼容性、继承性强。正如本书第 9 章将要介绍的,"即插即用"是未来多源融合导航定位技术发展的一个重要特征,这不仅体现在传感器硬件的即插即用,还体现在算法的即插即用以及系统对应用场景的即插即用,这要求系统架构在硬件接口、算法及服务等多方面都具有即插即用特性,而层次化和模块化设计是实现这一理念的基础。

3.1.2　硬件接口层

硬件接口层是多源融合导航系统的最底层,直接面向各类导航数据源,完成与数据源的交互,是实现即插即用的硬件基础。多源融合导航系统中的导航数据源既包括 INS、GNSS 接收机、摄像头等物理传感器,也包括气象信息、地图、卫星导航增强信息等非物理类的虚拟传感器。硬件接口层的具体功能组成包括通信接口、时间同步和数据交互与解析。

通信接口是硬件接口层的重要环节,包括电气接口和数据通信协议两个方面,其

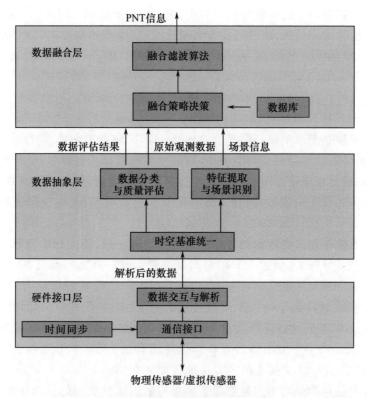

图 3.1　按层次结构划分的多源融合导航系统架构结构图（见彩图）

中电气接口定义了传感器与融合系统间的连接方式以及电气特性。常见的电气接口有集成电路总线（I^2C）、外部存储器接口（EMIF）、外设部件互连（PCI）标准总线、控制器局域网络（CAN）总线、RS-232，RS-422，RJ-45、USB、光纤接口等，这些接口在供电电压、传输速率与距离、物理尺寸等方面差异较大，本书第 2 章中对常见传感器的通信接口进行了介绍，在实际应用中可根据具体需求特点选择匹配的接口形式。数据通信协议指传感器数据传输过程中所采用的数据格式，如码流顺序、速率、差错检测机制，以及询问等操作的约定，每种数据源具有特定的协议格式，本书第 2 章中对常见导航源的协议进行了简要介绍，这些协议通常可以在相关的网站、标准化委员会找到发布的标准文件。数据交互与解析模块根据相关的协议对数据源的内容进行解析，对其中的要素进行提取，提供给数据抽象层，需要强调的是，硬件接口层仅进行数据内容的解析，一般并不对其进行进一步的处理。

　　我们将在第 4 章中看到，各个导航数据源之间的时间同步是实现融合的一个必要条件，对于多源融合导航系统而言，数据源之间的同步需要多个层面的同步策略来支撑，其中硬件接口层需要完成不同数据源到达融合系统时间的同步，通常包括硬件同步和软件同步两种形式。硬件同步通过特定的硬件接口或设备来保持传感器间的同步，例如常见的 GPS 授时、IEEE1588 授时以及共用时间频率源等方式；软件同步是通过既有的数据通信链路进行时间同步,例如通过数据携带时间戳方式、网络时间协议(NTP)授时等。显然,硬件同步方式精度更高,但成本也更高,需要专门的硬件支撑,适合于专用导航终端,软件同步方式精度相对较差,但成本低廉,适合于普通导航终端。

3.1.3 数据抽象层

数据抽象层基于通信接口层提供的已经过同步、解析的数据,进行导航源数据的预处理,其主要功能包括时空基准统一、数据分类与数据质量评估、特征提取与场景识别处理等,最终目标是把不同传感器的数据抽象分类为原始数据、场景信息、数据质量评估结果等位置关联数据,送入数据融合层进行处理,是实现即插即用的软件基础。

时空基准统一是多源数据融合的一个重要前提条件,不同导航源数据所采用的时空基准可能差异较大,例如 GPS 的时间基准是 GPST,其坐标系是 WGS-84;蓝牙、WLAN 定位通常采用局地坐标系和本地时间,两者无法直接进行融合,只有将不同导航源的数据在时间和空间两个维度进行统一,才能进行进一步处理。时空基准统一的方法需要根据实际应用需求而定,针对载体的运动特征、传感器数据的特点以及定位性能要求等多方面因素可具体选择适合的方法,本书第 4 章将对具体的时间、空间坐标系及时空基准统一方法进行详细介绍。

数据分类的目的是对不同导航源差异化的数据进行统一的标准化处理,使各式各样导航传感器的原始输出转换成融合滤波器所需要的观测数据。如第 2 章所描述的,不同导航源提供的数据信息类型差异较大,即便是同类导航源,不同等级的传感器输出的观测信息类型也差异较大,例如:普通手机的 GNSS 模块输出值通常只包括位置信息,而专业的 GNSS 接收机输出不仅包括直接的位置信息,还包括伪距、载波相位观测值、载噪比等原始观测量;惯性系统的输出通常只包括加速度、横滚、俯仰变化等原始观测信息而没有直接的定位结果信息。稍后将介绍,具体的融合滤波方法的选择与传感器提供的数据类型密切相关,因此对于导航源的分类非常必要,具体分类方法可参见第 2 章。

数据质量评估的目的是针对不同导航源的数据进行异常、野值的识别和误差的评估,为融合滤波提供数据可信度的初步评判,以辅助在融合过程中进行数据源的筛选、数据源置信度的评估等。以 GNSS 为例,在实际使用过程中,观测量的性能和定位性能受载体运动状况、卫星状况、电离层、多径等多个方面因素的影响,数据质量实时变化,特别是在高楼、高架桥等城市复杂环境下的性能变化剧烈,直接把数据送入滤波器很容易造成系统发散,因此对于导航源数据质量的实时评估尤为重要。数据质量评估的手段包括定性评估、定量评估、在线评估、离线评估等多种方式,本书第 5 章将详细介绍。

基于导航源数据进行特征信息提取与场景识别是近几年来逐渐发展起来的一项

新方法。随着导航定位需求在各类应用场景中的不断拓展,越来越多的学者注意到场景信息在解决复杂应用环境下导航定位问题的重要性,例如在典型的室内外车辆的定位应用中,定位目标在室内、室外不同环境中,在停车场、高速公路、隧道等不同的应用情景中,对于导航源的选择、滤波方法的选择及模型的建立都需要有针对性的考虑,而场景信息能够在这些环节中发挥重要作用,本书第 6 章将对场景检测的方法进行介绍。

3.1.4   数据融合层

数据融合层基于数据抽象层提供的位置关联数据及先验的数据库信息完成融合策略的决策和数据的融合滤波,最终输出融合后的定位信息,是实现即插即用的算法基础。

1)融合策略决策

融合策略包括导航源的选择、融合模式的选择、融合滤波方法的选择等多个方面,输入数据包括不同导航源数据的评估情况以及当前场景信息等位置关联数据,决策机制的判定可以通过建立经验数据库的方式,也可以采用在线学习的方式。

导航源的选择主要针对导航源数量较多的融合系统,例如搭载多种传感器的智能手机、无人驾驶汽车等平台,如果不对导航源进行有效的筛选,则滤波算法设计将变得复杂,计算量大,且容易受个别传感器的发散而导致性能迅速恶化,因此,针对特定场景,可事先形成有关最优传感器融合的专家数据库,再结合每个导航源实时的质量评估情况,在线进行实时的调整和选择。以智能手机导航为例,通过场景信息可以智能识别当前载体(如车载或行人模式)、运动特征(加速、减速、静止及拐弯等)及所处环境(室内、室外、隧道、车库等),再基于经验专家数据库针对性地选择不同的导航源参与融合,最后根据选定导航源当前的数据质量评估情况进行更加精细的选择。

融合模式是指针对特定的导航源组合所采用的具体融合方式,可划分为位置域融合、测量域融合。位置域融合以不同传感器的 PNT 解算结果,即 PVTA 为滤波器的测量输入,按照一定的权重(信息)分配理论,加权得到统一的定位导航授时结果。显然位置域融合直接利用了导航源提供的解算结果,对导航源的定位机理并不关注,因此模型结构简单,通用性强,适合于任意能够提供位置相关信息的导航源,系统易于实现。但是,大多数导航源无法直接观测到位置信息,而是通过其他原始观测量进行计算推演得到的,这个计算推演过程实际上存在一定程度的信息损失,以卫星导航为例,伪距、载波相位观测值显然比单一的位置信息包含更多信息量。因此,位置域融合忽略了导航源自身的定位机理,对噪声较为敏感,如不能有效获得融合源的数据质量,融合结果很容易受到污染。

测量域融合以不同传感器输出的原始观测量(如加速度、角速度、信号强度等,这些观测量一定是与用户终端时空坐标相关联的,称为时空关联观测量)为滤波器的测量输入,建立一定的联合 PNT 解算模型,得到统一的定位导航授时结果。测量域融合能够灵活地利用传感器的原始观测信息,在一定程度上提升定位性能,但是系统的复杂度以及系统的可靠性不及位置域融合,各传感器信息处理之间隔离度低,某个传感器突然引入的误差量,极有可能影响整个系统之后的表现。实际中,应该根据对系统可靠性、性能等的需求选择不同融合模式。

2）融合滤波算法

融合滤波是多源融合架构中的核心功能,其目标是利用多传感器观测信息估计当前最优状态信息(位置、速度、姿态等)。经典融合滤波方法主要基于估计理论,主要区别在于优化准则的不同,如最小二乘、最小方差、极大后验以及卡尔曼滤波等。为了处理非线性问题又衍生出来扩展卡尔曼、无迹卡尔曼、粒子滤波等方法。同时,考虑到对运动模型的精确逼近,发展起来了交互式多模型方法等。近年来,一些新理论和新方法也开始用于多源融合处理中,如基于不确定性推理、智能学习方法等,本书第 7 章将对融合滤波算法进行详细介绍。

3.2 多源融合导航系统的评价要素

经过多年的发展,GNSS 已经形成了较为成熟的评价体系,通常用精度、连续性、完好性和可用性等指标来评价系统性能,很多用户、学者已经习惯用这些指标来衡量一个导航系统的服务性能。多源融合导航系统目前正处于发展阶段,关于多源融合导航的评价指标还处于探索中,目前还没有形成系统性的指标体系。本书借鉴卫星导航中的评价指标对多源融合导航系统的评价要素进行探讨和解释,以抛砖引玉。

3.2.1 导航性能评估模型

经典的 GNSS 性能评价指标主要包括定位测速精度、完好性、连续性和可用性四个方面(稍后将给出具体的定义和计算方法),Karl Kovach 等人对这些性能指标概念进行了进一步整合分析[1-2],给出了卫星导航系统性能指标金字塔模型。如图 3.2所示,金字塔模型形象地表示出不同指标间的依赖关系,该模型认为定位和测速精度是 GNSS 的根本服务指标,是其他指标定义的基础,完好性、连续性和可用性指标逐层依赖。在金字塔模型下,精度指标的定义相对独立,和用户需求、系统状态等无关;完好性的定义依赖于精度指标,是精度不能满足用户特定需求时系统告警能力的体现;从时间维度来看,精度和完好性刻画了系统的瞬时服务能力,而连续性则是在精度和完好性的基础上对系统持续服务能力的描述;可用性是在精度、完好性和连续性基础上定义的综合性的指标,用于刻画系统的综合服务能力。

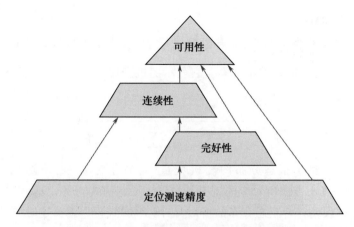

图 3.2　卫星导航系统性能评估金字塔模型

由于 GNSS 的服务性能更多取决于系统,因此上述评价指标更加偏重于系统的工作状态和服务能力,例如一般用卫星工作状态、信号覆盖情况来刻画连续性、可用性等概念。而对于多源融合导航系统,其性能更取决于传感器、融合策略等,因此评价指标更偏向于终端层面。综合来看,针对 GNSS 定义的评价指标同样适合于多源融合导航系统,但具体内涵有所变化,更偏向于使用终端层面的要素来进行定义,更偏向于用户的需求,下面将逐个进行解释。

3.2.2　定位测速精度

定位测速精度是定位系统效能评估中最直观的性能指标。定位测速精度直接决定系统是否可用,其他性能指标的评估均以系统定位测速精度已经达到要求为前提。导航系统的定位测速精度是指系统为载体所提供的实时位置与载体真实位置之间的重合度。基于统计的观点,导航系统的精度可以表示为在一定置信水平所有误差不会超过的一个限值,对于定位测速精度的定义在 GNSS 中和多源融合导航系统中是完全相同的。这种对于精度概念的定义适用于所有导航定位手段,是用户需要的最为直接的性能评价和表示。

在车辆、飞机、舰船、导弹等各类载体的导航系统中,常见的定位测速精度指标有四种,即时间真均方根误差(TRMS)、均方根误差(RMSE)、标准误差(σ)和 CEP[3]。各评定方法对应于不同的试验数据分布假设、不同的统计推断算法以及不同的应用领域。

1)TRMS 统计

TRMS 使用每次测量值与真值之间的误差来计算,表示变量与其真值的偏离程度,假设进行了 n 次试验,每次试验有 m 个测量结果,用 r_{ij} 表示第 i 次试验中第 j 个测量点的误差真值,则 TRMS 可通过下式进行计算:

$$\text{TRMS} = \sqrt{\frac{1}{n}\sum_{i=1}^{n}\frac{1}{m}\sum_{j=1}^{m}r_{ij}^2} \tag{3.1}$$

2) 均方根(RMS)统计

RMSE 有时又称为均方差、均方根值或标准差,使用测量真误差值与误差均值 $\hat{\mu}_r = \dfrac{1}{mn}\sum\limits_{i=1}^{n}\sum\limits_{j=1}^{m} r_{ij}$ 之间的误差来计算。它表示随机变量与其均值的偏离程度,计算方式如下:

$$\hat{\sigma}_r = \sqrt{\frac{1}{n}\sum_{i=1}^{n}\frac{1}{m-1}\sum_{j=1}^{m}\left(r_{ij}-\hat{\mu}_r\right)^2} \tag{3.2}$$

根据概率论,对于正态分布的随机变量,若方差为 σ,则该随机变量取值在 $\pm 1\sigma$、$\pm 2\sigma$、$\pm 3\sigma$ 范围所对应的概率是定值,分别为 68.26%、95.45%、99.73%。因此,对于定位误差符合正态分布的情形,当用 RMS 进行误差描述时,在很多技术资料中性能指标不用 RMS 表示,而直接用 1σ、2σ 或 3σ 误差表示。

3) CEP 统计

CEP 来源于弹道学,用来衡量导弹命中精度的一个尺度,又称圆公算偏差。在描述导航定位精度时,若测量值与真实值之间的误差能以置信度 P 控制在半径为 R_P 的圆周范围内,则 R_P 被称为 CEP,当置信度 P 为 50%、90%、95% 及 99% 时,CEP 一般描述为 R_{50}、R_{90}、R_{95} 和 R_{99}。

当导航系统真值误差与均值误差近似相等且服从正态分布时,TRMS 可作为表示导航系统误差的一个基础性指标,具有计算方法简单、统计试验参数少、物理意义明确等特点。TRMS 值可方便地与其他指标相互转换,转换关系如表 3.1 所列。

表 3.1 TRMS 与其他指标转换关系

指标	TRMS	RMS	R_{50}	1σ
TRMS	1	0.707	0.833	0.707

3.2.3 完好性

导航系统的完好性是指导航系统在服务不能满足用户要求的性能时及时向用户发出有效告警的能力。参考 GNSS 中的完好性定义,本书中使用告警门限(AL)和告警时间(TTA)等参数来描述多源融合导航系统中的服务完好性,一般而言,完好性监测与告警的成功率不可能达到 100%,故用户需要面临一定的完好性风险(IR),包括漏警概率和虚警概率。

当系统提供的定位服务的误差超过规定的门限时,系统需要向用户发出警报,这一门限值被称为系统的告警限值。告警限值描述的是系统对于误差的容忍门限,超过这个门限必须向用户发出警报。噪声的存在和一些未知的系统误差等不确定因素会影响完好性检验过程中报警限值的设置[2-5]。这里以采用卡尔曼滤波的多源融合导航系统为例进行说明,不确定性的误差由误差协方差矩阵 $\boldsymbol{P}$ 和观测噪声协方差矩阵 $\boldsymbol{R}$ 来表示:

$$\begin{cases} \boldsymbol{\gamma}(k) = \boldsymbol{Z}(k) - \hat{\boldsymbol{Z}}(k \mid k-1) \\ \boldsymbol{A}(k) = \boldsymbol{H}(k)\boldsymbol{P}(k \mid k-1)\boldsymbol{H}^{\mathrm{T}}(k) + \boldsymbol{R}(k) \end{cases} \tag{3.3}$$

式中：$\boldsymbol{\gamma}(k)$ 为滤波过程新息；$\boldsymbol{A}(k)$ 为其方差，进而可获得系统完好性检测统计量 $\lambda_i(k)$，即有

$$\lambda_i(k) = \gamma_i^2(k) / A_{i,j}(k) \tag{3.4}$$

式中：$A_{i,j}(k)$ 为方差矩阵 $\boldsymbol{A}(k)$ 的对角元素，且 $\lambda_i(k)$ 服从一维 χ^2 分布。

如图 3.3 所示，设 V_t 为设置的检测门限值，当无完好性故障假设 H_0 成立时，判定为有故障的概率称为虚警概率 $p_{\mathrm{fa}}(\lambda \mid H_0 \geqslant V_t)$；当存在完好性故障假设 H_1 成立时，判定为无故障的概率称为漏警概率 $p_{\mathrm{md}}(\lambda \mid H_1 \leqslant V_t)$，即

$$\begin{cases} p_{\mathrm{fa}} = \displaystyle\int_{V_t}^{\infty} p(\lambda \mid H_0) \mathrm{d}\lambda \\ p_{\mathrm{md}} = \displaystyle\int_{0}^{V_t} p(\lambda \mid H_1) \mathrm{d}\lambda \end{cases} \tag{3.5}$$

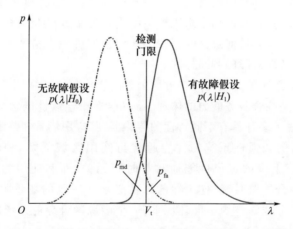

图 3.3　完好性检测门限、漏警概率及虚警概率（见彩图）

检测门限值一般根据系统的定位精度决定，对系统完好性检测的影响是十分显著的，过高的报警限值会带来虚警，降低系统连续性；过低的报警限值则会带来漏检，降低系统完好性。因而，在设定检测门限值时，需要对漏警概率、虚警概率折中考虑。

TTA 则是衡量该警报是否及时的技术指标。TTA 是指系统发出警报与用户接收到警报的时间差，此参数与系统完好性检测统计量的灵敏度、系统处理响应时间等密切相关。TTA 的要求是设定一个门限，系统必须在门限之内将警报发送至用户。门限的选取应基于多次试验，结合用户需求、应用环境及完好性故障类型等因素，经试验统计得到。对于此参数的评估方法可以通过比较警报实际耗时与门限值的大小来完成[2]，即

$$t_{TTA} = \frac{1}{N} \sum_{i=1}^{N} \left(t_{i,rec} - t_{i,rep} \right) \tag{3.6}$$

式中：N 为警报次数；$t_{i,rec}$ 为用户接收系统报警时间；$t_{i,rep}$ 为故障发生时间，可将二者的差值 t_{TTA} 与门限比较得到系统的 TTA 性能。

3.2.4　连续性

如前文所述，定位精度、完好性指标关注的是某个瞬时的定位性能，但在很多场景下，人们更关注系统的持续服务能力。在早期的有关导航定位的文档中通常用可靠性来衡量系统的持续工作能力，可靠性更关注系统各个组件的无故障工作时间，在GNSS 成熟以后，由于 GNSS 服务的持续性更取决于卫星工作状态、覆盖情况，因此逐渐开始用连续性来描述系统的持续工作能力。

基于金字塔模型，在多源融合导航系统中，可以将连续性定义为导航系统在预定时间段内能够持续提供满足精度和完好性需求的服务能力，连续性是基于精度和完好性的一种扩展性能，具有两层含义[2-3,6]：其一，脱离了精度和完好性等基础性能，连续性将失去存在的基础，即如果系统提供给用户的服务已经没有精度和完好性的保证，讨论连续性是没有任何意义的；其二，连续性亦可视为精度或者完好性的一个特性，它明确了连续性故障的判断标准。

多源融合导航系统的连续性受多方面因素的影响，包括时间上的持续性、覆盖区域的不间断性等，是综合服务能力的体现。与 GNSS 中连续性概念有所不同，多源融合导航系统中集成了多种具有不同特性的传感器，其应用场景和范围各不相同，误差特性也不尽相同，例如惯性系统的性能通常与使用区域无关，和时间密切相关，GNSS、基站定位等手段的定位性能通常与时间无关，而和使用的区域密切相关。因此，对于多源融合导航系统，连续性的评估必须在一定的场景限制下，例如在普通地面室内外、水下或深空等不同环境下，一个多源融合导航系统的连续性是不相同的。

3.2.5　可用性

可用性指标是衡量一个导航系统是否满足用户的定位需求的综合指标，即系统在定位精度、完好性、连续性方面都满足用户的特定需求，才能称为对该用户可用。可以看出，可用性是与用户的特定需求紧密耦合的，同一个系统对于不同的用户具有不同的可用性描述。

参考文献

[1] KARL K. Continuity:the hardest GNSS requirement of all[C]//Proceedings of International Technical Meeting of the Satellite Division of the Institute of Navigation,1998:2003-2020.

[2] 李作虎. 卫星导航系统性能监测及评估方法研究[D]. 郑州:解放军信息工程大学,2015.

[3] 王艳永,贾兴荣,高晖,等. 基于统计推断的惯性定位精度评估方法对比[J]. 计算机应用,2012,32(A02):276-279.

[4] 安迪. 智能终端多源定位融合及其效能评估算法的设计与实现[D]. 哈尔滨:哈尔滨工业大学,2016.

[5] PAUL D,GROVE S. GNSS 与惯性及多传感器组合导航系统原理[M]. 李涛,吴文起,译. 北京:国防工业出版社,2015.

[6] 冯远远. IRS/GNSS 导航综合性能评估技术[D]. 南京:南京航空航天大学,2010.

第4章 多源融合导航系统的时空基准

通过第 2 章对各种导航源的介绍可以看出,不同导航源所采用的时空基准不尽相同,例如北斗卫星导航系统通常采用 CGCS2000 和北斗系统时,而惯性导航系统通常采用载体坐标系和本地相对时间;此外,对于同一定位目标而言,由于不同传感器安装位置和姿态不同,因此定位结果所代表的空间位置点也不同,例如在 GNSS/INS 组合系统中,GNSS 接收机模块解算的是 GNSS 天线相位中心的位置,而 INS 模块输出的横滚、俯仰值是 INS 自身的运动特性,两个模块在空间上并不重合。因此,对于多个传感器之间的融合解算,统一的时间和空间基准是前提条件。本章将对多源融合导航系统中典型传感器使用的时空坐标系进行描述,对不同坐标系的特点及相互转化关系进行介绍。

4.1 时空基准系统

4.1.1 时间系统

时间是七个基本物理量之一,不同传感器间的时间同步是多传感器融合的重要基础,时间同步精度在很大程度上决定了融合系统的精度。例如对于一辆高铁,假设行驶速度为 360km/h,两个传感器之间的时间同步误差为 10ms,仅这一项带来的位置不确定度就高达 1m,该项误差会直接引入到融合系统中,造成融合精度降低。

本小节将对时间系统的定义及常用的时间系统进行简要介绍。

4.1.1.1 时间系统的定义

时间系统的定义包含时间原点和度量单位(尺度)两大要素,一般采用一维的时间轴进行描述。时间原点可根据实际需求进行制定,例如 GPST 以 1980 年 1 月 6 日凌晨 0 点作为起点时间,而大多数惯性传感器一般是以开机时刻为时间原点;度量单位一般包括时刻和时间间隔两个概念,时刻是时间轴上的某个坐标点,是相对于时间原点而言的,而时间间隔是两个时刻点之间的差值,也就是时间的持续长度,与坐标原点的选取无关。

秒(second,s)是目前使用最广泛的基本时间尺度单位,对于 1s 的最新定义是 1967 年 13 届国际计量大会给出的:位于海平面的铯 133 原子基态的两个超精细能阶之间跃迁辐射 9192631770 周所持续的时间。实际使用时一般与秒结合以做更细微的划分或者扩展,例如毫秒(ms,千分之一秒)、微秒(μs,百万分之一秒)、纳秒(ns,

十亿分之一秒）、千秒(ks)、兆秒(Ms,百万秒)和吉秒(Gs,十亿秒)等。

时间系统的表述具有多样性,随着应用场景的不同,相同时刻有许多不同的表述方法,这里以 2017 年 3 月 6 日 10 时 34 分 00 秒为例对常用的时间表述方法进行说明:

(1) 年月日:如 2017 年 3 月 6 日 10 时 34 分 00 秒。

(2) 年积日:仅在一年中使用的连续计算日期的方法,是从当年的 1 月 1 日起开始计算天数,如 2017 年 65 日 10 时 34 分 00 秒。

(3) 周秒:一般是指 GPST,以 1980 年 1 月 6 日凌晨 0 时开始,以一周为周期计算周数,以周日为起点计算一周内的秒数,如 1939 周 38040 秒。

4.1.1.2　常用的时间系统

计量时间的方法多种多样,任何一个周期运动,只要满足连续性、周期稳定性、可观测性这三个条件,都可以用来计量时间。例如,以地球自转为基准建立的恒星时、太阳时、世界时等;以原子跃迁为基准建立的国际原子时、协调世界时等;也可以根据实际的应用需求定义时间,如 GPST、传感器时间等。

1) 世界时系统

世界时系统是以地球自转为基准建立起来的时间系统,按照时间起点以及对自转周期描述的不同,可分为恒星时、平太阳时以及世界时等。

(1) 恒星时。恒星时以春分点为参考点。春分点连续两次经过同一子午圈的时间间隔即为一恒星日,周期为 23h56min4s,以恒星日为基础均匀划分时间系统中的"时"、"分"和"秒"。恒星时在数值上等于春分点相对于同一子午圈的时间,按是否估计章动影响可分为真恒星时和平恒星时。

(2) 平太阳时(MST)。太阳时以太阳中心为参考点。太阳两次经过同一子午圈的时间间隔即为一太阳日,以太阳日为基础均匀划分为时间系统中的"小时"、"分"和"秒"。太阳时在数值上等于太阳中心相对同一子午圈的时间。但由于地球绕太阳的运动轨道为椭圆,近日点与远日点运动速度不同,导致太阳时的尺度不均,所以真太阳时不能作为时间系统。因此,人们假设太阳的周年运动轨迹位于赤道平面,且运动速度恒定为真太阳时的平均速度,从而建立平太阳时系统。平太阳时以假设的太阳中心为参考点,平太阳两次经过本地子午圈的时间间隔即一个平太阳日。

(3) 世界时(UT)。由于平太阳时从正午开始起算,同一白天会出现上午、下午分属于两天的现象。因此,天文学家将起始点从平正午移至平子夜,即民用时。但这样仍存在同一瞬间不同经线上的时间不同的问题,为方便日常工作和生活,学者们根据协议以格林尼治零子午线为中心线,将全球分为 24 个标准时区,格林尼治零子午线所处的民用时即世界时。但由于地球自转轴的极移现象和地球自转速度不均匀现象,会导致世界时的尺度不均,因而需要进行极移修正和自转速度季节性修正,才能作为标准的时间系统。

设 UT0 为未修改的世界时,UT1 和 UT2 分别为加入极移修正和地球自转速度季

节性变化改正的世界时,则三者的关系为

$$UT1 = UT0 + \Delta\lambda \tag{4.1}$$

$$UT2 = UT1 + \Delta T_s = UT0 + \Delta\lambda + \Delta T_s \tag{4.2}$$

式中:$\Delta\lambda$ 为极移修正项;ΔT_s 为季节修正项。

2)AT

原子跃迁时辐射或者吸收的电磁波的频率具有极高的稳定性和复现性,因此它是一种理想的时间尺度基准。AT 的时间起算点按国际协议取为 1958 年 1 月 1 日 0 时 0 秒,与 UT2 重合,但事后发现在这一瞬间 AT 与世界时相差 0.0039s,即

$$AT = UT2_{1958.00} - 0.0039s \tag{4.3}$$

AT 的时间尺度为原子时秒,也是国际单位制中时间的单位。

(1)国际原子时(TAI)。不同地方的原子时之间存在差异,导致时间尺度的不一致。因此 1971 年开始,国际时间局(现为国际计量局)根据全球约 60 个实验室中的大约 240 台自由运转的原子钟提供的数据进行处理,得出高稳定度、高精度的"国际时间标准"——国际原子时。它的原点与 AT 一致。

(2)协调世界时(UTC)。由于地球自转存在不断变慢的长期趋势,世界时的秒长会变得越来越长。而 AT 作为一种较为稳定的时间系统,其与世界时之间的差异会越来越明显。为兼顾两种时间系统的使用,国际无线电科学协会建立了协调时系统。协调时系统的时间起算点与 AT 相同,时间尺度为原子时秒长,但与 AT 存在若干整秒偏差,以保持 UTC 与世界时 UT1 之间的偏差在 0.9s 内。

3)GNSS 时间系统

GNSS 时(GNSST)是全球卫星导航系统所使用的时间系统的统称,GNSST 均以相应的 UTC 为参考,以国际原子时秒长作为时间尺度。目前,使用的全球卫星导航系统主要有 GPS、GLONASS、Galileo 系统和 BDS。下面对这四种全球卫星导航系统的时间系统进行介绍。

(1)GPST。GPST 的时间起点定义为 1980 年 1 月 6 日 0 时 0 分(UTC),采用国际原子时的秒长为时间尺度。GPST 由美国海军天文台(USNO)来维持,GPST 与 UTC 之间除跳秒外,还存在微小差异。两者之间的关系可表示为

$$GPST = UTC + 1 \times n_1 + C_0 \tag{4.4}$$

式中:n_1 为 GPST 与 UTC 之间随时间稳定增加的偏移常量;C_0 为两者之间存在的小数上的差异,该值随 GPS 导航电文发布。

(2)GLONASST。GLONASST 是基于莫斯科协调世界时(UTC(SU))建立的,采用国际原子时的秒长为时间尺度。该系统采用的是莫斯科时,GLONASST 存在跳秒,与 UTC 保持一致。其与 UTC 也存在细微差异。两者之间的关系可表示为

$$GLONASST = UTC + A_{T01} + C_1 \tag{4.5}$$

式中:A_{T01} 为 GLONASST 与 UTC 起始点时区不一致的偏差;C_1 为两者之间存在的小数上的差异,该值随 GLONASS 导航电文发布。

（3）Galileo 系统时（GST）。GST 的时间起点定义为 1999 年 8 月 22 日 0 时 0 分（UTC），采用国际原子时的秒长为时间尺度。GST 与 GPST 之间存在 1024 周的整周期偏差和细微偏差。两者的关系可表示为

$$\text{GST} = \text{GPST} + A_{\text{T02}} + C_2 \tag{4.6}$$

式中：A_{T02} 为 GST 与 GPST 起始点时区不一致的偏差；C_2 为两者之间存在的小数上的差异，该值随 Galileo 导航电文发布。

（4）北斗时（BDT）。BDT 的时间起点定义为 2006 年 1 月 1 日 0 时 0 分（UTC），采用国际原子时的秒长作为时间尺度。BDT 通过中国科学院国家授时中心（NTSC）保持的 UTC（NTSC）与国际 UTC 建立联系。与 GPST 相似，BDT 与 UTC 之间除跳秒外，还存在微小差异。两者之间的关系可表示为

$$\text{BDST} = \text{UTC} + 1 \times n_2 + C_3 \tag{4.7}$$

式中：n_2 为 BDT 与 UTC 之间随时间稳定增加的偏移常量；C_3 为两者之间存在的小数上的差异，该值随北斗导航电文发布。

4）传感器时间系统

传感器的时间系统是根据传感器内部时钟为基础建立起来的时间系统。传感器时（ST）的时间起算点为开机后从 0 开始记录，时间尺度由内部时钟频率决定。ST 计算为

$$\text{ST} = \frac{1}{F} \times n \tag{4.8}$$

式中：F 为传感器内部的时钟频率；n 为传感器开机后对信号的计数次数。但 ST 在设备开机起始时间均初始化为 0，不具有连续性，不能单独作为一个时间系统使用。

为使传感器时间系统具有连续性，部分传感器增加了额外的时间模块，将内部时钟分成实时钟与日时钟两部分。实时钟由晶体振荡器来维持，用于支持设备断电后日期与时刻的更新，精度稳定在秒级。日时钟由定时器来维持，采用高分辨率计数器在开机时进行累积计数，精度与计数器分辨率相关，可稳定在微秒量级。

4.1.2　空间系统

在多源融合导航中不同导航源输出的导航信息一般不会在同一坐标系下，不同坐标系统下导航信息格式、纬度、单位都不相同，这种情况下无法进行融合，需要将不同的导航源信息统一到相同的坐标系统下。不同导航源的安装位置一般不相同，不同导航源之间的相对位置差异从几厘米到几米不等，安装位置的差异在多源融合导航时会直接导入到系统中形成误差，从而降低了多源融合导航的精度。因此，坐标系统是多源融合导航系统的重要基础。本节将对常用的空间系统及空间系统间的相互转化进行简要介绍。

4.1.2.1　坐标系统的定义
坐标系是描述物质存在的空间位置的参照系，是为了表示空间点位置、姿态及相

对运动几何关系的数学手段,它的定义包含三个要素:坐标原点、坐标轴指向和长度尺度。坐标原点即坐标系中坐标推算的起算点,该点可为物体质心、几何中心或是任一点,便于描述物体的方位;坐标轴指向即坐标系中三个正交轴的指向;长度尺度即点位坐标的长度基准。

坐标系统的表述具有多样性,根据应用场景的不同,相同时刻有许多不同的表述方法。

4.1.2.2　常用的坐标系统[1-7]

不同坐标系对于载体的运动形式和运动规律的描述是不同的,而选择合理且恰当的参考坐标系会简化用于描述载体运动的数学模型。导航定位中涉及的坐标系可分为两大类:惯性坐标系和非惯性坐标系。惯性坐标系是指原点取在不动点,所选参考系不转动的坐标系。非惯性坐标系则是指除了惯性坐标系以外的其他坐标系。

1) 惯性坐标系

与惯性空间相固连的坐标系,称为惯性坐标参考系,简称惯性系。在惯性系中,其时间是均匀流逝的,空间是均匀和各向同性的,不受力的物体将保持静止或者匀速直线运动状态。运动是永恒的,绝对静止的物体或者空间是不存在的,因此无法找到完全符合牛顿定律的参照物。在实际中人们总是根据实际需要选取近似的惯性,如:研究地面物体在一个小范围内的运动时,就可选择地球作为近似的惯性系;而研究太阳系中天体的运动时,则可选择太阳作为近似的惯性系。导航定位中常用的惯性坐标系有日心惯性坐标系和地心惯性坐标系。

(1) 日心惯性坐标系。将太阳作为原点,以指向某一恒星的矢量作为坐标轴,从而构成一个日心坐标系。由于受到测量条件和水平的限制,当时牛顿定律是成立的,因此又称为日心惯性坐标系。随着测量水平的提高,人们发现该坐标系并非绝对静止,而是随着太阳系一起绕银河运动。由于该运动的向心加速度和角速度与导航中加速度和角速度的精度相差很大,可以忽略不计,所以日心系可用于惯性导航。

(2) 地心惯性坐标系。在导航中,大量的载体、目标都在地球附近运动,因此可以在地球上建立惯性坐标系,其中,地球的中心作为坐标系的原点,Z 轴沿地球自转轴方向,X 轴和 Y 轴在地球赤道面内。同理,地球绕着太阳转,其向心加速度和角速度与导航中加速度和角速度的精度相比相差很大,也可以忽略不计,所以将地心系用于惯性导航计算中的惯性系是满足要求的。

2) 非惯性系坐标系

(1) 地心地固(ECEF)坐标系。将和地球固连在一起,随着地球一起相对惯性坐标系运动的坐标系称为地心地固坐标系,如图 4.1 所示,本书中涉及该坐标系时用下角标 E 表示。地心地固空间直角坐标系(即笛卡儿坐标系)的定义为:原点选在地球质心,X 轴指向赤道平面与格林尼治平均子午线的交点,Z 轴与地球自转轴重合,Y 轴采用右手原则确定,空间一点坐标的表示为 (x_E, y_E, z_E),简称地心坐标系。卫星导航系统多采用地心地固空间直角坐标系,因为该表示不需要指定具体的椭球。

地心地固大地坐标系的定义为:地球椭球的中心与地球质心重合,椭球面与大地水准面在全球范围内最佳符合,椭球短轴与地球自转轴重合(过地球质心并指向北极),空间一点的坐标由大地纬度、大地经度、大地高组成,表示为 (B, L, H)。

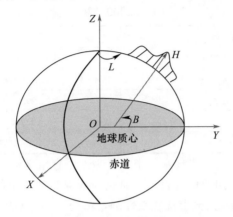

图 4.1　地心地固坐标系(见彩图)

建立地球坐标系是一项相当复杂且困难的工作,它涉及地极运动模型、地球重力场模型、地球基本常数定义等多方面的问题。20 世纪 60 年代以来,美国等国家开展了地心地固坐标系的建立,先后建立各类版本的世界大地坐标系。

经过多年的修正完善,美国国防部于 1984 年开始建立相当精确的协议地心地固坐标系 WGS-84,这是目前常用的地心地固坐标系。近些年我国也开展了地心坐标系研究,并于 2008 年建立了 CGCS2000,这也是一个较为通用的坐标系。

WGS-84 的原点为地球质心,Z 轴指向国际时间局(BIH)定义的 $BIH_{1984.0}$ 协议地球极方向,X 轴指向 $BIH_{1984.0}$ 零度子午线和 CTP 对应的赤道交点,Y 轴和 X 轴、Z 轴构成右手坐标系。WGS-84 定义了建立大地坐标系所需的基准椭球体,该基准椭球面与大地水准面在全球范围内差异在 $-100 \sim +75\mathrm{m}$。WGS-84 的基本大地参数如表 4.1 所列。

表 4.1　WGS-84 基本大地参数

基本大地参数	值
基准椭球长半轴 a	6378137m
地心引力常数 G_M	$3.9860044 \times 10^{14}\ \mathrm{m}^3/\mathrm{s}^2$
地球自转角速度 ω	$7.2921151467 \times 10^{-5}\ \mathrm{rad/s}$
椭球扁率 f	1/298.257223563
赤道正常重力 g_0	$9.7803267714\mathrm{m/s}^2$
极正常重力 g_p	$9.8321863685\mathrm{m/s}^2$
偏心率 $e^2 = f(2-f)$	0.0066943799013

CGCS2000 是全球地心坐标系在我国的具体体现,它的原点为地球质心,Z 轴指向 $\text{BIH}_{1984.0}$ 定义的 CTP 方向,X 轴为 IERS(国际地球自转服务)参考子午面通过原点且同 Z 轴正交的赤道面的交线,Y 轴和 X 轴、Z 轴构成右手坐标系。CGCS2000 的基本大地参数如表 4.2 所列。

表 4.2　CGCS2000 基本大地参数

基本大地参数	值
基准椭球长半轴 a	6378137m
地心引力常数 G_M	$3.9860044 \times 10^{14} \, \text{m}^3/\text{s}^2$
地球自转角速度 ω	$7.292115 \times 10^{-5} \, \text{rad/s}$
椭球扁率 f	$1/298.257222101$
偏心率 $e^2 = f(2-f)$	1.066943800229

（2）当地水平坐标系。当地水平坐标系为站心直角坐标系,也称为导航坐标系,本书中涉及该坐标系时用角标 n 表示。原点一般取为载体上的一点,如移动测量中一般取 GPS 天线相位中心,或者选在惯性测量单元中心。XOY 平面为过原点的地球椭球切平面,其中,X 轴指向子午线方向,Y 轴指向卯酉圈方向向东,Z 轴由右手原则确定,法线方向指向地,称为北东地(NED)坐标系;若 Y 轴指向子午线方向,X 轴指向卯酉圈方向向东,Z 轴由右手原则确定,法线方向指向天,则称为东北天(ENU)坐标系,如图 4.2(b)所示。

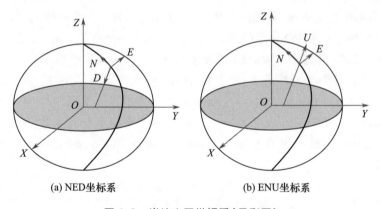

(a) NED坐标系　　　　　　(b) ENU坐标系

图 4.2　当地水平坐标系(见彩图)

（3）载体坐标系。导航中通常需要获取载体的位置、姿态以及运动规律等,为了更好地描述载体的运动,需要定义一个与载体固连的坐标系,即载体坐标系,本书中涉及该坐标系时用角标 B 表示。载体坐标系的定义和载体的形状特征相关,一般将原点选在质心或者几何中心,也可为载体上任意一点,为度量方便,可将其选在测量传感器附近的一个稳定的角点上。X 轴为载体纵轴,指向前进方向;Y 轴为载体横轴,垂直前进方向向右;Z 轴由右手原则确定,如图 4.3 所示。

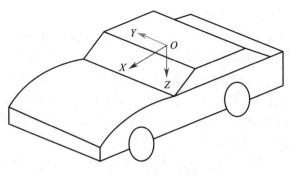

图 4.3　载体坐标系

（4）传感器坐标系。所有传感器都安装在载体上，但是传感器本身的坐标轴并不一定与载体的坐标系重合，因此传感器输出的信息是基于传感器坐标系的。但并不是所有的传感器都需要传感器坐标系，如里程计和气压计等传感器输出的是一维信息，严格意义上无法定义传感器坐标系，而 GNSS 定位则与安装角度不关联，也不存在传感器坐标系。而其他一些传感器，其安装角度与测量值直接相关，故需要定义其坐标系，如视觉传感器、惯性传感器等，下面以这两种传感器进行传感器坐标系的讨论。

① 视觉传感器坐标系[8-9]。如图 4.4 所示，标志物上任一点 P 在物方坐标系下的坐标为 (X, Y, Z)，与之相关的视觉传感器坐标系包括像素坐标系、像平面坐标系与像空间坐标系三部分。

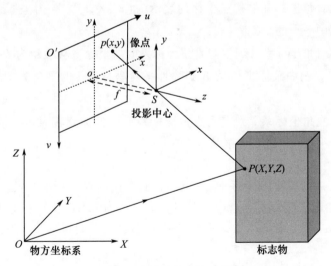

图 4.4　视觉传感器坐标系

a. 像素坐标系。图像像素坐标系 $O' - uv$ 又称为图像阵列坐标系或网格坐标系。图像处理通常是在图像阵列的像素坐标系中进行，其中图像的行数 v 和列数 u 对应于图像网格的整数坐标，即像素的坐标是整数值。像素 $[0, 0]$ 位于图像的左上角，v 指向下方，u 指向右方。

b. 像平面坐标系。像平面坐标系 $o-xy$ 用以表示像点在像平面上的位置。在理想情况下,是以光轴与像平面的交点为原点,且与像平面的中心重合。x 轴和 y 轴分别与图像像素坐标系的 u 轴、v 轴平行。

c. 像空间坐标系。像空间坐标系 $S-xyz$ 用于表示像点在像方空间中的位置,为右手系。坐标系原点 S 为摄站中心,x 轴和 y 轴分别与像平面坐标系平行,这时 z 轴与主光轴重合,且摄站中心 S 与像点 p 间的垂直距离称为像点 p 的主距,记作 f,这样像点 p 在像空间坐标系的坐标为 $(x,y,-f)$。

② 惯性平台坐标系。惯性平台坐标系,在本书中用角标 I 表示。它的原点在惯性测量装置的中心,三轴指向满足右手系。理想情况下,惯性参考系的指向分别是:Z 轴指向天上,XY 平面总在水平面内。它可以与地平坐标系重合,也可能存在一定夹角。非理想情况下则是,XY 平面、XZ 平面、YZ 平面中有一个或者多个平面与水平面存在夹角关系。

4.1.2.3 坐标系的变换与转换[5-9]

为了将不同坐标系中得到的数据进行融合,需要研究各种坐标系间的相互关系,并由此对坐标进行一系列操作,从而实现坐标系的统一。坐标系间的关系分为两种:一种是采用同一基准的坐标系的不同形式间的变换,称为坐标变换;另一种是不同基准间坐标系的转换关系,称为坐标转换。

本书中对坐标系转换过程中符号有以下定义:

(1) 空间直角坐标系中某点坐标的表示为 $(x_a,y_a,z_a)^T$,a 为坐标系的代号。例如载体坐标系中一点的坐标为 $(x_B,y_B,z_B)^T$。

(2) 空间直角坐标系 a 到空间直角坐标系 b 的坐标平移表示为 R_a^b,其坐标分量为 $(x_a^b,y_a^b,z_a^b)^T$。例如载体坐标系 B 到惯性平台坐标系 I 的平移为 T_B^I,坐标分量为 $(x_B^I,y_B^I,z_B^I)^T$。

(3) 空间直角坐标系 a 到空间直角坐标系 b 的坐标旋转表示为 R_a^b。例如载体坐标系到惯性平台坐标系的旋转表示为 R_B^I。

1) 坐标变换

同一个点,用不同的坐标系表示,就会得到不同的点的表示方式,如空间直角坐标系下点的表示方式为 (x_E,y_E,z_E),空间大地坐标为 (B,L,H),在球面坐标系下的表示为 (ρ,θ,α)。各种表达方式是可以相互变换的,下面讨论几种不同表示方式间的变换关系。

(1) 大地坐标与大地空间直角坐标的变换关系。

大地坐标到大地空间直角坐标的变换关系为

$$\begin{bmatrix} x_E \\ y_E \\ z_E \end{bmatrix} = \begin{bmatrix} (N+H)\cos(B)\cos(L) \\ (N+H)\cos(B)\sin(L) \\ (N(1-e^2)+H)\sin(B) \end{bmatrix} \tag{4.9}$$

大地空间直角坐标到大地坐标的变换关系为

$$
\begin{bmatrix} L \\ B \\ H \end{bmatrix} = \begin{bmatrix} \arctan\left(\dfrac{y_E}{x_E}\right) \\ \arctan\left(\dfrac{z(N+H)}{\sqrt{x_E^2 + y_E^2}\,(N(1-e^2)+H)}\right) \\ \dfrac{z_E}{\sin(B)} - N(1-e^2) \end{bmatrix} \tag{4.10}
$$

式中:L 为大地经度;B 为大地纬度;H 为大地高;e 为地球椭球参数中的第一偏心率,

$N = \dfrac{a}{\sqrt{1-e^2\sin^2 B}}$。

(2)球面坐标与空间直角坐标的变换关系。

① 球面坐标到空间直角坐标的变换关系为

$$
\begin{bmatrix} x_E \\ y_E \\ z_E \end{bmatrix} = \begin{bmatrix} \rho\cos(\alpha)\cos(\theta) \\ \rho\sin(\alpha)\cos(\theta) \\ \rho\sin(\theta) \end{bmatrix} \tag{4.11}
$$

② 空间直角坐标到球面坐标的变换关系为

$$
\begin{bmatrix} r \\ \alpha \\ \theta \end{bmatrix} = \begin{bmatrix} \sqrt{x_E^2 + y_E^2 + z_E^2} \\ \arctan\left(\dfrac{y_E}{x_E}\right) \\ \arctan\left(\dfrac{z_E}{\sqrt{x_E^2 + y_E^2}}\right) \end{bmatrix} \tag{4.12}
$$

2)坐标转换

两个坐标系定义后,它们之间的差异主要来自于原点的位置、坐标轴向的定向和尺度的定义差,它们之间的关系可以通过平移(3 轴)、旋转(3 个方向)、尺度缩放 7 个参数来确定。常用的坐标转换方法主要有布尔莎七参数模型坐标转换法、四元数坐标转换法和罗德里格矩阵坐标转换法。

假设坐标转换前后两组点集分别为 P 和 Q,则坐标转换的总体公式可表述为

$$
P = k \cdot R \cdot Q + T \tag{4.13}
$$

式中:R 为对应旋转矩阵;k 为对应尺度因子;T 为对应平移矩阵。在本节内容中,主要介绍常用的坐标转换方法及坐标转换方法之间的转化关系。

(1)布尔莎七参数模型表示坐标转换。

布尔莎七参数模型可将坐标转换所涉及的三个要素通过七个参数进行表述。参数分别为:三个旋转参数 α、β、γ,三个平移参数 X_0、Y_0、Z_0 及一个尺度因子参数 k。具体的公式表示可以如式(4.14)~式(4.18)所示。

$$R = R_3(\gamma) \cdot R_2(\beta) \cdot R_1(\alpha) =$$

$$\begin{bmatrix} \cos\beta\cos\gamma & \sin\alpha\sin\beta\cos\gamma + \cos\alpha\sin\gamma & -\cos\alpha\sin\beta\cos\gamma + \sin\alpha\sin\gamma \\ -\cos\beta\sin\gamma & -\sin\alpha\sin\beta\sin\gamma + \cos\alpha\cos\gamma & \cos\alpha\sin\beta\sin\gamma + \sin\alpha\cos\gamma \\ \sin\beta & -\sin\alpha\cos\beta & \cos\alpha\cos\beta \end{bmatrix}$$

$$(4.14)$$

式中：$R_1(\alpha)$、$R_2(\beta)$ 和 $R_3(\gamma)$ 分别为绕 X 轴、Y 轴和 Z 轴进行坐标旋转的矩阵。

绕 X 轴旋转 α 对应的旋转矩阵为

$$R_1(\alpha) = \begin{bmatrix} 1 & 0 & 0 \\ 0 & \cos\alpha & \sin\alpha \\ 0 & -\sin\alpha & \cos\alpha \end{bmatrix} \qquad (4.15)$$

绕 Y 轴旋转 β 对应的旋转矩阵为

$$R_2(\beta) = \begin{bmatrix} \cos\beta & 0 & -\sin\beta \\ 0 & 1 & 0 \\ \sin\beta & 0 & \cos\beta \end{bmatrix} \qquad (4.16)$$

绕 Z 轴旋转 γ 对应的旋转矩阵为

$$R_3(\gamma) = \begin{bmatrix} \cos\gamma & \sin\gamma & 0 \\ -\sin\gamma & \cos\gamma & 0 \\ 0 & 0 & 1 \end{bmatrix} \qquad (4.17)$$

$$T = \begin{bmatrix} X_0 \\ Y_0 \\ Z_0 \end{bmatrix} \qquad (4.18)$$

（2）四元数表示坐标转换。

四元数的实质是采用复数的表示方法表示坐标关系，它由实部与虚部两部分构成：

$$Q = q_0 + q_1 i + q_2 j + q_3 k \qquad (4.19)$$

包含 q_0 的表示实部，包含 i、j、k 的表示虚部，i、j、k 表示三个相互正交的单位矢量，它们之间存在特殊的相乘特性，即

$$\begin{aligned} i \otimes i = -1, & \quad j \otimes j = -1, & \quad k \otimes k = -1 \\ i \otimes j = k, & \quad j \otimes k = i, & \quad k \otimes i = j \\ j \otimes i = -k, & \quad k \otimes j = -i, & \quad i \otimes k = -j \end{aligned} \qquad (4.20)$$

四元数的乘法运算可表示为

$$P \otimes Q = \begin{bmatrix} p_0 & -p_1 & -p_2 & -p_3 \\ p_1 & p_0 & -p_3 & p_2 \\ p_2 & p_3 & p_0 & -p_1 \\ p_3 & -p_2 & p_1 & p_0 \end{bmatrix} \begin{bmatrix} q_0 \\ q_1 \\ q_2 \\ q_3 \end{bmatrix} = M(P)Q \qquad (4.21)$$

式中

$$P = p_0 + p_1 \boldsymbol{i} + p_2 \boldsymbol{j} + p_3 \boldsymbol{k} \tag{4.22}$$

四元数的共轭运算可表示为

$$\boldsymbol{Q}^* = q_0 - q_1 \boldsymbol{i} - q_2 \boldsymbol{j} - q_3 \boldsymbol{k} \tag{4.23}$$

$$\boldsymbol{A} = \boldsymbol{\Sigma} - \boldsymbol{\Sigma}^{\mathrm{T}} \quad \boldsymbol{\Delta} = (A_{23}, A_{31}, A_{12})^{\mathrm{T}} \tag{4.24}$$

旋转矩阵 $\boldsymbol{R}$ 可由单位四元组元素表示为

$$\boldsymbol{R} = \begin{bmatrix} q_0^2 + q_1^2 - q_2^2 - q_3^2 & 2(q_1 q_2 - q_0 q_3) & 2(q_1 q_3 + q_0 q_2) \\ 2(q_1 q_2 + q_0 q_3) & q_0^2 - q_1^2 + q_2^2 - q_3^2 & 2(q_2 q_3 - q_0 q_1) \\ 2(q_1 q_3 + q_0 q_2) & 2(q_2 q_3 + q_0 q_1) & q_0^2 - q_1^2 - q_2^2 + q_3^2 \end{bmatrix} \tag{4.25}$$

式中:列矢量 $\boldsymbol{q} = \begin{bmatrix} q_0 & q_1 & q_2 & q_3 \end{bmatrix}^{\mathrm{T}}$ 为单位四元组,满足条件

$$q_0^2 + q_1^2 + q_2^2 + q_3^2 = 1 \qquad q_0 \geqslant 0 \tag{4.26}$$

根据两个坐标下的公共点集 $\boldsymbol{P}$ 和 $\boldsymbol{Q}$,分别求取两个公共点集的重心 $\bar{\boldsymbol{p}}$、$\bar{\boldsymbol{q}}$,有

$$\begin{cases} \bar{\boldsymbol{p}} = \dfrac{\sum\limits_{i=1}^{n_1} \boldsymbol{p}_i}{n_1} \\[6mm] \bar{\boldsymbol{q}} = \dfrac{\sum\limits_{i=1}^{n_2} \boldsymbol{q}_i}{n_2} \end{cases} \tag{4.27}$$

假设公共点个数为 N,可得到两个点集的交叉共生矩阵 $\boldsymbol{\Sigma}$ 为

$$\boldsymbol{\Sigma} = \frac{1}{N} \sum_{i=1}^{N} \left[(\boldsymbol{q}_i - \bar{\boldsymbol{q}})(\boldsymbol{p}_i - \bar{\boldsymbol{p}})^{\mathrm{T}} \right] = \frac{1}{N} \sum_{i=1}^{N} (\boldsymbol{p}_i \boldsymbol{q}_i^{\mathrm{T}}) - \bar{\boldsymbol{p}} \, \bar{\boldsymbol{q}}^{\mathrm{T}} \tag{4.28}$$

令

$$\boldsymbol{A} = \boldsymbol{\Sigma} - \boldsymbol{\Sigma}^{\mathrm{T}}, \quad \boldsymbol{\Delta} = \begin{bmatrix} A_{23} & A_{31} & A_{12} \end{bmatrix}^{\mathrm{T}} \tag{4.29}$$

构成矩阵

$$\boldsymbol{U}_u = \begin{bmatrix} \mathrm{trace}(\boldsymbol{\Sigma}) & \boldsymbol{\Delta}^{\mathrm{T}} \\ \boldsymbol{\Delta} & \boldsymbol{\Sigma} + \boldsymbol{\Sigma}^{\mathrm{T}} - \mathrm{trace}(\boldsymbol{\Sigma}) I_3 \end{bmatrix} \tag{4.30}$$

式中:trace 为矩阵 $\boldsymbol{\Sigma}$ 对角线元素之和,解出 $\boldsymbol{U}$ 的最大特征值,其对应的特征矢量即单位四元数组。将单位四元数组代入式中,解出旋转矩阵 $\boldsymbol{R}$,进而由式可得平移矩阵 $\boldsymbol{T}$。四元数模型解算中不涉及尺度因子的求解。

(3)罗德里格矩阵表示坐标转换。

罗德里格矩阵的实质是将旋转矩阵 $\boldsymbol{R}$ 用反对称阵形式 $\boldsymbol{S}$ 表示,$\boldsymbol{S}$ 如下式所示,$\boldsymbol{R}$ 如式(4.32)所示。它与四元数方法一样,模型解算中,并不涉及尺度因子的求解,但尺度因子可以通过比较相应点之间的距离求解出。尺度因子的求解如式(4.33)所示。

$$S = \begin{bmatrix} 0 & -c & -b \\ c & 0 & -a \\ b & a & 0 \end{bmatrix} \tag{4.31}$$

$$R = (I + S) \cdot (I - S)^{-1} \tag{4.32}$$

$$k = \frac{p_i - p_{i-1}}{q_i - q_{i-1}} \tag{4.33}$$

通过至少三组同名观测值,两两相减建立关于 a、b、c 三个参数的求解式,即

$$\begin{bmatrix} P_2 - P_1 \\ P_3 - P_2 \\ P_3 - P_1 \end{bmatrix} = k \cdot R \begin{bmatrix} Q_2 - Q_1 \\ Q_3 - Q_2 \\ Q_3 - Q_1 \end{bmatrix} \tag{4.34}$$

化简完后,解算出 a、b、c 的值,如式(4.35)所示,而后解算出坐标旋转矩阵 R,并代入式(4.13)求解出坐标平移量 T。

$$\begin{bmatrix} 0 & Z_{p21} + Z_{q21} & Y_{p21} + Y_{q21} \\ Z_{p21} + Z_{q21} & 0 & -X_{p21} - X_{q21} \\ -Y_{p21} - Y_{q21} & -X_{p21} - X_{q21} & 0 \\ 0 & Z_{p31} + Z_{q31} & Y_{p31} + Y_{q31} \\ Z_{p31} + Z_{q31} & 0 & -X_{p31} - X_{q31} \\ -Y_{p31} - Y_{q31} & -X_{p31} - X_{q31} & 0 \end{bmatrix} \cdot k \begin{bmatrix} a \\ b \\ c \end{bmatrix} = \begin{bmatrix} X_{p21} - X_{q21} \\ Y_{p21} - Y_{q21} \\ Z_{p21} - Z_{q21} \\ X_{p31} - X_{q31} \\ Y_{p31} - Y_{q31} \\ Z_{p31} - Z_{q31} \end{bmatrix} \tag{4.35}$$

◤ 4.2 时空基准对齐方法

4.2.1 多源融合导航系统时间同步

时间系统规定了时间的基准,包括时间的起始点和时间的尺度。但在实际应用过程中,还需要通过守时、授时和时间频率测量对比等技术对不同传感器的时间信息进行统一。目前,多源融合导航系统进行多传感器时间同步主要存在的问题有:

(1) 时间基准不一致,不同传感器所选用的时间起点和时间尺度不一致,比如GNSS 接收机输出的 GNSS 时间信息是参考 GNSST 建立的,它的秒长为国际原子时的秒长,而 INS、LiDAR、相机等传感器测量信息的时间起点都是从传感器开机时刻起算,传感器秒长依靠自身内部晶体振荡器来维持,精度相对较低。

(2) 数据采样率不一致,不同传感器所输出测量信息的频率不同。如 GNSS 接收机的采样频率通常为 1Hz,相机的采样率通常为 10Hz,INS 的采样率可达到 200Hz甚至更高。若直接将不同采样率导航信息代入多源信息融合滤波器中,会导致导航结果发散。

(3) 存在时间延迟现象,传感器在数据采集、传输和处理过程中存在不可避免的

时间延迟。如 INS、LiDAR 和相机由于测量、采样、信号格式转换等产生的内部时延，INS、LiDAR 和相机将导航信息传到信息融合滤波器过程中的传输时延以及传感器数据采集时丢包或错误记录现象，会影响后续导航信息融合的正确性。

因此，传感器导航信息的时间同步研究可分为：①时间基准同步，即不同传感器之间时间系统的统一，主要依据 GNSS 输出的秒脉冲信号以及时间码信号对传感器时间系统进行授时与守时；②采样频率同步，即导航传感器采样率的统一，可通过时间同步插值算法解决传感器导航信息采样率不一致的问题；③时延补偿，传感器传输时延的补偿，通过检测时间延迟信号和建立时间延迟补偿模型完成传感器时延的补偿。

4.2.1.1　时间基准同步[1-4]

时间基准的同步是将不同传感器的时间起点和尺度进行统一。以 GPST 与 ST 同步为例，ST 基准同步可分为获取秒脉冲信号和完成信号同步两部分。

1）获取 GPST 的秒脉冲信号与 ST 的时间信号

在 GPS 秒脉冲信号某一次上升沿到来时，获得传感器晶振计数 n_1，然后，在 GPS 秒脉冲下一次上升沿到来时，再次获取传感器晶振计数 n_2，即可得到相应的 ST：

$$ST = (n_2 - n_1) \times \frac{1}{f} \tag{4.36}$$

式中：f 为传感器晶振频率。在获得 GNSS 接收机信息时，记录相应的标准时间 T_1。也可通过获得的两次晶振计数之差及晶振频率，计算在 ST 下该事件的响应时间 T_2。

2）GPST 和 ST 进行时间同步

假设时间改正参数为钟差 k 和钟速 C，则有

$$GPST = ST + C \times \Delta t + k \tag{4.37}$$

选取第 i 个上升沿来临时 GPST 的观测值，有

$$G_i = T_i + C \times (T_i - T_0) + k \tag{4.38}$$

式中：G_i 为第 i 个上升沿来临时的 GPST；T_i 为此时的 ST；T_0 为初始的 ST。其观测方程为

$$G_i + v_i = T_i + C \times (T_i - T_0) + k \tag{4.39}$$

式中：v_i 为观测误差，相应的误差方程为

$$v_i = (T_i - T_0) \times C + k + l_i \tag{4.40}$$

式中：$l_i = T_i - G_i$。

进一步有

$$V = \begin{bmatrix} v_1 \\ v_2 \\ \vdots \\ v_n \end{bmatrix}, \quad A = \begin{bmatrix} T_1 - T_0 & 1 \\ T_2 - T_0 & 1 \\ \vdots & \vdots \\ T_n - T_0 & 1 \end{bmatrix}, \quad l = \begin{bmatrix} T_1 - G_1 \\ T_2 - G_2 \\ \vdots \\ T_n - G_n \end{bmatrix} \tag{4.41}$$

式中的 n 表示上升沿到来的次数。进行参数平差,有 $N = A^T P A$, $U = A^T P l$,其中 P 为 V 的权阵。若每次观测条件一样,则 P 为单位矩阵。

$$X = \begin{bmatrix} C \\ k \end{bmatrix} = -N^{-1} U \tag{4.42}$$

所求参数即为钟差与钟速,相应参数的协方差矩阵为

$$Q_X = N^{-1} \tag{4.43}$$

单位权中误差为

$$\mu = \sqrt{\frac{V^T P V}{n - 2}} \tag{4.44}$$

m_C 与 m_K 即钟差与钟速参数的误差,且

$$m_C = \mu \cdot (Q_X)_{11}$$
$$m_K = \mu \cdot (Q_X)_{22} \tag{4.45}$$

4.2.1.2 采样频率同步

由于不同传感器的采样频率各不相同,如 GNSS 一般为 1Hz,INS 定位一般大于 100Hz,蓝牙或者 WLAN 定位小于 1Hz,不同传感器获取的测量数据的时间信息并不能一一对应。为解决该类问题,可以采用插值算法[10],对测量数据进行插值,获取对应时刻的测量信息。一般是将各传感器的数据插值到融合滤波时刻,从而便于多源融合导航融合。

1)线性插值

已知函数 $f(x)$ 的两个点 $(x_1, f(x_1))$, $(x_2, f(x_2))$,用连接这两个点的一条直线即线性函数 $g(x) = ax + b$ 来近似代替 $f(x)$,$g(x)$ 称为线性插值函数。

2)抛物插值

已知函数 $f(x)$ 上三个互异点 $(x_1, f(x_1))$, $(x_2, f_2(x_2))$, $(x_3, f(x_3))$,用过这三个点的一条抛物线即二次函数 $g(x)$ 来近似代替 $f(x)$,称为抛物插值。插值函数为

$$g(x) = a_2 x^2 + a_1 x + a_0 \tag{4.46}$$

3)拉格朗日插值

n 次插值问题,即求经过函数 $f(x)$ 已知点 (x_0, y_0), (x_1, y_1), $\cdots$, (x_n, y_n) 而次数不高于 n 的多项式,即

$$P_n(x) = a_0 + a_1 x + \cdots + a_n x^n \tag{4.47}$$

用构造 n 次插值基函数的方法,可得拉格朗日插值多项式为

$$P_n(x) = \sum_{k=0}^{n} \left(\prod_{\substack{j=0 \\ j \neq k}}^{n} \frac{x - x_j}{x_k - x_j} \right) y_k \tag{4.48}$$

4)自然样条插值

已知函数 $y = f(x)$ 在区间 $[a, b]$ 上的 $n + 1$ 个互异节点 $a = x_0 < x_1 < \cdots < x_n = b$

处的值为 $y_i(i = 0, 1, \cdots, n)$，若分段表示的函数 $\varphi(x)$ 满足：

(1) $\varphi(x)$ 在 $[x_i, x_{i+1}]$ 的表达式 $\varphi(x_i)$ 都是不高于 3 次的多项式；

(2) $\varphi(x_i) = y_i$；

(3) $\varphi(x)$ 在整个区间 $[a, b]$ 上有连续的二阶导数。

则称 $\varphi(x)$ 为三次样条插值函数。但上述条件还不足以确定其插值表达式，还需要考虑在区间两个端点处的边界条件，当满足自然边界条件 $\varphi''(a) = 0$ 时，$\varphi''(b) = 0$ 才成为自然样条插值函数。

线性插值计算简单，函数的曲率越大，简单线性插值近似的误差也越大；抛物线插值相对于线性插值而言结果更为精确，但对于复杂的函数插值结果精度低；拉格朗日插值公式结构整齐紧密，理论研究分析很方便，一般认为次数越高结果越精确，但多项式次数较高时，会出现龙格现象，使得插值结果不稳定；自然样条插值克服了拉格朗日的不收敛性，且提高了节点处的光滑性。

实际中的插值函数不局限于上述方法，还有如分段线性插值法、牛顿插值法等方法，根据实际应用需求，选择合适的插值方法即可。

4.2.1.3　时延检测与补偿

在传感器时间信息融合过程中，时间同步的精度主要受传感器内部的时钟稳定性和数据传输过程中的时间延迟所影响。为解决此类问题，可采用统计分析与模型补偿的方法对测量数据进行测量异常点的检测与通信时延的补偿。

1）测量时间统计

在测量传感器工作过程中，由于受温度等因素影响，会出现测量时间显著增加的点，这些时刻的测量效果较差，相应的测量数据会产生较大的测量误差。因此可对测量时间进行统计，设置合理阈值，剔除不稳定点。具体可采用统计学的方法，统计传感器正常测量时的数据信息，而后根据统计样本设置合理的误差阈值，在实际导航过程中，根据误差阈值实时对测量数据进行测量异常点的检测与剔除。

2）延迟模型补偿

将因数据采集、传输、预处理过程造成的时间延迟分为稳定时间延迟和不稳定时间延迟两部分。采用类似于时间基准同步的方法，建立如下的传感器时间延迟补偿模型：

$$ST' = ST + \Delta t + \delta t \qquad (4.49)$$

式中：Δt 为延迟中稳定不变的系统误差，即稳定的时间延迟；δt 为延迟中无法预测的随机误差，即不稳定的时间延迟；ST、ST′ 为修正前后传感器的时间信息。将式 (4.49) 代入时间同步模型中，即可获得带时间延迟补偿的时间同步模型为

$$GPST = ST' + C \times \Delta t + k \qquad (4.50)$$

4.2.2　多源融合导航系统空间同步

坐标系统规定了坐标的基准，包括坐标原点、坐标轴指向和长度尺度。但在多源

融合导航系统传感器空间信息配准中,还需要通过传感器误差标定、传感器位姿关系标定和杆臂效应补偿等技术来对不同传感器的空间信息进行统一。目前,多源融合导航系统进行多传感器空间配准误差主要存在的问题如下。

1)空间基准不一致

多源融合导航系统中包含不同类型的传感器。传感器依据不同的坐标系进行数据输出,如卫星导航传感器 GNSS 输出的信息参考的是地心地固直角坐标系、INS 输出的是地心地固大地坐标系、气压计输出的是载体的海拔高程、相机输出的是像坐标系等,在空间基准统一时会存在一定的误差。

2)传感器安置存在误差

由于传感器处于不同位置,在人工测量过程中会造成空间测量偏差,以及在运动过程中受载体扭曲变形影响造成空间测量偏差。

因此,传感器导航信息的空间同步可分为:坐标系统统一,通过对比采用不同坐标转换模型进行坐标转换的精度与效率,选取最优的空间基准统一模型;传感器高精度位姿关系标定,可分为外部测量获取位置关系初始值和迭代运算获取高精度的传感器相对位置关系两部分;杆臂效应补偿,针对多传感器的杆臂效应误差,推导杆臂误差对导航定位的影响,并建立模型进行补偿。

4.2.2.1　坐标系基准统一

多源融合导航定位涉及不同传感器以及不同坐标系,这里以车载多传感器融合定位系统为例,采用直接地理参考的方式,完成多传感器坐标系的基准统一,涉及的坐标系主要有传感器坐标系 S、载体坐标系 B(与惯性平台坐标系固连)、当地水平坐标系 n 和地心地固坐标系 E。

1)传感器坐标系 S 向惯性平台坐标系 I 的转换

传感器坐标系和惯性平台坐标系都为空间直角坐标系,但二者间建立坐标基准的尺度不同,存在尺度转换,尺度因子为 k_S^I,两者之间的转换即为传感器坐标系向惯性平台坐标系的转换。坐标转换模型为

$$
\begin{bmatrix} x_I \\ y_I \\ z_I \end{bmatrix} = k_S^I \boldsymbol{R}_S^I \begin{bmatrix} x_S \\ y_S \\ z_S \end{bmatrix} + \begin{bmatrix} x_L \\ y_L \\ z_L \end{bmatrix} \tag{4.51}
$$

式中:$\begin{bmatrix} x_I & y_I & z_I \end{bmatrix}^T$ 为测量点在惯性平台坐标系下的坐标;$\begin{bmatrix} x_S & y_S & z_S \end{bmatrix}^T$ 为测量点在传感器坐标系下的坐标;$\boldsymbol{R}_S^I$ 和 $\begin{bmatrix} x_L & y_L & z_L \end{bmatrix}^T$ 为传感器坐标系到惯性平台坐标系的旋转矩阵和平移矩阵,由传感器与惯性测量装置之间的安置角参数与偏心量决定。

2)载体坐标系 B 向当地水平坐标系 n 的转换

惯性传感器在导航解算时,经过重力异常的补偿,输出的三个姿态角是以当地水平坐标系为参考坐标系的,即输出的姿态角为惯性坐标系相对于当地水平坐标系的 3 个旋转角:航向角(heading,h)、侧滚角(roll,r)、仰俯角(pitch,p),旋转顺序为先绕

z 轴旋转 h,再绕 x 轴旋转 p,最后绕 y 轴旋转 r,根据式(4.14)可得到旋转矩阵 $\boldsymbol{R}_B^n$ 为

$$\boldsymbol{R}_B^n = \boldsymbol{R}_1(r)\boldsymbol{R}_2(p)\boldsymbol{R}_3(h) =$$

$$\begin{bmatrix} -\sin r\sin p\sin h + \cos r\cos h & \sin r\sin p\cos h + \cos r\sin h & -\sin r\cos p \\ -\cos p\sin h & \cos p\cos h & \sin p \\ \cos r\sin p\sin h + \sin r\cos h & -\cos r\sin p\cos h + \sin r\sin h & \cos r\cos p \end{bmatrix} \quad (4.52)$$

设惯导坐标系与当地水平坐标系间尺度因子为 k_B^n,当地水平坐标系在惯性平台坐标系下的坐标为 $\begin{bmatrix} x_n^B & y_n^B & z_n^B \end{bmatrix}^T$,则惯性平台坐标系向当地水平坐标系的转换关系为

$$\begin{bmatrix} x_n \\ y_n \\ z_n \end{bmatrix} = \boldsymbol{R}_B^n \begin{bmatrix} \begin{bmatrix} x_B \\ y_B \\ z_B \end{bmatrix} - \begin{bmatrix} x_n^B \\ y_n^B \\ z_n^B \end{bmatrix} \end{bmatrix} = \boldsymbol{R}_B^{LH}(t) \begin{bmatrix} x_B - x_n^B \\ y_B - y_n^B \\ z_B - z_n^B \end{bmatrix} \quad (4.53)$$

3)当地水平坐标系 n 到地心地固坐标系 E 的转换

当地水平坐标系可以通过旋转和平移转换到地心地固坐标系下,如图 4.5 所示。采用东北天坐标系,记当地水平坐标系原点的大地坐标 $\begin{bmatrix} B & L & H \end{bmatrix}^T$,变换为直角坐标形式为 $\begin{bmatrix} x & y & z \end{bmatrix}^T$,该坐标的三个分量为当地坐标系到地心地固坐标系的平移分量,可表示为 $\begin{bmatrix} x_n^E & y_n^E & z_n^E \end{bmatrix}^T$,其旋转关系由当地水平坐标系原点的经纬度确定。

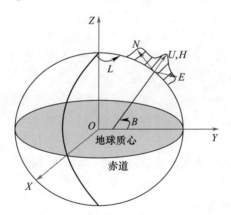

图 4.5　当地水平坐标系与地心地固坐标系关系(见彩图)

将当地水平坐标系绕 X 轴旋转 $-(B+90°)$,再绕 Z 轴旋转 $L-90°$,当地水平参考系就与地心地固坐标系方向平行,旋转矩阵 $\boldsymbol{R}_n^E$ 为

$$\boldsymbol{R}_n^E = \boldsymbol{R}_3(L-90°)\boldsymbol{R}_2(-B-90°) =$$

$$\begin{bmatrix} -\sin(L) & -\cos(L) & 0 \\ \cos(L) & -\sin(L) & 0 \\ 0 & 0 & 1 \end{bmatrix} \cdot \begin{bmatrix} 1 & 0 & 0 \\ 0 & \sin(B) & -\cos(B) \\ 0 & \cos(B) & \sin(B) \end{bmatrix} =$$

$$\begin{bmatrix} -\sin(L) & -\cos(L)\sin(B) & \cos(L)\cos(B) \\ \cos(L) & -\sin(L)\sin(B) & \sin(L)\cos(B) \\ 0 & \cos(B) & \sin(B) \end{bmatrix} \quad (4.54)$$

记当地水平坐标系与地心地固坐标系间尺度变换因子为 k_n^E，当地水平坐标系向地心地固坐标系的转换关系可表示为

$$
\begin{bmatrix} x_E \\ y_E \\ z_E \end{bmatrix} = k_n^E \boldsymbol{R}_n^E \begin{bmatrix} x_n \\ y_n \\ z_n \end{bmatrix} + \begin{bmatrix} x_n^E \\ y_n^E \\ z_n^E \end{bmatrix} \tag{4.55}
$$

式中：$\begin{bmatrix} x_n^E & y_n^E & z_n^E \end{bmatrix}^T$ 为当地大地空间直角坐标向大地坐标的转换平移量。

这里地平坐标系选用的是东北天坐标系，转动顺序是先绕 Z 轴旋转再绕 X 轴旋转，在实际的系统中，根据个人习惯与实际需求，会选用不同坐标定义和旋转顺序，因此 $\boldsymbol{R}_n^E$ 矩阵会完全不同，但是按照上述计算方法即可推导出实际的旋转矩阵。

4.2.2.2　传感器位姿关系标定

传感器的位姿关系即传感器之间的安置角参数、偏心量参数。它决定传感器坐标系向参考系之间的转换，对多传感器空间信息融合有直接影响。

以包含 GNSS 和 INS 的组合导航系统为例，组合导航传感器位姿关系标定的内容可分为：GNSS 天线几何中心与 INS 中心的位置关系标定，以及 INS 与其他传感器之间的位置、姿态关系标定。常用的标定方法可分为平台标定法和在线标定法两类[11-15]。

（1）平台标定法。直接测量法，按照给定的设备标称中心、三轴指向，直接测量出传感器之间的位姿关系；间接测量法，即根据测量公共点建立传感器之间的联系，从而进一步恢复传感器之间的位姿关系。

（2）在线标定法。系统检校法，利用组合系统直接定位的严格模型，分析安置误差对最终定位精度影响，采用虚拟连接点模型进行安置参数自检校；带条平差方法，采用航带平差的方式，通过消除重叠区域之间的系统性偏移来对安置参数进行校准；实时补偿法，将杆臂值参数代入系统状态变量，实时估计杆臂参数以补偿杆臂误差对导航解算的影响。

4.2.2.3　杆臂效应补偿

杆臂效应补偿主要是指不同的传感器安装位置存在差异、安装位置与载体质心有偏移等，使得多源传感器的相同测量值存在偏差，给多源融合带来误差，如惯性传感器一般固连在载体内部，而 GNSS 的定位结果为天线安装位置，天线一般在载体外部[16-17]。这里主要以惯性传感器安置偏差杆臂效应补偿与多传感器之间安置效应补偿两方面为例。

1）惯性传感器安置偏差杆臂效应补偿

惯性传感器安置偏差杆臂指的是 IMU 安装基座会偏离载体质心一定距离，由于切向加速度和向心加速度的存在，会引起加速度计的测量误差。要消除杆臂效应误差，需使 IMU 安装在质心位置或载体无角运动，这是难以实现的。因此，INS 中都存在着杆臂效应误差，它对 INS 精度的影响程度与 IMU 的安装位置和载体运动状态

有关。

根据牛顿运动定律,载体的空间动力学特性决定载体加速度是低频量或者为零。这样杆臂效应加速度误差和载体本身的加速度就分布在不同的频段,因此只需设计合理的滤波器,对加速度输出滤波,便可滤去杆臂效应误差,按照不同加速度的分布特性,应该使用低通滤波器,可采用 Butterworth 低通滤波器进行滤波。

2)多传感器安置偏差杆臂效应补偿

在多源融合导航系统中,由于传感器各自不同的测量特性,且空间有限,其安置的位置并不能同心或共轴,这样会引起加速度和速度的测量误差。采用的方式是运用杆臂长度的估计方法,将杆臂长度误差加入到状态量中,在状态估计的过程中,获得杆臂长度误差,实现杆臂参数的修正,从而对杆臂效应进行补偿。

参考文献

[1] 谢钢. GPS 原理与接收机设计[M]. 北京:电子工业出版社,2009.

[2] 孔祥元,郭际明,刘宗泉. 大地测量学基础[M]. 武汉:武汉大学出版社,2010.

[3] 吕志平,乔书波. 大地测量学基础[M]. 北京:测绘出版社,2010.

[4] 许其凤. 空间大地测量学[M]. 北京:解放军出版社,2001.

[5] 袁信,俞济祥,陈哲. 导航系统[M]. 北京:航空工业出版社,1993.

[6] 于波,陈云相,郭秀中. 惯性技术[M]. 北京:北京航空航天大学出版社,1990.

[7] 张宗麟. 惯性导航与组合导航[M]. 北京:航空工业出版社,2000.

[8] 王力. 车载三维激光扫描系统集成与 QA/QC 技术研究[D]. 郑州:解放军信息工程大学,2012.

[9] 周阳林. POS 系统精度检测方法研究[D]. 郑州:解放军信息工程大学,2015.

[10] 李庆扬,王能超,易大义. 数值分析[M]. 北京:清华大学出版社,2008.

[11] GROVES D,WANG L,WALTER D,et al. Toward a unified PNT:complexity and context:key challenges of multi-sensor positioning[J]. GPS World,2014(10):27-47.

[12] 康永伟,钟若飞,吴俣. 车载激光扫描仪外参数标定方法研究[J]. 红外与激光工程,2008(S3):249-253.

[13] 张靖,江万寿. 基于虚拟连接点模型的机载 LiDAR 系统安置误差自检校[J]. 测绘学报,2011(6):762-769.

[14] 叶泽田,杨勇,赵文吉,等. 车载 GPS/IMU/LS 激光成像系统外方位元素的动态标定[J]. 测绘学报,2011(3):345-350,372.

[15] 徐晓苏,邹海军,刘义亭,等. 基于鲁棒滤波的挠曲变形和动态杆臂补偿算法[J]. 中国惯性技术学报,2015(1):9-13,19.

[16] MISRA P,ENGE P. Global positioning system——signals,measurements,and performance[M]. Lincoln:Ganga-Jamuna Press,2001.

[17] 胡艳琴,周秀华,段蓓蕾. POS AV510 偏心分量测量和计算[C]//南京:第九届长三角科技论坛(测绘分论坛)论文集,2012.

第5章　导航源误差分析与故障检测

多源融合导航的目的是实现多个导航源的优势互补,以达到比单个传感器更优的导航性能,其中,导航源自身的测量误差和故障是影响融合系统定位性能的两个主要因素。受传感器自身精度、测量方法及测量环境等因素的影响,导航源在实际测量过程中会不可避免地产生测量误差。同时,导航源如果存在故障会使得多源融合导航系统的性能急剧下降甚至不能正常工作。因此为了避免单个传感器测量误差影响系统性能或故障导致系统异常,对于导航源进行误差分析与故障检测非常必要,也是实现传感器即插即用的必要条件。

◢ 5.1　导航源误差分析

在实际测量中,测量设备不准确、测量方法不完善、测量程序不规范及测量环境等因素的影响都会导致测量结果偏离真值,测量结果与被测量真值之差就是测量误差,事实上,测量误差的存在是不可避免的,也就是说一切测量都具有误差,测量误差按其性质分为系统误差、随机误差和粗差,本节首先对测量误差的定义与分析方法进行介绍,在此基础上对常见导航源的误差进行分析。

5.1.1　测量误差的定义与分析方法

5.1.1.1　系统误差

在相同条件下多次测量同一量时,误差的符号保持恒定,或在条件改变时按某种确定规律而变化的误差可归纳为系统误差。所谓确定的规律,意思是这种误差可以归结为某一个因素或几个因素的函数,一般可用解析公式、曲线或数值表达。

造成系统误差的原因很多,常见的因素有:测量设备的缺陷,测量仪器不准,测量仪表的安装、放置和使用不当等引起的误差;测量环境变化,如温度、湿度、电源电压变化、周围电磁场的影响等带来的误差;测量方法不完善,所依据的理论不严密或采用了某些近似公式等造成的误差。由于系统误差具有一定的规律性,可以根据系统误差产生的原因采取一定的技术措施设法消除或减弱,主要方法包括以下三种:

(1)消除产生系统误差的来源。消除系统误差应根据不同的测量目的,从根源上消除测量仪器误差。具体包括:选择准确度等级高的仪器设备以消除仪器的基本误差;仪器设备应工作在规定的工作条件下,使用前应正确调零、预热以消除仪器的

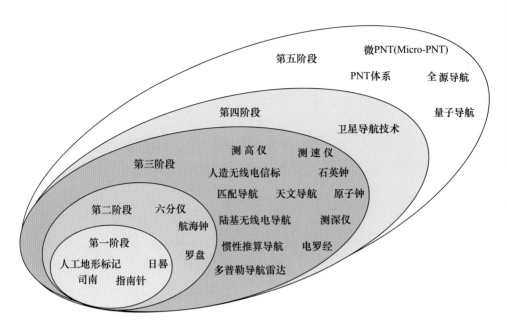

图 1.1　人类获取时空信息手段发展历程

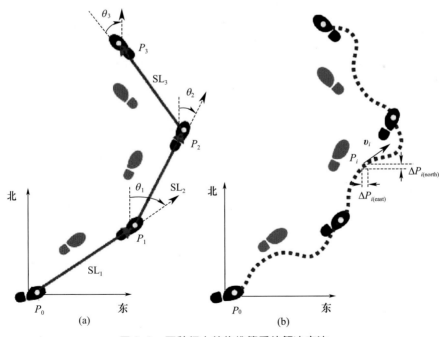

图 2.9　两种行人航位推算系统解决方法

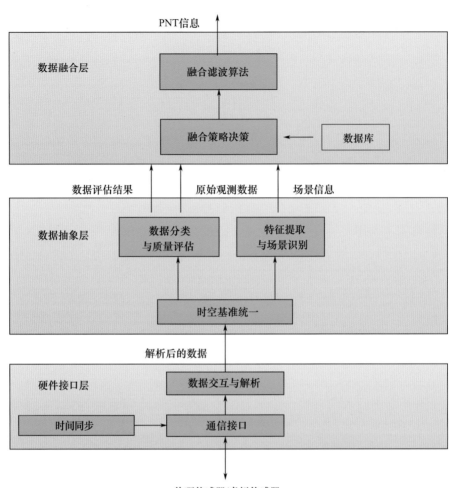

图 3.1 按层次结构划分的多源融合导航系统架构结构图

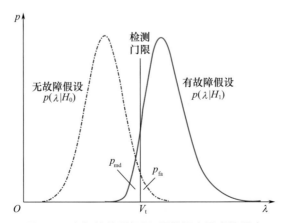

图 3.3 完好性检测门限、漏警概率及虚警概率

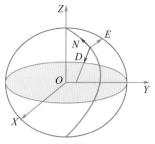

(a) NED坐标系

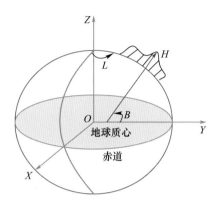

图 4.1 地心地固坐标系

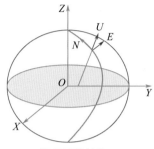

(b) ENU坐标系

图 4.2 当地水平坐标系

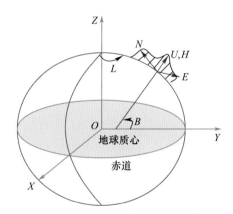

图 4.5 当地水平坐标系与地心地固坐标系关系

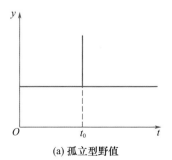

(a) 孤立型野值

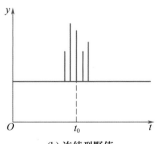

(b) 连续型野值

图 5.1 野值类型

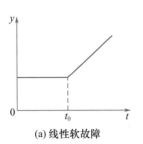

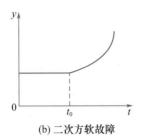

(a) 线性软故障　　　　　　　　(b) 二次方软故障

图 5.5　软故障

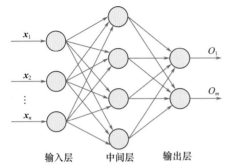

图 5.9　BP 神经网络结构图

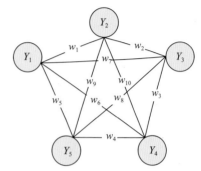

图 5.12　导航源协同性能架构

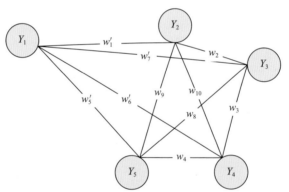

图 5.13　导航源异常时性能架构的变化

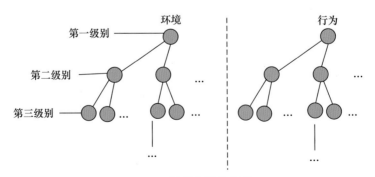

图 6.1　场景分类示意图

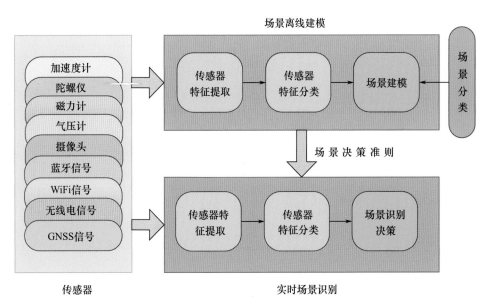

图 6.3　场景识别感知系统示意图

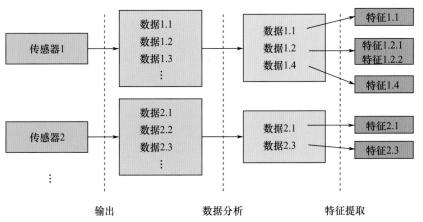

图 6.4　特征提取示意图

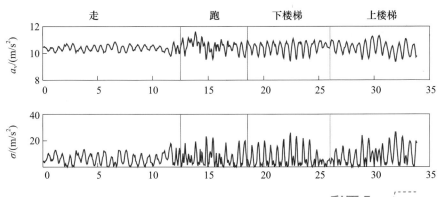

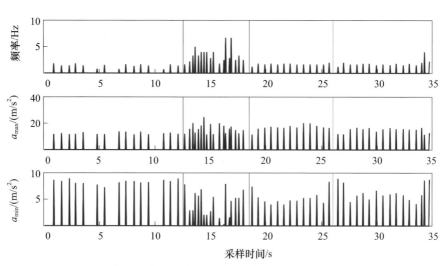

图 6.5　四类运动的加速度均值、标准差、频率、最大值、最小值比较

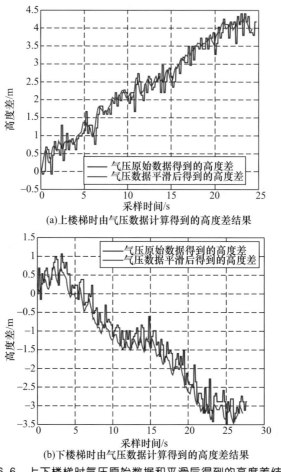

(a)上楼梯时由气压数据计算得到的高度差结果

(b)下楼梯时由气压数据计算得到的高度差结果

图 6.6　上下楼梯时气压原始数据和平滑后得到的高度差结果

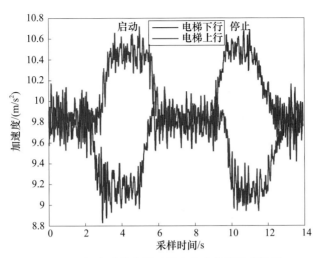

图 6.7　行人乘坐电梯时重力方向的加速度数据

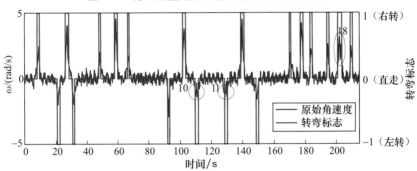

图 6.8　原始角速度及转弯标识

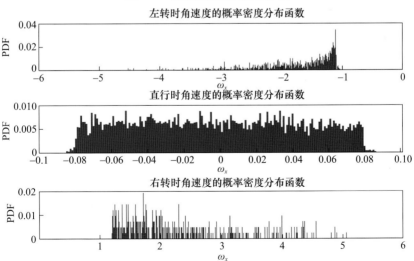

图 6.11　三种动作的 PDF 示意图

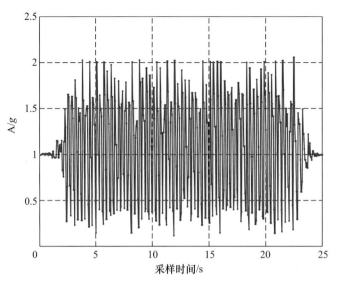

图 6.12　跑步时的加速度矢量幅值

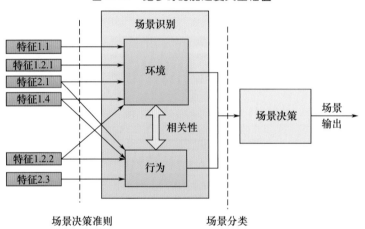

图 6.19　场景决策识别示意图

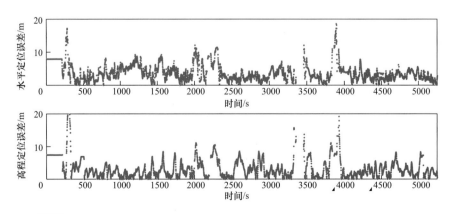

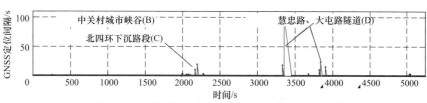

图 8.5　城市复杂环境智能手机平台 GNSS 模块定位误差及间隔

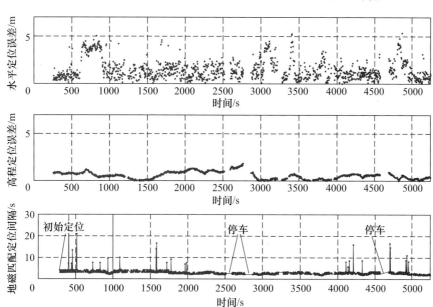

图 8.6　智能手机平台地磁模块匹配定位误差及定位间隔

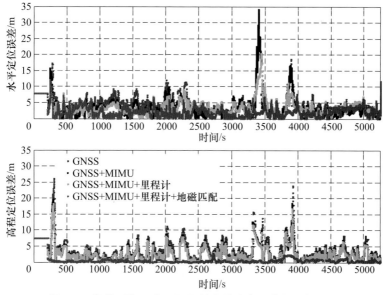

图 8.7　智能手机平台不同导航源融合方式定位误差对比

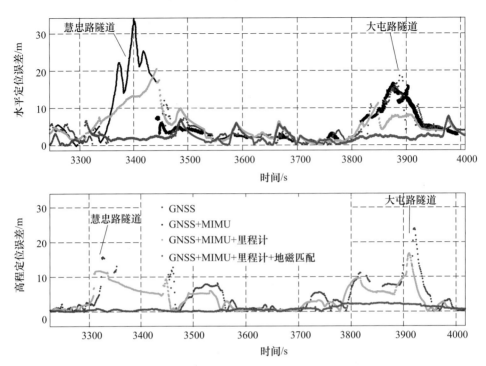

图 8.8　智能手机平台不同导航源融合方式定位误差对比(隧道区域)

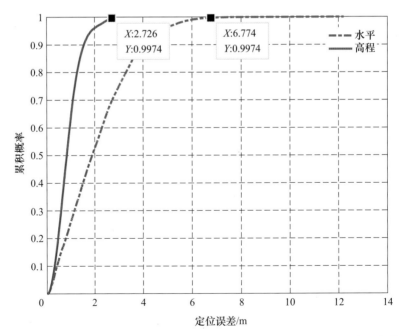

图 8.9　智能手机平台融合模式定位误差累积概率(GNSS + MIMU + 里程计 + 地磁匹配)

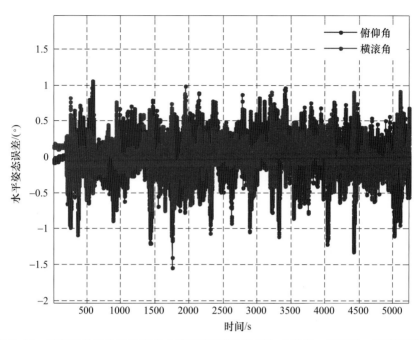

图 8.10　智能手机平台融合模式水平姿态误差（GNSS + MIMU + 里程计 + 地磁匹配）

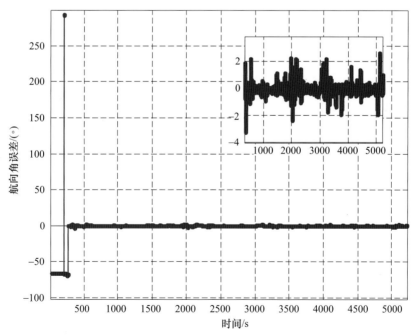

图 8.11　智能手机平台融合模式航向角误差（GNSS + MIMU + 里程计 + 地磁匹配）

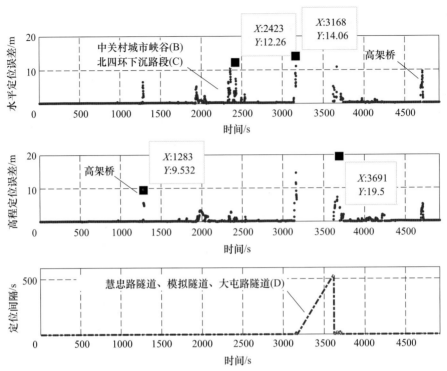

图 8.14　城市复杂环境车载导航仪 GNSS 模块定位误差及间隔

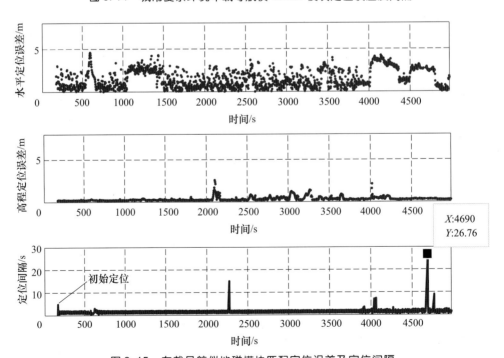

图 8.15　车载导航仪地磁模块匹配定位误差及定位间隔

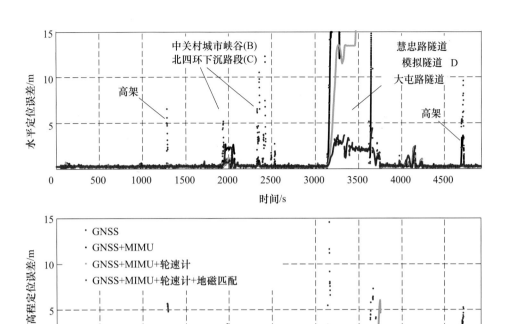

图 8.16　车载导航仪不同数据源融合方式定位误差对比

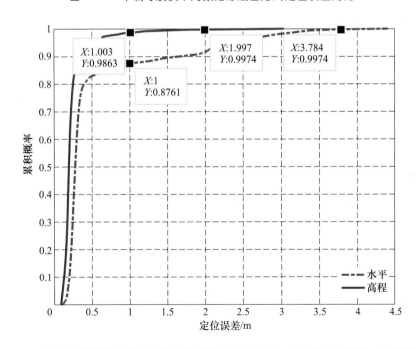

图 8.17　车载导航仪融合模式定位误差累积概率（GNSS＋MIMU＋里程计＋地磁匹配）

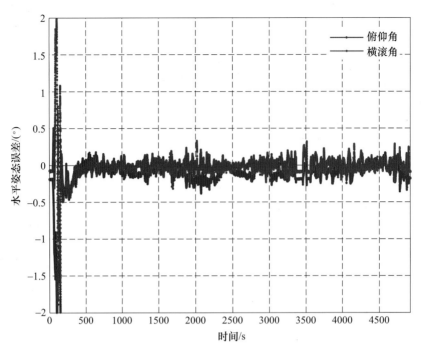

图 8.18　车载导航仪融合模式水平姿态误差
（GNSS + MIMU + 里程计 + 地磁匹配）

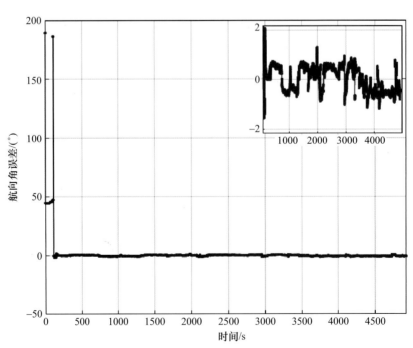

图 8.19　车载导航仪融合模式航向角误差（GNSS + MIMU + 里程计 + 地磁匹配）

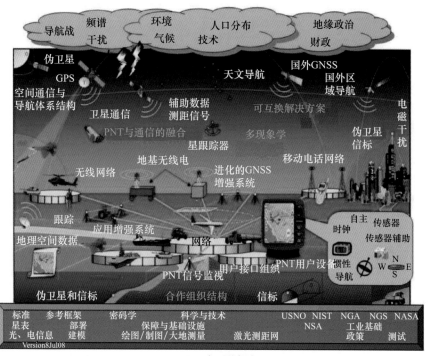

(a) 2025年系统视角

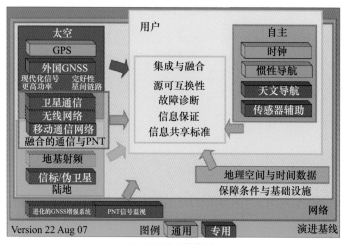

(b) 2025年用户视角

USNO—美国海军天文台；NIST—美国国家标准与技术研究所；NGA—美国国家
地理空间情报局；NGS—美国国家大地测量局；NSA—美国国家安全局。

图 9.1　美国国家 PNT 体系的基本设想

体系结构的主要目的

"到2025年左右提供更加有效和高效的定位导航授时能力，并为政府所提供的各种系统和服务探索一条渐进的发展道路"

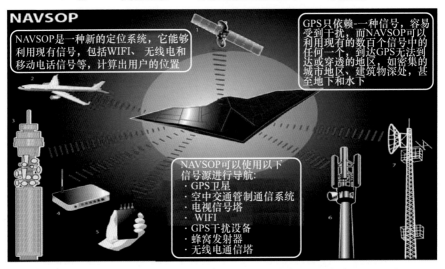

图 9.2　美国国家 PNT 体系的演进路线图（2010 年制定）

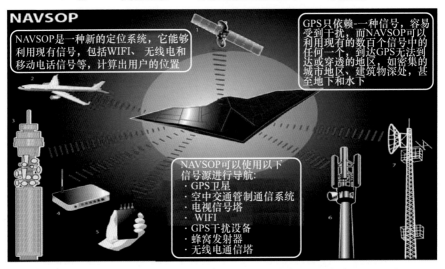

图 9.13　随机信号导航技术原理图

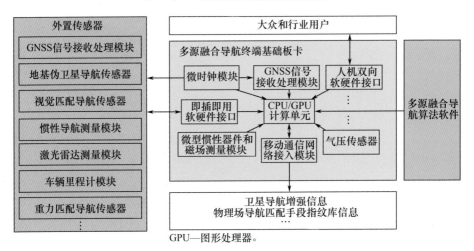

图 9.17　多源融合导航终端通用架构示意图

附加误差;选择合理的测量方法,设计正确的测量步骤以消除方法误差和理论误差;尽量选用智能化、数字化仪器仪表,改善测量条件以消除误差。

（2）利用修正方法消除误差。在用智能化仪表测量时,利用修正方法消除或减弱系统误差是常用的方法。修正值的求取可从仪器仪表的有关资料中获得。对影响测量结果的各种因素,如温度、湿度、频率、电源电压变化等,引起的系统误差,可通过实验做出相应的修正值曲线或表格,供测量时使用。对不断变化的系统误差,如仪器的零点误差、增益误差等,可采取现测现修的方法解决。

（3）利用特殊的测量方法消除误差。系统误差的特点是大小方向恒定不变、具有可预见性,可选用特殊的测量方法予以消除。①替代法。先将被测量 A_x 接在测量装置上,调节测量装置处于某一状态,然后用与被测量相同的同类标准量 A_N 代替 A_x,调节标准量 A_N 使测量装置恢复原来的状态,此时被测量等于调整后的标准量,即 $A_x = A_N$。②差值法。该方法先测出被测量 A_x 与标准量 A_N 的差值 $a(a = A_x - A_N)$,利用 $A_x = A_N + a$ 求出被测量。用此方法测量,结果的准确度由标准量的准确度和测量差值的准确度决定,差值越小,测量差值仪表的误差对测量结果的影响越小,当差值 $a = 0$ 时,测量结果的准确度与仪表的准确度无关,仅和标准量的准确度有关。③正负误差补偿法。有些情况下,可通过不同的测量方式对被测量进行不同方向的测量,得到的测量结果误差有正有负,取多次测量结果的平均值作为测量结果。显然,这样处理可以消除大小恒定的系统误差。④对称观测法。在测量过程中,合理设计测量步骤以获取对称的数据,配以相应的数据处理程序,以得到与该影响无关的测量结果,从而消除系统误差。对称观测法可以消除测量结果随某影响线性变化而造成的系统误差。⑤迭代自校法。利用多次交替测量以逐渐逼近准确值,消除或削弱测量环节带来的误差。

5.1.1.2　随机误差

随机误差也称为偶然误差和不定误差,是由于在测定过程中一系列有关因素微小的随机波动而形成的具有相互抵偿性的误差。在相同条件下多次测量同一量时,误差的绝对值实际上不会超过一定的界限,即随机误差具有有界性;众多随机误差之和有正负相消的机会,随着测量次数的增加,随机误差的算术平均值越来越小并以零为极限。因此,多次测量的平均值的随机误差比单个测量值的随机误差小,即随机误差具有抵偿性。

不同导航源的随机误差分析方法不尽相同,但原理基本相通,下面以惯性传感器误差分析为例,说明常用的误差分析方法。惯性传感器误差分析目前惯用的是 IEEE 发布的标准,它采纳了两种随机误差辨识的方法:功率谱密度(PSD)分析法和 Allan 方差(AV)分析法[1-2]。

（1）功率谱密度(PSD)分析法是分析、定性数据和随机建模强有力的工具,能够分析周期或非周期的信号。它是一种频域分析技术,根据维纳-辛钦定律,估计功率谱的方法是先估计出信号的自相关函数,再对它作离散傅里叶变换,从而直接从频域的双对数曲线图中辨识误差的成分和误差参数[3]。

（2）AV 分析法由美国国家标准局的 D. W. Allan 于 1966 年提出[1]，用于铯原子钟频率稳定度的分析。由于惯性器件也具有振荡器特性的特征，AV 也被广泛应用于惯性器件的随机误差分析，并被 IEEE 标准采纳[2]，写入激光陀螺的测试标准。AV 法是一种时域分析技术，直接对采样数据的时域特性进行分析，实际是将传感器输出的测量信号输入带通参数为 τ 的 AV 滤波器，得到一组滤波输出，进而辨识出较多的误差项，并达到较好的误差分离效果[4]。

5.1.1.3　粗差

超出规定条件下预期的误差称为粗差，有时也称为野值。也就是说，在一定的测量条件下，测量结果明显偏离了真值。读数错误、测量方法错误、测量仪器有严重缺陷等原因，都会导致产生粗差。粗差明显地歪曲了测量结果，应予以剔除，所以对应于粗差的测量结果称为异常数据或坏值。

在实际应用中，由于测量设备本身或数据传输可能出现的错误和环境干扰，都将使所测得的观测序列包含某些错误或粗差观测量，工程领域中将传感器发生突发性故障时的采样信息或含过失误差的测量数据也称为野值。传感器测量数据的野值在统计上表现是一个突然的跳变，主要有孤立型和连续型。

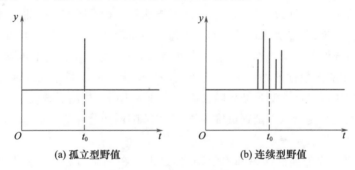

(a) 孤立型野值　　　　　　　　(b) 连续型野值

图 5.1　野值类型（见彩图）

孤立型野值表现如图 5.1(a)所示，以孤立点的形式出现。图中，y 表示测量值大小，t 为系统运行时间，在 t_0 时刻的观测数据为野值，而在 t_0 的邻域内其他观测数据是正常的，即野值孤立出现。连续型野值，由于相关性的影响，野值的出现是成片段的，具体表现如图 5.1(b)所示，在 t_0 时刻出现野值，其测量时刻前后几个测量值中大多数都为野值。

如果在数据预处理阶段不将野值剔除，那么这些野值将会严重影响传感器测量的精度，甚至会导致多源融合滤波器发散。由于野值通常为观测数据中的某个或某段值，若对观测信息整体抛弃，则会损失其余正常测量信息，因此为消除野值对多源融合滤波器的不利影响，对观测信息进行野值的检测、剔除处理是可行的办法。

5.1.2　常见导航源误差模型

5.1.1 中针对导航源的误差类型及相应的分析方法进行了整体性介绍，在进行误差分析建模时能估计的误差通常只有系统误差和随机误差两类。本节以常见的导航源为例,分别对每种导航源中存在的系统误差和随机误差的分析建模方法进行介绍。

5.1.2.1　GNSS 导航系统误差模型

GNSS 定位计算中用到的基本观测量是伪距和载波相位,二者的测量误差从来源上可以分为 3 类:与卫星有关的误差、与信号传播有关的误差和与接收设备有关的误差。根据各类误差的性质,可进一步分为:系统误差,主要包括卫星钟差与轨道预报误差以及电离层、对流层传播误差等;随机误差,主要包括接收设备跟踪误差、多径效应误差等。

1) 卫星钟差与轨道预报误差

卫星钟差由晶振噪声的累积效应引起,导致时间偏差(钟差)与频率漂移(钟漂)。使用导航电文广播的 3 个标定系数 a_{f0}、a_{f1}、a_{f2} 及参考时刻 t_{oc} 可修正大部分卫星钟差。另外,一般用相对论修正来补偿卫星时钟速度的变化,其与椭圆轨道上的卫星速度和重力势有关,对于卫星 j,总的卫星钟差修正为

$$\delta\rho_{sc,j} = \left[a_{f0,j} + a_{f1,j}(t_j - t_{oc}) + a_{f2,j}(t_j - t_{oc})^2 \right] c - 2\frac{r_j^e \cdot v_j^e}{c} \tag{5.1}$$

式中:t_j 为卫星 j 信号发射时刻,当 $|t_j - t_{oc}| > 302400\text{s}$,即跨越 1 周时,对 t_{oc} 作 $\pm 604800\text{s}$ 的修正;r_j^e、v_j^e 分别为卫星 j 的位置矢量与速度矢量;c 为光速。

残余的卫星钟差取决于控制段监测网络的容量、校正延迟以及卫星时钟自身的稳定性。对于 GPS,在 2005 年精度改进计划(L-AII)实施后,平均残余钟差为 1.0m[5]。然而,在 GPS Block IIR 及后继卫星上安装的铷钟较之前卫星上使用的铯钟而言,在数据校正时间周期内幅值稳定性提高了一个数量级,随着星座的更新该值将会进一步减小。

在经典的单点定位中,一般采用广播星历计算卫星坐标,但卫星运行轨道会受各种复杂的、目前尚不完全明晰的摄动力影响,这就导致地面监控站无法绝对精确地解算和外推卫星轨道,从而产生卫星轨道预报误差。假设基于广播星历推算的卫星位置坐标与实际位置坐标偏差值 $\mathrm{d}\boldsymbol{R} = \begin{bmatrix} \mathrm{d}x & \mathrm{d}y & \mathrm{d}z \end{bmatrix}$,则可计算出其径向误差分量[6]为

$$\delta\rho_{se,j} = \left(\frac{\partial \boldsymbol{R}}{\partial x}\right)\mathrm{d}x + \left(\frac{\partial \boldsymbol{R}}{\partial y}\right)\mathrm{d}y + \left(\frac{\partial \boldsymbol{R}}{\partial z}\right)\mathrm{d}z =$$

$$e_x\mathrm{d}x + e_y\mathrm{d}y + e_z\mathrm{d}z = \boldsymbol{e} \cdot \mathrm{d}\boldsymbol{R} \tag{5.2}$$

式中:e 表示沿距离方向的单位矢量,即径向矢量。因此,实际的径向误差是卫星位置误差与单位径向矢量的点积,与卫星的运动矢量与径向矢量间夹角密切相关。

在 2005 年的 L-AII 后,GPS 平均星历测距误差约为 0.45m[5]。在精密定位中,常采用国际 GNSS 服务(IGS)发布的事后精密星历或超快速预报星历进行定位,可将误差降低至厘米级。

2) 电离层与对流层传播误差

电离层是指分布在地面上空 $60 \sim 1000\text{km}$ 的大气,由于太阳光照射与宇宙高能粒子的影响,这部分大气含有高密度的正离子和自由电子。当卫星信号经过这段区域时会发生折射效应,传播速度不再为真空光速,同时传播路径会有微弱改变,从而使 GNSS 接收机测定的卫星至接收机的距离存在偏差,该误差称为电离层传播误差。电离层传播误差随仰角的变化而变化,可近似表示为

$$\delta\rho_{i,j} = -\left[1 - \left(\frac{R\cos\theta_j}{R + h} \right)^2 \right]^{-1/2} \cdot \frac{40.3\,T_{ec}}{f^2} \tag{5.3}$$

式中:R 为地球的平均半径;h 为平均电离层高度,约为 350km;θ_j 为卫星 j 仰角;T_{ec} 为传播路径电子总数;f 为卫星信号载波频率。

电离层为色散介质,意味着传播速度根据频率变化而变化。由于非色散折射,调制信号(PRN 码和导航数据)会产生传播延迟,而载波相位则会产生与之大小相同的传播超前[7]。因此,基于码和载波的距离测量值会逐渐偏离。电离层气体的电离现象由太阳辐射引起,故白天的折射多于夜间。例如,对于天顶处卫星,午夜两点左右调制信号延迟变化范围为 $1 \sim 3\text{m}$,中午两点左右调制信号延迟变化范围为 $5 \sim 15\text{m}$。

若 GNSS 接收机可跟踪多频点信号,则可结合它们来消除大部分电离层传播误差。此时,经电离层校正的伪距可表示为

$$\tilde{\rho}_{ic,j} = \frac{f_a^2\,\tilde{\rho}_{a,j} - f_b^2\,\tilde{\rho}_{b,j}}{f_a^2 - f_b^2} \tag{5.4}$$

式中:f_a 和 f_b 表示两路载波频点,校正的伪距跟踪误差的标准差可表示为

$$\sigma_{\rho,ic} = \frac{\sqrt{f_a^4\sigma_{\rho,a}^2 + f_b^4\sigma_{\rho,b}^2}}{|f_a^2 - f_b^2|} \tag{5.5}$$

式中:$\sigma_{\rho,a}$,$\sigma_{\rho,b}$ 为两个频点的码跟踪误差的标准差。双频电离层延迟校正将导致跟踪噪声的增加,两个频率越接近,跟踪误差增加的比例就越大。对于使用 GPS L1 和 L2 频点的用户,$\sigma_{\rho,ic}/\sigma_{\rho,L1} \approx 3.36$,需注意的是,由于不同的传播功率,则 $\sigma_{\rho,L2}/\sigma_{\rho,L1} \approx \sqrt{2}$。

单频用户可使用模型估计电离层传播延迟,该模型是时间、用户经度和纬度、每颗卫星视线矢量的仰角和方位角、导航电文广播参数的函数。例如在 GPS、BDS 中使用 Klobuchar 模型表征,该模型包含 8 个广播参数。而 Galileo 系统使用 NeQuick 模型,该模型包含 3 个广播参数。这些模型一般可校正 50% 左右的传播误差。

对流层是指地球表面高度在 50km 以下的大气层。当卫星发射的信号穿过对流层时由于大气对信号的折射而产生的延迟误差,称为对流层传播误差。与电离层误差不同,对流层传播误差和卫星信号频率无关,与大气压力、温度、湿度等因素相关。对流层传播误差的变化可近似表示为[8]

$$\delta\rho_{t,j} = \frac{1.001}{\sqrt{0.002001 + \sin^2(\theta_j)}} \tag{5.6}$$

对流层为非色散介质,故所有 GNSS 信号延迟相等,不存在码、载波测距的偏离。在天顶处的总传播延迟约为 2.5m。大约 90% 的延迟由大气中的干燥气体引起,相对稳定;剩下 10% 由水蒸气引起,根据天气变化该值会发生变化。对流层传播误差可使用式(5.6)模型校正,该模型是卫星仰角的函数,校正残余误差数量级为 0.2m。若结合温度、压力、湿度等测量数据,对流层模型校正残余误差还可减小。对于高精度的用户需求,可以将天气预报数据广播给用户设备。

此外,低仰角卫星的信号比高仰角卫星的信号更容易受到折射,这是因为信号的传播经过更多的大气层。大多 GNSS 用户设备均采用最低仰角阈值,称为屏蔽角,通常取值为 5°～10°。在导航解算时,低于这个角度的卫星信号将被排除。

3) 跟踪误差

GNSS 接收机跟踪环路的测量误差主要包含两部分:热噪声误差和由载体动态引起的应力误差。由于载波跟踪环是非线性的,设计中可采用基于跟踪环测量误差的预报公式,对主要误差源进行分析。跟踪门限的经验判断方法是跟踪误差的 3σ 颤动不能超过锁相环(PLL)鉴别器相位牵引范围的 1/4。由于 GNSS 信号中调制有电文数据,必须使用二象限反正切鉴别器,线性牵引范围为 180°,其 3σ 经验门限值为 45°。相干解调时,PLL 经验门限可以表示为[9]

$$\sigma_{\text{PLL}} = \sqrt{\sigma_{\text{tPLL}}^2 + \sigma_v^2 + \theta_A^2} + \frac{\theta_e}{3} \leqslant 15° \tag{5.7}$$

式中:σ_{tPLL} 为 1σ 热噪声;σ_v 为由振动引起的 1σ 振荡器颤动;θ_A 为由 Allan 偏差引起的晶振颤动;θ_e 为锁相环(PLL)的动态应力误差。

作为载波环主要的跟踪误差源,PLL 的热噪声计算公式可以表示为

$$\sigma_{\text{tPLL}} = \frac{360}{2\pi} \sqrt{\frac{B_n}{c/n_0} \left[1 + \frac{1}{2T(c/n_0)}\right]} \quad (°) =$$

$$\frac{\lambda}{2\pi} \sqrt{\frac{B_n}{c/n_0} \left[1 + \frac{1}{2T(c/n_0)}\right]} \quad (m) \tag{5.8}$$

式中:B_n 为载波环噪声带宽(Hz);c/n_0 为载波噪声功率密度比;T 为预检测积分时间(s);λ 为 GNSS 载波波长。

动态应力误差可根据环路稳态误差获得,它取决于环路的带宽和阶数。普通 GNSS 接收机为应对载体动态运动常采用三阶跟踪环路,其 3σ 动态应力误差

$$\theta_e = \frac{\mathrm{d}^3 R/\mathrm{d}t^3}{\omega_0^3} = 0.4828 \frac{\mathrm{d}^3 R/\mathrm{d}t^3}{B_n^3} \tag{5.9}$$

在分析环路的载波环跟踪误差与门限值的关系时,动态应力误差是作为 3σ 效应叠加到相位热噪声颤动误差上的。

在伪码延时测量中,热噪声距离误差颤动和动态应力误差是 GNSS 接收机码跟踪环的主要误差源。延迟锁相环(DLL)跟踪门限的经验取值为测量误差的 3 倍不超过相关间隔 δ,即

$$3\sigma_{DLL} = 3\sigma_{tDLL} + R_e \leqslant \delta \qquad (5.10)$$

式中：σ_{DLL}为1σ热噪声码跟踪颤动（码元，chip）；R_e为 DLL 跟踪环的动态应力误差（chip，可由θ_e转换获得）；δ为码相位鉴别器的相关间隔（chip）。码相关器间隔为 0.5 码元，则 DLL 跟踪门限经验值为 1/6 码元。F_1为 DLL 鉴别相关器相关因子，对超前/滞后码相关器为 1/2；F_2为 DLL 鉴相器类型因子，对超前/滞后码相关器为 1，T为预检积分时间。所以其 DLL 热噪声颤动误差可以表示为

$$\sigma_{tDLL} = \sqrt{\frac{4F_1\delta^2 B_n}{(c/n_0)}\left(2(1-\delta) + \frac{4F_2\delta}{T(c/n_0)}\right)} \qquad (5.11)$$

式中：B_n为码环的噪声带宽。

对于载波辅助的码跟踪环，载波辅助可以基本消除"视线"方向动态应力对码跟踪环的影响，因而不再具体讨论码环的动态应力误差。对于这种辅助的码跟踪环路，设计过程主要着重于改进其噪声性能，环路滤波器的阶数可以做得更低，采用一阶滤波器即可。

4）多径效应误差

众所周知，GNSS 信号具有反射特性，并非所有来自卫星的信号都能直接被天线接收，有一部分会经过接收机周围环境反射后再进入天线，产生额外的路径延迟，且信号强度会受到一定程度削减。反射信号与直射信号发生干涉，实际上天线接收到的是干涉后偏离真值的信号，由此产生测量误差，称为多径效应误差。多径误差是 GNSS 定位的众多误差源之一，目前随着 GNSS 硬件水平的提升和数据处理技术的进步，许多误差得到很好的消除或削弱。然而，多径误差随着周围环境变化的复杂性和空间上的非相关性则很难改正或消除。因此，在小范围高精度定位中，多径误差已成为限制定位精度的主要因素。

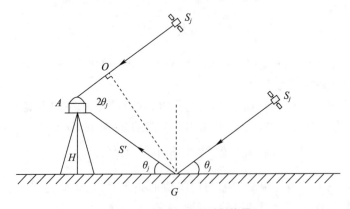

图 5.2　GNSS 地面反射信号

信号经过一次或多次反射后，传播路径比直接射入天线的信号路径长，多传播的路径称为程差。以一次反射为例，假设卫星信号在水平地面反射一次后进入天

线[10]，则卫星 j 程差 $\delta\rho_{mp,j} = 2H \cdot \sin\theta_j$，其中 H 为接收机距离地面的高度，θ_j 为卫星仰角。

反射信号与直接信号的相位延迟 $\delta\varphi_{mp,j}$ 如下：

$$\delta\varphi_{mp,j} = \delta\rho_{mp,j} \cdot \frac{2\pi}{\lambda} = 4\pi H \cdot \sin\theta_j/\lambda \tag{5.12}$$

式中：λ 为载波的波长。

由于反射信号一部分能量被反射面吸收，GNSS 接收天线为右旋圆极化结构，也具有抑制反射波的功能。因此，反射信号除了存在相位延迟外，信号强度一般也会减小。现有的削弱多径误差的措施主要集中在两个方面：一是选择合适的站点位置，在条件允许的情况下，GNSS 信号接收设备应远离水面等反射性极强的地物，靠近草地、灌木等对信号吸收效果较好的地物，同时在开阔的环境中，将接收设备靠近地面可减小多径误差；二是提升接收设备的硬件能力，如使用高性能的扼流圈天线、改进跟踪环路等来削弱多径效应。

5.1.2.2　惯性导航系统误差模型

引起惯性传感器误差的原因是多方面的，包括：①惯性器件本身结构的不完善或工艺误差，如质量不平衡、结构的弹塑性变形；②器件内部物理因素变化，如传感器发热造成的温度梯度；③使用环境的影响，如外界温度变化，外界磁场的干扰，运载体剧烈振动。

根据误差的特性，惯性传感器误差可以分为系统误差和随机误差两类[11]，如图 5.3 所示。

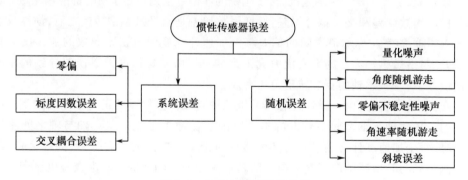

图 5.3　惯性传感器误差分类

1）系统误差特性

零偏：所有惯性器件中加速度计和陀螺仪都表现出的常值误差，是惯性器件所有误差构成中的主要误差项。通常情况下，零偏可分为静态分量和动态分量两部分。静态分量部分也称为固定零偏、启动零偏或者零偏重复性，包含逐次启动零偏和经标定补偿之后的剩余常值项零偏。零偏的静态分量在一次启动的整个工作过程中都保持不变，但各次启动则会发生变化。零偏的动态分量，也称为工作期间零偏变化量或零偏稳定性,在数分钟的工作时间内就会有变化。零偏的动态分量包含经标定补偿之后的温度零偏剩余项。一般地,动态零偏占静态零偏的 10% 左右。表 5.1 中列出了不同等级惯性器件中加速度计和陀螺的典型零偏(用两种不同的单位表示)。

表 5.1　不同等级惯性器件中加速度计和陀螺的典型零偏

等级	加速度计零偏		陀螺零偏	
	mg	m/s²	(°)/h	rad/s
航海级	0.01	10^{-4}	0.001	5×10^{-9}
航空级	0.03 ~ 0.1	$3 \times 10^{-4} \sim 1 \times 10^{-3}$	0.01	5×10^{-8}
中等精度级	0.1 ~ 1	$10^{-3} \sim 10^{-2}$	0.1	5×10^{-7}
战术级	1 ~ 10	$10^{-2} \sim 10^{-1}$	1 ~ 100	$5 \times 10^{-6} \sim 5 \times 10^{-4}$
汽车级	>10	$>10^{-1}$	>100	$>5 \times 10^{-4}$

加速度计和陀螺的零偏通常不用国际单位表示,加速度计的零偏通常以重力加速度 g 的形式描述,$1g = 9.8065 \mathrm{m/s^2}$,注意实际的重力加速度会随位置不同而变化,同时,还采用 mg 和 μg 作为加速度计的零偏单位。陀螺零偏通常用 "(°)/h" 表示,$1(°)/h = 4.848 \times 10^{-6} \mathrm{rad/s}$。对于精度特别低的陀螺,其零偏则用 "(°)/s" 表示。

摆式加速度计的精度范围覆盖了绝大部分应用领域,而振梁式加速度计的零偏在 0.1mg 以上。对于 MEMS 加速度计而言,不管采用摆式还是振梁式技术,其零偏都是所有加速度计中最大的。高精度激光陀螺的零偏可以达到 0.001(°)/h,而低成本激光陀螺的零偏则达 10(°)/h。干涉式光纤陀螺的零偏在 0.01(°)/h ~ 100(°)/h,振动陀螺的零偏在 1(°)/h ~ 1(°)/s 的范围,转子陀螺的零偏范围则覆盖了所有的应用领域。

标度因数误差和交叉耦合误差:标度因数误差是指经过量纲转换之后,惯性仪表输入-输出的斜率与标称值之间的偏差。由加速计标度因数误差导致的加速度计输出误差,与沿敏感轴方向的真实比力成正比;同样,由陀螺标度因数误差导致的陀螺输出误差,与绕敏感轴的真实转动角速率成正比。

交叉耦合误差是由于惯性传感器的敏感轴与载体坐标系的正交轴之间的不对准造成的。导致轴与轴之间不对准的本质原因是受加工工艺所限。轴与轴之间不对准,导致每个加速度计会测量到与其敏感轴向正交方向上的比力分量;同样,每个陀螺会测量到与其敏感轴向正交方向上的角速率分量。轴间的不对准误差也会产生附加的标度因数误差,典型地,这部分误差比交叉耦合误差小 2 ~ 4 个数量级。

标度因数和交叉耦合误差均没有单位,一般用百万分之多少或百分之多少表示。大多数惯性传感器的标度因数和交叉耦合误差为 10^{-4} ~ 10^{-3}(100×10^{-6} ~ 1000×10^{-6})。但存在两个方面的特例:MEMS 陀螺的该项误差可以大到 10^{-2}(1%),而激光陀螺的该项误差可以小至 $10^{-5} \sim 10^{-4}$。

2)随机噪声特性

(1)量化噪声:量化噪声是一切量化操作所固有的噪声,只要进行数字量化编码采样,传感器输出的理想值与量化值之间就必然存在微小的差别。量化噪声代表了惯性器件检测的最小分辨率水平。量化噪声具有短的互相关时间,相当于具有很宽的带宽。在许多应用中,宽带噪声通过低通滤波器就可被滤掉,因此在一般应用中,量化噪声不是主要的误差源。

(2)角度随机游走:是宽带角速率白噪声积分的结果[12],即陀螺从零时刻起累积的总角增量误差表现为随机游走,而每一时刻的等效速率误差表现为白噪声角度随机游走,体现的是陀螺信号中频谱较高、自相关时间相对采样时间较短的噪声,表现为低频特性。理论上,对于一些高精度的光纤陀螺,当确定性误差得到补偿后,角度随机游走误差成为唯一限制系统长期精度的因素。

(3)零偏不稳定性噪声:又称为闪变噪声,其功率谱密度与频率成反比,它是由惯性传感器内部电子器件或其他传感器随机闪烁引起的噪声,具有低频特性[13]。

(4)角速率随机游走:是宽带角加速率白噪声积分的结果,即陀螺角加速率误差表现为白噪声,而角速率误差表现为随机游走[3]。角速率随机游走体现的是自相关时间非常长的噪声,来源并不确定。

(5)斜坡误差:又称为角速率趋势项,代表传感器输出随时间缓慢变化的特性,通常由一些不确定的因素引起[14],其本质上是一种确定性噪声,而不是随机噪声,用于描述自相关时间非常长的噪声。

随机误差辨识方法中常用分析方法有功率谱密度分析法[3]和 AV 分析法[1,15],以及基于统计量的建模分析法[13,16]和时间序列分析建模分析法[17-18]等,下面针对 AV 法进行系统分析。

AV 法的基本原理为:以采样间隔 T_s 采集总时间长度为 T 的一组数据,则总的采样点数为 $N = T/T_s$,为了构造 AV 曲线,需要进行如下步骤[19]:

(1)对数据集进行不同点数的平均划分,将每连续 n($n = 1,2,3,\cdots,N/K_{min}$,$K_{min}$ 为设定的最小子集数目)个数据点作为一个子集,则可划分为 $K = N/n$ 个子集。每个数据子集的平均时间可以表示为 $\tau(n) = nT_s$。

(2)对于第 $k + 1$ 个子集,其平均值可以表示为

$$\bar{\Omega}_{k+1}(\tau) = \frac{1}{n} \sum_{i=1}^{n} \Omega_{nk+i} \tag{5.13}$$

式中:Ω_{nk+i} 为第 $k + 1$ 个子集当中的第 i 个采样点;n 为每个子集的数据点总数。

(3)对每个不同的平均时间计算 AV,即

$$\sigma^2(\tau) = \frac{1}{2} E\big[(\bar{\Omega}_{k+1}(\tau) - \bar{\Omega}_k(\tau))^2 \big] =$$

$$\frac{1}{2(K-1)} \sum_{k=1}^{K-1} (\bar{\Omega}_{k+1}(\tau) - \bar{\Omega}_k(\tau))^2 \tag{5.14}$$

式中:K 为划分的子集个数;E 为求平均。

(4)以双对数曲线画出 Allan 标准差随平均时间变化的情况。在实际应用当中,AV 的计算是基于一组有限的数据,在平均时间增大的时候,可划分的独立子集

数目减少,这会导致 AV 估计的质量降低,文献[20]给出了误差区间的计算公式,即

$$\sigma(\delta_{AV}) = \frac{1}{\sqrt{2(N/n-1)}} \tag{5.15}$$

式中:N 为总数据点数;n 为每个子集包含的数据点数。例如,当总数据点数 $N = 10000$ 时,如果每个子集包含 $n = 100$ 个点,则其误差区间为 $\sigma(\delta_{AV}) = 7.11\%$。

按照 MEMS 的误差组成,其随机误差的 AV 可以写为

$$\sigma^2 = \sigma_Q^2 + \sigma_N^2 + \sigma_B^2 + \sigma_K^2 + \sigma_R^2 \tag{5.16}$$

式中各误差项可表示成正比于 τ 的 $-2 \sim +2$ 次幂的系数表达式,可简化为

$$\sigma^2(\tau) = \sum_{n=-2}^{2} A_n \tau^n \tag{5.17}$$

式中:A_n 分别对应于 Q、N、B、K、R 各噪声相关的拟合多项式系数,$n = -2, -1, 0, 1, 2$。根据不同的 τ 对应的 AV,对式(5.17)进行最小二乘拟合,即可求得拟合多项式系数,进而可求得各随机误差系数[21]。

根据文献[11,20,22]几种典型的随机误差项对应于不同的平均时间,也就是对应于双对数曲线中不同斜率的部分,如表 5.2 所列。

表 5.2　AV 与常见噪声对应关系

Allan 标准差	系数	双对数曲线斜率 n
$\sigma(\tau) = \sqrt{3}Q/\tau$	量化噪声 Q	-1
$\sigma(\tau) = N/\sqrt{\tau}$	角度/速度随机游走 N	$-1/2$
$\sigma(\tau) = 0.664B$	零偏不稳定性 B	0

通过 AV 函数,可以看出,在平均时间较小的部分,陀螺仪误差主要包含量化噪声,在平均时间稍大的区域则主要是角速度随机游走,而在几十到几百秒量级的平均时间范围内零偏不稳定性是主要的误差项。在 1s 量级的平均时间范围内加速度计的误差主要是速度随机游走,在 100s 以上的范围内主要是零偏不稳定性[19]。

3)误差模型

下面的公式给出了加速度计和陀螺仪输出值的主要误差构成

$$\tilde{f}_{ib}^{b} = b_a + (I_3 + M_a)f_{ib}^{b} + w_a \tag{5.18}$$

$$\tilde{w}_{ib}^{b} = b_g + (I_3 + M_g)w_{ib}^{b} + G_g f_{ib}^{b} + w_g \tag{5.19}$$

式中:$\tilde{f}_{ib}^{b}$ 和 $\tilde{w}_{ib}^{b}$ 是 IMU 输出的比力和角速度矢量,f_{ib}^{b} 和 w_{ib}^{b} 则是对应的真实值;I_3 是单位矩阵;b_a 和 b_g 分别是加速度计和陀螺仪的零偏;M_a 和 M_g 分别是加速度计和陀螺仪的标度因数和交叉耦合误差;G_g 表示 g 相关零偏矩阵;w_a 和 w_g 分别是加速度计和陀螺仪的随机噪声。

b_a 和 b_g 又分别被分成静态分量(b_{as},b_{gs})和动态分量(b_{ad},b_{gd})两部分:

$$b_a = b_{as} + b_{ad} \tag{5.20}$$

$$b_g = b_{gs} + b_{gd} \tag{5.21}$$

加速度计和陀螺仪标度因数和交叉耦合误差 $\boldsymbol{M}_\mathrm{a}$ 和 $\boldsymbol{M}_\mathrm{g}$ 可以用矩阵表示为

$$\boldsymbol{M}_\mathrm{a} = \begin{bmatrix} s_{\mathrm{a},x} & m_{\mathrm{a},xy} & m_{\mathrm{a},xz} \\ m_{\mathrm{a},yx} & s_{\mathrm{a},y} & m_{\mathrm{a},yz} \\ m_{\mathrm{a},zx} & m_{\mathrm{a},zy} & s_{\mathrm{a},z} \end{bmatrix} \tag{5.22}$$

$$\boldsymbol{M}_\mathrm{g} = \begin{bmatrix} s_{\mathrm{g},x} & m_{\mathrm{g},xy} & m_{\mathrm{g},xz} \\ m_{\mathrm{g},yx} & s_{\mathrm{g},y} & m_{\mathrm{g},yz} \\ m_{\mathrm{g},zx} & m_{\mathrm{g},zy} & s_{\mathrm{g},z} \end{bmatrix} \tag{5.23}$$

式中：$(s_{\mathrm{a},x}, s_{\mathrm{a},y}, s_{\mathrm{a},z})$ 和 $(s_{\mathrm{g},x}, s_{\mathrm{g},y}, s_{\mathrm{g},z})$ 分别表示加速度计和陀螺仪的标度因数误差系数；$(m_{\mathrm{a},xy}, m_{\mathrm{a},yx}, m_{\mathrm{a},xz}, m_{\mathrm{a},zx}, m_{\mathrm{a},yz}, m_{\mathrm{a},zy})$ 和 $(m_{\mathrm{g},xy}, m_{\mathrm{g},yx}, m_{\mathrm{g},xz}, m_{\mathrm{g},zx}, m_{\mathrm{g},yz}, m_{\mathrm{g},zy})$ 分别表示加速度计和陀螺仪的交叉耦合误差系数。

因此，加速度计和陀螺仪的总误差为

$$\delta\boldsymbol{f}_\mathrm{ib}^\mathrm{b} = \tilde{\boldsymbol{f}}_\mathrm{ib}^\mathrm{b} - \boldsymbol{f}_\mathrm{ib}^\mathrm{b} \tag{5.24}$$

$$\delta\boldsymbol{w}_\mathrm{ib}^\mathrm{b} = \tilde{\boldsymbol{w}}_\mathrm{ib}^\mathrm{b} - \boldsymbol{w}_\mathrm{ib}^\mathrm{b} \tag{5.25}$$

如果零偏、标度因数和交叉耦合误差、陀螺的与 g 相关误差等误差项都可以估计出来，那么经过补偿之后的比力和角速度为

$$\hat{\boldsymbol{f}}_\mathrm{ib}^\mathrm{b} = (\boldsymbol{I}_3 + \hat{\boldsymbol{M}}_\mathrm{a})^{-1} \tilde{\boldsymbol{f}}_\mathrm{ib}^\mathrm{b} - \hat{\boldsymbol{b}}_\mathrm{a} \tag{5.26}$$

$$\hat{\boldsymbol{w}}_\mathrm{ib}^\mathrm{b} = (\boldsymbol{I}_3 + \hat{\boldsymbol{M}}_\mathrm{g})^{-1} \tilde{\boldsymbol{w}}_\mathrm{ib}^\mathrm{b} - \hat{\boldsymbol{b}}_\mathrm{g} - \hat{\boldsymbol{G}}_\mathrm{g} \hat{\boldsymbol{f}}_\mathrm{ib}^\mathrm{b} \tag{5.27}$$

式中：上三角符号 $\wedge$ 表示估计值。利用幂级数展开，有

$$(\boldsymbol{I}_3 + \hat{\boldsymbol{M}}_\mathrm{a})^{-1} = \boldsymbol{I}_3 + \sum_r \binom{-1}{r} \hat{\boldsymbol{M}}_\mathrm{a}^r \approx \boldsymbol{I}_3 - \hat{\boldsymbol{M}}_\mathrm{a} + \hat{\boldsymbol{M}}_\mathrm{a}^2 \tag{5.28}$$

$$(\boldsymbol{I}_3 + \hat{\boldsymbol{M}}_\mathrm{g})^{-1} = \boldsymbol{I}_3 + \sum_r \binom{-1}{r} \hat{\boldsymbol{M}}_\mathrm{g}^r \approx \boldsymbol{I}_3 - \hat{\boldsymbol{M}}_\mathrm{g} + \hat{\boldsymbol{M}}_\mathrm{g}^2 \tag{5.29}$$

5.1.2.3　视觉导航系统误差模型

1）主要误差源分析[23-24]

基于视觉相机的视觉导航系统误差主要考虑以下影响因素：①内方位元素标定误差；②相机的几何畸变误差；③像点定位噪声误差。其中内方位元素标定误差、镜头的几何畸变误差属于系统误差，而像点定位噪声误差属于随机误差。下面分别进行介绍。

（1）内方位元素标定误差。如果采用的内方位元素 (x_0, y_0, f) 不准确，则也会使像点坐标产生偏差，干扰共线方程的成立。如果主距有误差 Δf，加上主点的误差 (x_0, y_0)，则相应的像点坐标偏差为

$$\begin{cases} \Delta x_\mathrm{n} = -x_0 - \dfrac{\bar{x}}{f} \cdot \Delta f \\[3mm] \Delta y_\mathrm{n} = -y_0 - \dfrac{\bar{y}}{f} \cdot \Delta f \end{cases} \tag{5.30}$$

式中：$\bar{x} = (x - x_0)$，$\bar{y} = (y - y_0)$。

（2）畸变。相机畸变主要由镜头和影像传感器两部分产生。

由于制造误差和装配误差的存在，镜头中使用的透镜难以加工成标准曲面，各透镜间也无法做到完全同轴，因此，光线通过镜头时会发生折射，而不是沿直线传播。畸变可进一步细分为以下几种。

① 径向畸变。镜头径向畸变使像点沿径向产生偏差，一般径向畸变是对称的，对称中心与主点并不完全重合，但通常将主点视为对称中心。将径向畸变分解到像平面坐标系的 x 轴和 y 轴上，可用下述奇次多项式表示：

$$\begin{cases} \Delta x_{\mathrm{r}} = K_1 \bar{x} r^2 + K_2 \bar{x} r^4 + K_3 \bar{x} r^6 + \cdots \\ \Delta y_{\mathrm{r}} = K_1 \bar{y} r^2 + K_2 \bar{y} r^4 + K_3 \bar{y} r^6 + \cdots \end{cases} \tag{5.31}$$

式中：$r^2 = \bar{x}^2 + \bar{y}^2$；$K_1$、$K_2$、$K_3$ 均为径向畸变系数。

② 偏心畸变。透镜组中心偏离主光轴而产生偏心畸变，偏心畸变使像点既产生径向偏差又产生切向偏差，将其分解到像平面坐标系的 x 轴和 y 轴上，即

$$\begin{cases} \Delta x_{\mathrm{d}} = P_1 (r^2 + 2 \bar{x}^2) + 2P_2 \bar{x} \cdot \bar{y} \\ \Delta y_{\mathrm{d}} = P_2 (r^2 + 2 \bar{y}^2) + 2P_1 \bar{x} \cdot \bar{y} \end{cases} \tag{5.32}$$

式中：P_1、P_2 为偏心畸变系数，偏心畸变在数量上要比径向畸变小得多。

③ 像平面畸变。像平面畸变可以分为两类：像平面不平引起的畸变和像平面内的平面畸变。传统相机的像平面畸变即胶片平面不平引起的畸变，它可以用多项式建模并改正，而在数字摄影测量中，数码相机的影像传感器采用离散的像敏单元成像，其非平面畸变很难用多项式来建模和准确描述。

由于像素的采样时钟不同步造成的 A/D 转换和信号转移误差则会引起像点在像平面内的平面畸变，通常可以简化成像素的长宽尺度比例因子和像平面 x 轴与 y 轴不正交所产生的畸变，即

$$\begin{cases} \Delta x_{\mathrm{m}} = b_1 \bar{x} + b_2 \bar{y} \\ \Delta y_{\mathrm{m}} = 0 \end{cases} \tag{5.33}$$

式中：b_1、b_2 为像平面内畸变系数。

相机畸变无法从硬件上完全消除，只能通过一定的数学模型对其加以改正，即利用相机畸变模型进行相机检校。

（3）噪声。理想情况下，照片上每一像素的灰度值均对应影像传感器上相应光敏单元在曝光时间内接收的光子数，但由于成像过程中的噪声影响，灰度值与光子数之间的对应关系并不准确。根据来源不同，成像噪声主要包括暗电流、散粒噪声和复位噪声等。成像噪声影响像点中心定位精度。在图像中提取圆形标志点中心坐标主要依靠标志图像的灰度分布，理论上，只要各像素的灰度值均与相应像敏单元上接收的光子数严格对应，即可采用像点中心定位算法准确计算出标志中心坐标。成像噪

声会降低各种像点中心定位算法的精度,例如,影响灰度加权算法中的边界搜索精度和定权精度,影响椭圆拟合算法中的边缘检测精度等。

像点坐标是视觉导航的基本观测值,其提取精度直接决定系统的测量精度。因此,应尽量选用成像噪声低、信噪比高的相机。

2)相机误差模型的建立

在相机检校中,较为常用的方法是采用数学模型对相机畸变进行建模并加以补偿,常用的相机畸变模型有一般多项式模型[25]、10 参数模型[26]、有限元模型[27]、人工神经网络等[23]。其中,一般多项式模型、10 参数模型和有限元模型是在相机检校中 3 种最常用的相机畸变模型。

(1)一般多项式模型。一般多项式模型是最简单的相机畸变模型,其原理是将像点坐标(x,y)处的畸变差用二元 n 次多项式 $p_n(x,y)$ 进行拟合。若以$(\Delta x,\Delta y)$表示像点坐标畸变值,则一般多项式模型的表示形式为

$$\begin{cases} \Delta x = a_0 + a_1 x + a_2 y + a_3 x^2 + a_4 xy + a_5 y^2 + \cdots \\ \Delta y = b_0 + b_1 x + b_2 y + b_3 x^2 + b_4 xy + b_5 y^2 + \cdots \end{cases} \quad (5.34)$$

(2)有限元模型。基于有限元内插模型的检校方法使用的数学模型不涉及相机畸变系数,称为非参数畸变差检校模型。如图 5.4 所示,有限元检校原理为:首先将相机传感器用格网划分为若干个矩形,而后在格网的每个角点(i,j)上,利用两个方向的畸变差 $\Delta x_{i,j}$ 和 $\Delta y_{i,j}$ 表示该位置处的像点坐标畸变值。格网内部除角点外的其他位置的畸变,则可利用该位置所在矩形角点的畸变差经过内插得到。

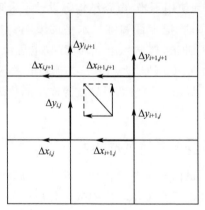

图 5.4　有限元相机检校示意图

像点通过有限元内插得到的畸变值表达式为

$$\begin{cases} \Delta x = (1 - \delta x)(1 - \delta y)\Delta x_{i,j} + \delta x(1 - \delta y)\Delta x_{i,j+1} + \\ \qquad (1 - \delta x)\delta y\Delta x_{i+1,j} + \delta x\delta y\Delta x_{i+1,j+1} \\ \Delta y = (1 - \delta x)(1 - \delta y)\Delta y_{i,j} + \delta x(1 - \delta y)\Delta y_{i,j+1} + \\ \qquad (1 - \delta x)\delta y\Delta y_{i+1,j} + \delta x\delta y\Delta y_{i+1,j+1} \end{cases} \quad (5.35)$$

式中

$$\begin{cases} \delta x = \dfrac{x - x_{i,j}}{x_{i+1,j} - x_{i,j}} \\ \delta y = \dfrac{y - y_{i,j}}{y_{i,j+1} - x_{i,j}} \end{cases} \tag{5.36}$$

（3）10 参数模型。10 参数模型是摄影测量领域应用最为广泛的相机畸变模型，与一般多项式模型不同，10 参数模型属于物理模型，包括主距 f、主点的误差 (x_0, y_0)、径向畸变系数 k_1、k_2、k_3，偏心畸变系统 P_1、P_2，像平面内畸变系数 b_1、b_2 等 10 个参数[23-24]。综合式（5.30）、式（5.31）、式（5.32）和式（5.33），这些内部参数所引起的像点坐标偏差称为像点的系统误差，写为

$$\begin{cases} \Delta x' = \Delta x_r + \Delta x_d + \Delta x_m + \Delta x_n \\ \Delta y' = \Delta y_r + \Delta y_d + \Delta y_m + \Delta y_n \end{cases} \tag{5.37}$$

5.2 导航源故障检测

故障是指系统表现出不希望特性的任何异常现象，或动态系统中部分元器件功能失效而导致整个系统性能恶化，导致系统的性能明显低于其正常水平，难以完成其预期的功能。

故障诱因有内因、外因两方面：内因是指系统本身的因素，包括设计、结构、测试方法的缺陷，元器件选择和使用不当，电路结构等设计不合理，质量控制不严等；外因是指所在环境对系统可靠性、稳定性和维护水平的影响，主要有气候环境（如温度、湿度）、力学环境（如振动、冲击、摇摆）、电气环境（如电压稳定性、接地系统、雷击、静电）、电磁环境（如大电动机、变压器、大功率开关等强电磁场）等。

本节主要从多源融合导航系统层面对导航源产生的故障模式及相应的检测理论和方法进行详细介绍。

5.2.1 多源融合导航系统故障模式

多源融合导航系统测量信息来源于各个导航传感器，每个传感器都有自己的适用范围。当传感器没有处于正常工作环境中或是传感器发生故障时，都会输出错误的导航信息，进而影响到导航系统的性能。导致传感器出现故障的原因很多，很难进行归纳总结，但不同故障源引起的传感器输出故障信息具有一般性，主要可以分为软故障和硬故障两类[28-29]。

5.2.1.1 软故障

软故障从本质上讲是一种设计故障，需要通过各种检测与维护手段不断改进与完善。软故障通常随着时间的推移，其故障值逐渐增大。故障值和时间一般满足线性或二次方关系，如图 5.5 所示。

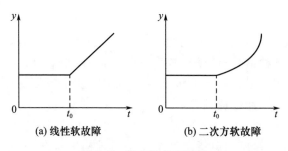

(a) 线性软故障 (b) 二次方软故障

图 5.5 软故障(见彩图)

故障信息的线性及二次方表达式为

$$\begin{cases} y = k(t - t_0) \\ y = k(t - t_0)^2 \end{cases} \tag{5.38}$$

式中:y 表示故障值大小;k 为故障系数;t_0 为故障开始时间;t 为系统运行时间。

软故障信息都是从较小值开始,逐渐增大,增大的快慢由故障系数 k 决定。当 k 较小时,故障信息会长时间保持小量,增大了故障检测的难度,因而对慢变软故障检测的灵敏度高低成为衡量检测算法性能的重要指标之一。

5.2.1.2 硬故障

硬故障指由传感器元器件物理失效或环境参数超过允许范围造成的突变故障,故障信息与系统运行时间没有关系,一般表现为较大的阶跃值,如图 5.6 所示。故障信息表达式

$$y = \text{count} \tag{5.39}$$

式中:y 为故障值大小;count 为常数,即确定的故障阶跃值。

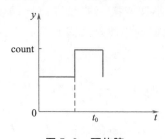

图 5.6 硬故障

突变故障信息对系统影响较大,因而需要及时准确检测并隔离硬故障,确保整个导航系统稳定。

5.2.2 多源融合导航系统故障检测方法

对于多源融合导航系统,故障检测及隔离的出发点是从系统的整体设计上来提高可靠性,实时地在众多导航设备中检测并隔离故障部件,从而使整个系统在内部有故障的情况下仍能正常工作或降低性能但仍可靠地工作。现有的故障检测方

法可分为如下几类[28-31]：

（1）基于信号处理的方法。通过某种信号处理和特征提取方法进行故障诊断,应用较多的有各种谱分析方法（数据变化率检测、小波分析等）、时间序列特征提取方法等,通常用来进行各导航传感器的数据的质量控制。这种方法不需要处理对象的准确模型,因而适应性强。

（2）基于解析余度的方法。它是基于数学模型的故障检测方法,核心思想是用解析余度取代硬件余度。解析余度主要是通过构造系统模型、观测系统模型来估计系统输出,然后将它与输出的测量值作比较从中取得故障信息。解析余度又可分为基于状态估计的故障检测方法和基于参数估计的故障检测方法。

（3）基于人工智能的方法。如专家系统、模糊决策、神经网络等。

（4）基于导航源自身的性能特点,通过同一系统状态时,不同导航源之间的信息比较,进行异常的识别。

本节对几个常用的故障检测方法进行介绍,包括基于小波分析的故障检测、基于 χ^2 的故障检测、基于后传（BP）神经网络的故障检测和多源协同的故障检测。

5.2.2.1 基于小波分析的故障检测

1）小波分析的基本理论

小波分析的基本思想是用一族函数去表示（逼近）函数,这一族函数称为小波序列,它可通过对一基本小波函数进行平移和伸缩得到。

基本小波函数为 $\psi(t)$ 时,对于连续的情况,小波序列为

$$\psi_{a,b}(t) = \frac{1}{\sqrt{|a|}}\psi\left(\frac{t-b}{a}\right) \qquad a,b \in R, a \neq 0 \tag{5.40}$$

式中：a 为尺度参数,决定了小波变换中的频率信息；b 为平移参数,决定了小波变换的空域或时域信息。由此可见小波函数同时具有在时域和频域的定位特性。

对于任意信号 $f(t)$ 的连续小波变换定义为

$$W_f(a,b) = \frac{1}{\sqrt{|a|}}\int_{-\infty}^{+\infty}f(t)\psi^*\left(\frac{t-b}{a}\right)\mathrm{d}t \tag{5.41}$$

它是小波序列与待分析信号 $f(t)$ 的内积。式中：$f(t)$ 为输入函数；$\psi^*\left(\frac{t-b}{a}\right)$ 为 $\psi\left(\frac{t-b}{a}\right)$ 的共轭函数。

式（5.41）的等效频域可表示为

$$W_f(a,b) = \frac{\sqrt{|a|}}{2\pi}\int_0^{2\pi}F(\omega)\psi^*(a\omega)\mathrm{e}^{j\omega b}\mathrm{d}\omega \tag{5.42}$$

式中：$F(\omega)$、$\psi^*(\omega)$ 分别为 $f(t)$、$\psi(t)$ 的傅里叶变换。

由上可知,小波变换是一种时频窗口自适应变化的特殊傅里叶变换,其窗口大小及形状不随频率变化,而是随着参数 a、b 值变化。由此可见,利用小波变换分析

信号具有如下特点[13,32-34]。

（1）多分辨率或多尺度，可以由粗及细地逐步观察信号；

（2）可以将小波变换看成一组特殊带通滤波器，这时其相对带宽（带宽与中心频率之比）恒定，a 越大相当于频率越低；

（3）适当选择基本小波，使 $\psi(t)$ 在时域为有限支撑，$\psi(\omega)$ 在频域上也比较集中，便可以使小波变换在时、频两域都具有表征信号局部特征的能力。

2）小波变换与故障检测

故障检测中，系统故障通常表现为输出信号的局部发生变化，即局部奇异性，因而对系统输出信号的局部特征进行检测有着重要意义。而小波变换具有空间局部化性质，小波变换系数由该点附近的局部信息所确定，因此小波变换能够很好地分析信号奇异点的位置和奇异点的强弱。

函数在某点具有奇异性是指信号在该点间断或某阶导数不连续。在数学上通常采用 Lipschitz 指数表征信号的奇异性，它对信号突变点的位置检测很有效。如信号 $f(t)$ 在某点的 Lipschitz 指数 $\alpha < 1$，则称信号 $f(t)$ 在该点处是奇异的。Lipschitz 指数的数学定义为：设 n 为非负整数且有 $n < \alpha \leq n+1$，若存在常数 A 和 $h_0 > 0$ 及 n 次多项式 $P_n(h)$，使得对任意 $h \leq h_0$ 有

$$| f(t_0 + h) - P_n(h) | \leq A \mid h \mid^\alpha \tag{5.43}$$

则称 $f(t)$ 在 t_0 点的 Lipschitz 指数为 α，记为 $f(x) \in C_{t_0}^\alpha$。若式（5.43）满足 $t_0 \in (t_a, t_b)$，$t_0 + h \in (t_a, t_b)$，则称 $f(t)$ 在 (t_a, t_b) 上有一致的 Lipschitz 指数 α。若 $f(t)$ 在 t_0 处的 Lipschitz 指数 α 满足 $n < a \leq n+1$，则 $f(t)$ 在 t_0 处具有 n 阶导数。设 $f(x) \in C_{t_0}^\alpha$，且 $F(x)$ 为 $f(x)$ 的原函数，则 $F(x)$ 在 t_0 点的 Lipschitz 指数为 $\alpha + 1$。

函数在某一点的 Lipschitz 指数表征了该点的奇异性大小。函数在该点的 Lipschitz 指数越大，表明函数在该点的光滑程度越高；反之，函数在该点的 Lipschitz 指数越小，则光滑程度越低，该点的奇异性越大。信号的 Lipschitz 指数可由傅里叶变换得到，但其局部点 Lipschitz 指数却要用小波变换得到。

在某一尺度 a_0 下，如果存在一点 (a_0, b_0) 使得 $\dfrac{\partial W_f(a_0, b_0)}{\partial b} = 0$，则称 (a_0, b_0) 是局部极值点，且 $\dfrac{\partial W_f(a_0, b_0)}{\partial b}$ 在 $b = b_0$ 上有一过零点。如果对 b_0 的某一邻域内的任一点 b 有 $\mid W_f(a_0, b) \mid \leq \mid W_f(a_0, b_0) \mid$，则称 (a_0, b_0) 为小波变换的模极大值点。

如果在某区间信号 $f(t)$ 的小波变换系数 (a, b) 在小尺度上无局部模极大值，则 $f(t)$ 在该区间无奇异性。因此，信号 $f(t)$ 所有奇异点的位置，可以利用小尺度上的小波变换模极大值点的位置来检测信号的奇异点。故障检测中，系统故障通常表现为输出信号的局部发生变化。由于故障信号在发生时刻和恢复时刻波形中会出现一个细小的变化，通过小波变换可将这一细小的变化放大，从而检测出所对应故障信号的发生时刻和恢复时刻，这两次突变的时间间隔即故障信号的持续时间，这就是利用小

波变换检测故障信号的原理。

3) 故障检测模式设计

在多源融合导航系统中,众多导航设备的工作机制不同,各自所用传感器的性能、测量数据特性也不同,传统的故障检测技术难以达到令人满意的效果,而利用小波变换的多尺度分析能力恰能较好地解决这一问题。为了提高系统工作的速度,满足实时性的要求,一般采用多路小波分析并行工作的方式。它的系统结构如图 5.7 所示。

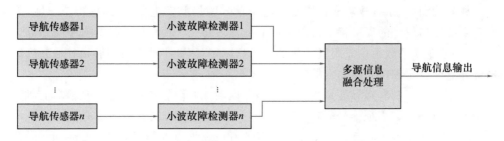

图 5.7　基于多路小波分析的故障检测结构图

当各导航传感器正常工作时,传感器测量信号经过小波故障检测器未发现异常,则传递到多源信息融合处理器进行导航信息融合;如果在系统工作过程中,某一导航传感器出现故障,则相应传感器的信号会出现异常,在经过小波故障检测器时,小波故障检测器检测到此异常信号产生报警信号,同时自动切断该导航传感器与多源信息融合处理器的连接,以保证多源融合导航系统整体上的正常工作。待小波故障检测器检测到故障排除后,再次将该导航传感器接入多源信息融合处理器中。这样就既保证了发生故障时多源融合导航系统的正常工作,又有利于快速排除故障。同时各导航传感器使用并行的小波故障检测器,能够保证系统的实时性。

5.2.2.2　基于 χ^2 的故障检测

多源融合导航系统通常采用基于卡尔曼滤波的数据融合方法,随着滤波理论不断发展,χ^2 检验法被广泛应用于系统的故障检测与隔离。χ^2 检验法通过检验所构造的 n 维高斯分布随机矢量的均值、方差阵是否与假设值相符来判断是否发生故障。根据所构造的随机矢量不同而有不同的 χ^2 检验法,包括残差 χ^2 检验法、状态 χ^2 检验法及双状态 χ^2 检验法等,故障检测性能也有所不同。χ^2 检验法有一个共同的特点,即不必分辨造成系统故障的特定原因,只需实时地确定一个滤波器输出的有效性,因而十分适用于系统级的故障检测与隔离[31,35-36]。

1) 残差 χ^2 检验法

残差 χ^2 检验法的基本思路是:如果 $k-1$ 步以前(包括 $k-1$ 步)系统无故障,那么经过卡尔曼滤波得到的第 $k-1$ 步的估计 $\hat{X}(k-1)$ 值应该是正确的。由系统的状态方程可以得到第 k 时刻系统状态的递推值 $\hat{X}(k|k-1)$,即

$$\hat{X}(k|k-1) = \boldsymbol{\varphi}(k,k-1)\hat{X}(k-1) \tag{5.44}$$

由此可以得到 k 时刻系统测量的预测值 $\hat{Z}(k|k-1)$ 为

$$\hat{Z}(k|k-1) = H(k)\hat{X}(k|k-1) \tag{5.45}$$

在卡尔曼滤波器中,将 $\hat{Z}(k|k-1)$ 与 $Z(k)$ 之差称为新息,即残差,并表示为

$$\boldsymbol{\gamma}(k) = Z(k) - \hat{Z}(k|k-1) \tag{5.46}$$

由新息理论可知,当系统无故障发生时,卡尔曼滤波器的残差 $\boldsymbol{\gamma}(k)$ 是零均值高斯白噪声过程,其方差为

$$A(k) = H(k)P(k|k-1)H^{T}(k) + R(k) \tag{5.47}$$

当系统发生故障时,残差 $\boldsymbol{\gamma}(k)$ 不再为零均值高斯白噪声。因此,通过残差 $\boldsymbol{\gamma}(k)$ 的均值、方差检验可确定系统是否发生了故障。

其故障检测函数为

$$\boldsymbol{\lambda}(k) = \boldsymbol{\gamma}^{T}(k)A^{-1}(k)\boldsymbol{\gamma}(k) \tag{5.48}$$

由新息序列的统计特性知,$\boldsymbol{\lambda}(k)$ 服从自由度为 m (观测矢量维数)的 χ^2 分布,如果故障发生,残差将不再是零均值白噪声过程,会变大,因而可用来检测故障的发生与剔除,具体方法是取 $\boldsymbol{\lambda}(k)$ 大于某一门限 T_D 的概率为 α,即

$$P\{\lambda(k) \geq T_D\} = \alpha \tag{5.49}$$

式中:α 为允许的虚警概率。

故障检测过程为

$$\begin{cases} \lambda(k) \geq T_D & \text{存在故障} \\ \lambda(k) < T_D & \text{无故障} \end{cases} \tag{5.50}$$

式中:T_D 为设定的故障检测阈值,可由给定的虚警概率 α 计算获得。一般地说,门限 T_D 的选取要兼顾虚警概率和漏警概率两个因素。虚警概率为实际系统无故障而判为故障的概率,漏警概率为实际系统有故障而判为无故障的概率。残差 χ^2 检验法对于硬故障检测效果比较好,对于变化比较缓慢的软故障则不容易检测出来,这是因为软故障开始很小,不易检测剔除,有故障的输出将影响预报值 $\hat{X}(k|k-1)$,使它"跟踪"故障输出,残差一直保持比较小,难以用残差来发现软故障。在这种情况下,可采用另一种方法,即状态 χ^2 检验法。

2) 状态 χ^2 检验法

状态 χ^2 检验法利用两个状态估计的差异:$\hat{X}_1(k)$ 是由测量值 $Z(k)$ 经卡尔曼滤波得到的;$\hat{X}_2(k)$ 则是由"状态递推器"用先验信息递推计算而得。前者与测量信息有关,会受到系统故障的影响;后者和测量信息无关,因而不受故障的影响。利用两者之间的这种差异便可以对故障进行检测和隔离。两个状态估计 $\hat{X}_1(k)$ 和 $\hat{X}_2(k)$ 可用

下列公式计算：

$$\hat{X}_1(k) = [I - K(k)H(k)]\varphi(k, k-1)\hat{X}_1(k-1) + K(k)Z(k) \quad (5.51)$$

$$\hat{X}_1(0) = X(0) \quad (5.52)$$

$$\hat{X}_2(k) = \varphi(k, k-1)\hat{X}_2(k-1) \quad (5.53)$$

$$\hat{X}_2(0) = X(0) \quad (5.54)$$

由于 $X(0)$ 是高斯随机矢量，因而 $X(k)$、$\hat{X}_1(k)$ 和 $\hat{X}_2(k)$ 均为高斯随机矢量。定义估计误差 $e_1(k)$ 和 $e_2(k)$ 分别为

$$e_1(k) = \hat{X}_1(k) - X(k) \quad (5.55)$$

$$e_2(k) = \hat{X}_2(k) - X(k) \quad (5.56)$$

同时定义

$$\beta(k) = e_1(k) - e_2(k) = \hat{X}_1(k) - \hat{X}_2(k) \quad (5.57)$$

差值矢量 $\beta(k)$ 的方差为

$$
\begin{aligned}
T(k) = E\{\beta(k)\beta^T(k)\} = \\
E\{e_1(k)e_1^T(k) - e_1(k)e_2^T(k) - e_2(k)e_1^T(k) + e_2(k)e_2^T(k)\} = \\
P_1(k) + P_2(k) - P_{1,2}(k) - P_{1,2}^T(k) = P_2(k) - P_1(k) \quad (5.58)
\end{aligned}
$$

式中：$P(k)$ 为 $e(k)$ 的协方差矩阵，可由卡尔曼滤波过程计算得出。由于 $\beta(k)$ 是高斯随机变量 $e_1(k)$ 和 $e_2(k)$ 的线性组合，所以它也是高斯随机矢量，且均值为零，方差为 $T(k)$。

当系统发生故障时，由于估计 $\hat{X}_2(k)$ 与测量值 $Z(k)$ 无关，仍为无偏估计，因此 $E\{e_2(k)\} = 0$。而估计 $\hat{X}_1(k)$ 因受故障影响变成了有偏估计，即 $E\{e_1(k)\} \neq 0$。由式（5.57）可知

$$E\{\beta(k)\} = E\{\hat{X}_1(k) - \hat{X}_2(k)\} \neq 0 \quad (5.59)$$

因此通过对 $\beta(k)$ 均值及方差的检验即可确定系统是否发生了故障，故障检测函数为

$$\lambda(k) = \beta^T(k)T^{-1}(k)\beta(k) \quad (5.60)$$

由于 $\beta(k)$ 是高斯随机矢量，故 $\lambda(k)$ 服从自由度为 m（观测矢量维数）的 χ^2 分布，故障判断准则同样可由式（5.50）确定。不同故障对不同状态的影响是不一样的，式（5.60）的检测函数只是反映故障对所有状态估计的影响，而不是对故障最敏感的状态的影响。对给定的误警率，检验门限 T_D 随着 $\beta(k)$ 维数的增加而增大。因此，对于有很多状态变量的大型动态系统，用上面所述的故障检测规则是不合适的，故障检测会延迟或者检测不出故障，解决这一问题的方法是对 $\beta(k)$ 的单一元素 $\beta_i(k)$ 进行 χ^2 检验。由于

$$\begin{cases} E\{\beta_i(k)\} = 0 \\ E\{\beta_i^2(k)\} = T_{i,j}(k) \end{cases} \tag{5.61}$$

式中：$T_{i,j}(k)$ 为方差矩阵 $T(k)$ 的对角元素，因而有

$$\lambda_i(k) = \beta_i^2(k)/T_{i,j}(k) \tag{5.62}$$

即 $\lambda_i(k)$ 服从一维 χ^2 分布。利用式(5.50)中故障决策规则，$\lambda_i(k) \geqslant T_D$ 时，存在故障；$\lambda_i(k) < T_D$ 时，无故障，其中，$i = 1,2,\cdots,m$（m 为观测矢量维数），这样可以提高系统的故障检测灵敏度。

对于状态 $r_{ij} = \sqrt{\Delta x^2 + \Delta y^2 + \Delta z^2}$ 检验方法，文献[35]指出，状态 χ^2 检验法的表达式(5.60)表明了两种可能性：一是 $\beta(k)$ 太大，这就意味着传感器故障；二是估计协方差 $T(k)$ 太小，这就意味着设计或软件故障，这样状态 χ^2 检验法既可以检验硬故障又可以检验软故障。相对残差 χ^2 检验法来说，状态 χ^2 检验法对软故障的检测更灵敏，但是，状态 χ^2 检验法也存在一些问题，因为对于卡尔曼滤波器来说，初值误差、系统噪声和建模误差的影响将会由于测量更新而得到抑制，估计误差方差随着滤波的进行逐渐减小。但在"状态递推器"中没有测量更新，所以这些误差将使状态递推值越来越偏离真实值，因此无故障时 $\beta(k)$ 的值也越来越大，其方差 $T(k)$ 随着滤波的进行也逐渐增大，直接结果是降低了故障检测的灵敏度。由于卡尔曼滤波器的估计精度要比状态递推器高很多，所以可考虑周期性地用卡尔曼滤波器的估计结果来重置状态递推器，为此，引出了双状态 χ^2 检验法。

3）双状态 χ^2 检验法

双状态 $\hat{\mu}_r = \dfrac{1}{mn}\sum\limits_{i=1}^{n}\sum\limits_{j=1}^{m} r_{ij}$ 检验法使用两个状态递推器交替地用卡尔曼滤波器的数据重置，交替地作故障检测参考系统。当其中一个状态递推器被卡尔曼滤波器的数据重置后，使用另一个状态递推器作为故障检测参考系统。双状态 χ^2 检验法结构如图 5.8 所示。

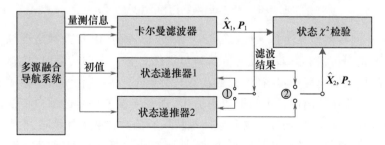

图 5.8 双状态 χ^2 检验法结构图

在图 5.8 中，开关①起重置状态递推器的作用，开关②则用来切换两个状态递推器进行 χ^2 检验。最新被重置的状态递推器并不立即作为 χ^2 检测参考系统，只有在经过时间间隔 Δt，当另一个状态递推器被重置后才起作用。由于滤波器定时交替为两

个状态递推器重置,$P_1(k)$与$P_2(k)$的差值越来越大的情况得到了控制。并且,由于一个状态递推器被重置后并不立即使用,而使用前一时间段重置的另一状态递推器作χ^2检测参考系统,这样状态递推器受故障污染的风险大大减小。只要交换工作的时间间隔Δt选择适当,就可以取得既避免状态递推器受未检测出故障的污染,又提高故障检测敏感度的双重效果。

5.2.2.3 基于BP神经网络的故障检测

神经网络的出现,为故障诊断问题提供了一种新的解决途径,特别是对于在实际中难以建立数学模型的复杂系统,神经网络更能显示出其独特的作用,其主要特点包括[14,31-33]:①训练过的神经网络可以根据对象的日常历史数据,与当前测量数据进行比较,以检测故障并识别故障原因、类型;②神经网络具有滤除噪声及在噪声情况下得出正确结论的能力,适合在线故障检测和诊断。目前,常用于故障检测领域的神经网络模型包括Hopfield网络、Hamming网络、自适应共振理论(ART)网络、BP神经网络及Kohlnon网络等。其中,BP神经网络由于具有良好的模式分类能力,在故障诊断系统中具有广泛的应用前景。

1)BP神经网络的结构与算法

BP神经网络是目前应用最广泛的一种神经网络,基本结构如图5.9所示。

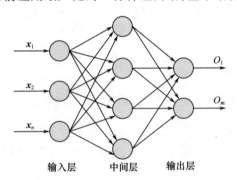

输入层　　　　中间层　　　输出层

图5.9　BP神经网络结构图(见彩图)

BP神经网络模型算法是一种监督学习算法,标准的BP神经网络训练算法可以分为信息的正向传播和误差的反向传播两步训练过程。正向传播时,传播方向为输入层→中间层→输出层,每层神经元的状态只影响下一层神经元具体传递公式可参考7.3.1节。若在输出层得不到期望的输出,则转向误差信号的反向传播流程。通过这两个过程的交替进行,在权矢量空间执行误差函数梯度下降策略,动态迭代搜索一组权矢量,使网络误差函数达到最小值,从而完成信息提取和记忆过程。BP神经网络用于故障诊断的过程为:输入层从控制系统接收各种故障信息及现象;中间层把从输入层得到的故障信息,经内部的学习和处理,转化为针对性的解决方法;输出层针对输入的故障形式,经过调整权系数后,得到处理故障的方法。当网络训练完毕,对于每一个新输入的状态信息,BP神经网络将迅速给出故障诊断结果。

2）BP 神经网络故障检测原理

BP 神经网络模型类似于"黑匣子"，只有一个输入和一个输出接口与外界发生联系。利用采集的样本数据，并使用 BP 算法，训练所设计的神经网络模型，使其逼近多源融合导航系统原始算法模型的非线性特征。图 5.10 为基于 BP 神经网络故障检测的一般处理流图。

图 5.10 BP 神经网络故障检测处理流图

BP 神经网络的诊断过程可以分为两步。首先，用一定数量的样本集（通常称为"征兆-故障"样本集）对神经网络进行训练，得到期望的诊断网络；其次，根据当前诊断输入对系统进行诊断，诊断的过程为利用神经网络进行前向计算的过程。在学习和诊断之前，通常需要对诊断原始数据和训练样本数据进行适当处理，包括预处理和特征提取等，目的是为诊断网络提供合适的诊断输入和训练样本。利用 BP 神经网络进行故障诊断的一般步骤和注意事项如下：

（1）确定合理的网络结构规模，尤其是网络中间层神经元个数的选择是确定网络结构和网络性能的关键。

（2）确定训练样本集和测试样本集。训练样本集用于对网络进行训练，而测试样本集用于监测网络训练的效果和推广能力。一般来说，训练样本集不仅应全面涵盖所有故障模式类的数据，还应有一定的代表性，同时还必须保证学习的有效性，测试样本集的选择应该满足"交叉检验"的原则。

（3）根据训练样本集对网络进行训练，并经过测试样本集的测试，满足要求的神经网络便可进行故障检测。

（4）根据多源融合导航系统的实际输入，利用 BP 神经网络进行故障检测和定位。

3）BP 神经网络故障检测实现

对于实际的多源融合导航系统，除了进行故障检测外，还要进行故障识别、隔离和系统的重构。由于 BP 神经网络具有很好故障模式识别能力，可将 χ^2 故障检测算法与

BP 神经网络结合起来进行多源融合导航系统的故障检测。该方法通过检测导航系统的各状态分量,不仅能实时地确定系统测量值的有效性,而且能将故障的特征值提取出来,并利用神经网络实时确定故障的位置,从而实现多源融合导航系统的故障检测和定位。

图 5.11 为基于状态 χ^2 与 BP 神经网络的故障检测原理框图。图中,在状态 χ^2 故障检测完成后,应用一个 BP 神经网络进行故障识别,通过实时的状态 χ^2 检验结果来确定故障发生的位置。在这里如何把状态 χ^2 检验结果转换成神经网络可以使用的数据是该方法的关键所在。由于不同传感器的故障对于系统状态量的影响不同,通过卡尔曼滤波估计器的作用,与故障直接相关的状态估计变化较大,而与故障关系不大的状态估计则变化较小,因而可使用式(5.61)和式(5.62)中对各状态分量单独检测的方法,以提高对故障的敏感性。BP 神经网络将状态 χ^2 检验的结果经过数据处理(预处理和特征提取)后作为神经网络输入,根据样本数据的训练结果进行故障模式分类,便可确定故障源自何种传感器,准确地进行故障定位、隔离。

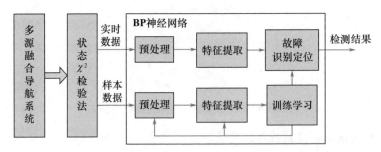

图 5.11　基于状态 χ^2 与 BP 神经网络的故障检测原理框图

5.2.2.4　多源协同的导航源故障检测

在多源融合导航系统中,各种导航源的特性是不同的,有的导航源通常精度较高,但是遇到特殊场景时精度严重下降,如 GNSS 在开阔场景下差分定位后可达到亚米、分米级定位精度,但是遇到城市峡谷或者室内场景,性能急剧下降,甚至不可用;有的导航源通常精度不高,但是具有室内外连续的特点,如 WLAN 指纹定位、地磁匹配定位;有的导航源短时精度和连续性好,但具有随时间发散的特点,需要对其进行实时校准,如 INS、PDR 等误差随时间累积,如果不加校准经过一定时间后会变得不可用;有的导航源只能提高单维的定位信息,如气压只能提供高程信息。因此,在导航源误差分析与故障检测过程中,需要借助我们前面讲到的方法对不同的导航源建立针对性的误差模型并分别实施故障检测。但是,想要建立精准的导航源测量误差模型并精确识别故障并不容易,因为用户自身变化的运动状态、传感器的测量误差以及环境和场景的变化,都会带来模型的不准确。

通过 5.1.1 节的介绍可以知道,对于单个导航源来说,其误差主要有三种类型:系统误差、随机误差和粗差。常见的导航源中,惯性导航、视觉里程计以及航位推算类导航源,由于其误差具有累积效应,通常短时(或短距离)的精度和连续性较好,而长时间(或长距离)运行时,会呈现越来越强的系统偏差,需要及时校准;卫星导航、WLAN 指纹定位、地磁定位等导航源,在能够正常定位解算的状态下,其误差具有随机特性,满足一个基本稳定的方差,通过滤波可以持续得到准确的定位结果,能够为具有累积误差的导航源提供校准信息;但是,上述具有随机误差特性的导航源,在场景变化、信号异常、特征减弱等情况下,定位性能会快速下降,容易产生粗差,呈现不稳定状态,这时,连续性较好的惯性推算导航源又可以成为其异常判断的基准,并为融合系统提供连续定位输出。通过上述分析,我们可以借助不同导航源的性能特性,通过它们相互之间的作用,对各导航源的内符合度进行置信度分析,进而识别导航源故障。

1)多源协同故障检测架构

多源协同故障检测的思想是,对于多个导航源,可以通过导航源间的相对关系,建立多源的融合结构,并通过结构稳定性的判断,发现和提取导航源的性能异常状态。

(1)多源协同性能表达架构。在导航源基本误差状态已知的情况下,我们可以利用导航源间的相对位置,进行导航源的融合,从而建立一种协同的多源性能架构。如图 5.12 所示,$Y_1 \sim Y_5$ 表示五个导航源,它们两两之间的权重 $w_1 \sim w_{10}$ 用两两导航源测量值的相对量来描述。通过各个导航源先验误差特性知识,可以得到不同导航源融合时连接权重的正常值范围,得到先验组合特征表,如表 5.3 所列。

表 5.3　导航源先验组合特征表

导航源	Y_1	Y_2	Y_3	Y_4	Y_5
Y_1	—	w_1	w_7	w_6	w_5
Y_2		—	w_2	w_{10}	w_9
Y_3			—	w_3	w_8
Y_4				—	w_4
Y_5					—

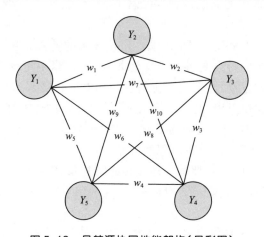

图 5.12　导航源协同性能架构(见彩图)

由于导航源的基本误差通常是一个概率的表达,而非定值,所以融合权值 w 的正常值也可以用一个范围表示。

(2)性能架构的稳定性监测。当有导航源发生性能异常时,与异常导航源相关的连接权值 w 会发生变化。如图 5.13 所示,Y_1 发生异常偏离时,与 Y_1 相关的连接权值 w_1、w_7、w_6、w_5 变化为 w_1',w_7',w_6',w_5'。

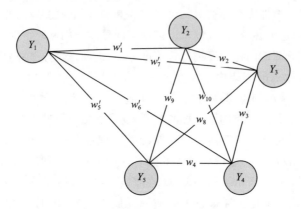

图 5.13 导航源异常时性能架构的变化(见彩图)

所以,通过设计某种规则,将当前测量值计算得到的融合特征值与先验融合特征表中的值进行比较,并设定适当的评价阈值,就可判断当前融合中是否有导航源发生性能异常变化。

(3)异常源的识别和异常程度计算。通过异常连接权重的连接相关性判断,确定发生异常的导航源,并由连接权重的偏离程度,推导异常源的偏离程度,作为最终的导航源评估结果。

2)导航源协同故障检测示例

下面给出一些常用的导航源协同故障检测示例,便于读者对该方法的理解和推演。

(1)惯性定位与 GNSS 互评估。惯性定位技术的特点是相对位置平稳可靠,但是随时间发散,GNSS 的特点是各定位历元相互独立,当卫星受遮挡时,定位结果会发生跳变,因此可以利用惯性定位系统提供的相对变化量对 GNSS 定位结果进行评估。航位推算技术利用里程、航向等信息进行位置的递推,短时的精度和连续性好,但由于单次测量的不准确性,也会随距离形成误差累积。因此,利用航位推算的短时稳定性,可以检测厘米级差分 GNSS 微小异常。

(2)GNSS 与磁航向的互评估。地磁传感器能够测量磁航向,但是磁航向本身有常偏,且容易受环境中的铁质结构干扰,可以利用 GNSS 位置反推得到参考航向,评估地磁航向的异常。

(3)PDR 与 WLAN 指纹定位互评估。PDR 通过对步行者行走的步数、步长、方向进行测量和统计,推算出步行者位置,它的特点是相对位置平稳可靠,但是随时间发散。WLAN 指纹定位的特点与 GNSS 类似,各定位历元间相互独立,误差具有随机性,不随使用时间累积。因此,可以利用 PDR 提供的航迹关系,对 WLAN 定位结果进行平滑和约束,实现异常定位点的识别与剔除。

相反,也可以利用 WLAN 指纹定位误差无系统性发散的特点,使用 WLAN 指纹定位一段数据的统计结果,来进行 PDR 的航迹校准、步长训练,使得 PDR 获得更加长时、可靠的定位输出。

参考文献

[1] Allan D W. Statistics of atomic frequency standards[J]. Proceedings of the IEEE,1966,54(2):221-230.

[2] EL-SHEIMY N,HOU H,NIU X. Analysis and modeling of inertial sensors using Allan variance [J]. IEEE Transactions on instrumentation & measurement,2008,57(1):140-149.

[3] 严恭敏. 惯性仪器测试与数据分析[M]. 北京:国防工业出版社,2012.

[4] HAN S,WANG J. Quantization and colored noises error modeling for inertial sensors for GPS/INS integration[J]. Sensors Journal IEEE,2011,11(6):1493-1503.

[5] CREEL T,DORSEY A J,MENDICKI P J,et al. New,improved GPS:the legacy accuracy improvement initiative[J]. GPS World,2006,17:20 - 31.

[6] ACHARYA R. Understanding satellite navigation[M]. Amsterdam:Elsevier,2014.

[7] CONLEY R. Performance of stand-alone GPS[J]. Understanding GPS:Principle and Applications,2006:301-378.

[8] ENGE P K. The global positioning system:signals,measurements,and performance[J]. International Journal of Wireless Information Networks,1994,1(2):83-105.

[9] 纪新春,王新龙,李亚峰. SINS 辅助 GPS 跟踪环误差分析与最优带宽设计[J]. 北京航空航天大学学报,2013(7):932-936.

[10] 徐绍铨. GPS 测量原理及应用[M]. 武汉:武汉大学出版社,2008.

[11] GROVES P. GNSS 与惯性及多传感器组合导航系统原理[M]. 李涛,练军想,等译. 北京:国防工业出版社,2015.

[12] 柴艳菊,欧吉坤,袁运斌,等. 附加方位约束的 GPS/INS 组合系统选权自适应卡尔曼滤波[J]. 测绘学报,2011,04:421-428.

[13] 徐胜红,吴进华,胡志强,等. 组合导航系统故障检测的小波变换方法研究[J]. 宇航学报,2003,24(1):111-114.

[14] 雷艳敏,朱齐丹等. 基于状态 χ^2 检测的神经网络故障检测算法研究[J]. 弹箭与制导学报,2007,27(3):36-39.

[15] 邹学峰,卢新艳. 基于 Allan 方差的 MEMS 陀螺仪性能评价方法[J]. 微纳电子技术,2010(8):490-493.

[16] 袁兴中. 多传感器融合定位技术研究与实现[D]. 成都:电子科技大学,2014.

[17] CARLSON N A. Federated filter for fault-tolerant integrated navigation systems[C]// Position Lo-

cation and Navigation Symposium,Orlando,Florida,USA,Nov. 29-Dec. 2,1988:110-119.

[18] 姬存慧. 基于交互多模型的机动目标跟踪算法研究及硬件实现[D]. 南京:南京理工大学,2012.

[19] 赵思浩,陆明泉,冯振明. MEMS 惯性器件误差系数的 Allan 方差分析方法[J]. 中国科学:物理学 力学 天文学,2010,40(5),672-675.

[20] BOARD I. IEEE standard specification format guide and test procedure for single-axis interferometric fiber optic gyros[J]. IEEE Std,1998:952-1997.

[21] 何昆鹏. MEMS 惯性器件参数辨识及系统误差补偿技术[D]. 哈尔滨:哈尔滨工程大学,2009.

[22] HOU H,EL-SHEIMY N. Inertial sensors errors modeling using Allan variance. [C]// Proceedings of ION GPS/GNSS 2003. Portland:The US Institute of Navigation,ION,2003. 2860-2867.

[23] 黄桂平. 数字近景摄影测量关键技术研究与应用[D]. 天津:天津大学,2005.

[24] 程效军. 数字近景摄影测量在工程中的应用研究[D]. 上海:同济大学,2002.

[25] BROWN D C. Close-range camera calibration[J]. Photogrammetric Engineering and Remote Sensing,1971,37(8):855-866.

[26] LICHTI DD,CHAPMAN M A. Constrained FEM self-calibration[J]. Photogrammetric Engineering& Remote Sensing,1997,63(9):1111-1119.

[27] KAVZOGLU T,KARSLI F. Calibration of a digital single lens reflex(SLR)camera using artificial neural networks[J]. IAPRS,2008,36(B5):27-32.

[28] 钱华明. 故障诊断与容错技术及其在组合导航系统中的应用研究[D]. 哈尔滨:哈尔滨工程大学,2004.

[29] 颜文娴,刘党辉. 组合导航系统容错技术研究进展[J]. 全球定位系统,2015,40(4):56-60.

[30] 罗锦,孟晨. 故障诊断技术的发展与展望[J]. 自动化与仪器仪表,2003,(2):55-57.

[31] 刘国梁,张迎春,强文义,等. 组合导航系统故障检测方法的比较研究[J]. 控制工程,2006,13(2):117-119.

[32] 陈勤. 智能容错组合导航系统的设计与研究[D]. 哈尔滨:哈尔滨工程大学,2004.

[33] 汤红诚,李著信. 小波变换在故障诊断中应用[J]. 仪器仪表学报. 2003,24(4):407-409.

[34] 夏琳琳. 故障检测与诊断技术在组合导航系统中的应用研究[D]. 哈尔滨:哈尔滨工程大学,2006.

[35] 杨镜. 分布式多源融合自主导航系统信息传递与故障检测研究[D]. 南京:南京航空航天大学,2014.

[36] 赵灵峰. 基于神经网络的组合导航信息融合及故障检测技术[D]. 西安:西北工业大学,2007.

第6章 基于多传感器的场景感知技术

场景,通常包括某一事件发生的地点、时间、天气以及相关的人和物等诸多因素。对于导航系统而言,场景一般指定位目标运行的位置、时间、天气、路况等周边环境信息以及定位目标载体自身的类型、运动特征、自身行为特征等信息。场景信息既能作为一种虚拟的导航源参与融合定位,也可辅助融合系统进行传感器、滤波方法的选择,是多源融合导航系统实现即插即用的基础,也是多源融合导航技术的研究热点之一。本章将对多源融合导航中所关注的场景进行定义,着重对基于多传感器的场景感知方法进行介绍,并对场景信息如何辅助融合定位的方法进行探讨。

◢ 6.1 导航场景的分类

正如第1章中所提及的,多源融合导航的应用场景常以卫星导航的能力覆盖性为视角,主要分为民用室内外无缝导航、军用电磁干扰环境导航、水下地下(坑道)导航三类。但在实际应用中,如果根据行业和用户需求进一步细分,会得到更多的应用场景,且不同的场景之间存在关联性。因此,为了做到场景的准确决策识别,需对不同的场景进行细致的分类。

对于导航场景的分类,目前在研究与应用领域中并没有明确的分类准则,本书根据实践经验与需求,将场景信息区分为环境场景和行为场景,其中,环境场景主要关注信号可用性以及能够用于确定位置的特征,而行为场景关注的是用户的运动与载体平台[1]。

在现实生活中,人们会遇到各式各样的环境,如地表及低轨开放空间、室内、城市、高轨空间、深空、水下、地下等,同时,又可根据行人、车载、飞机、船等不同目标定义多种不同的行为信息。如图6.1所示,本书中将场景按不同的级别进行划分,第一级别分为环境和行为两大种类,第二级别是对第一级别的细化分类,如环境可分为室内、室外、水上、水下、高空、低轨空间等,行为可分为行人、车载、船、航空器、航天器等。第三个级别为进一步细分,如室外可分为开阔地带、城市峡谷地带、森林区域等,行人可分为行走、静止等。为了更加精细地区分各类场景,还可以进行第四级别、第五级别的划分。表6.1列出了环境分类和行为分类的一些示例,其中环境分类只给出了室内和室外两个二级分类,以室外为例,给出了第五级别的分类,而行为则给出了更多的分类。

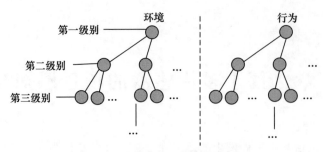

图 6.1　场景分类示意图(见彩图)

表 6.1　场景分类示例

第一级别	第二级别	第三级别	第四级别	第五级别
环境场景	室外	野外	开阔区域	—
			森林	山谷
				丛林
			峡谷	—
		城市环境	—	—
	室内	地下	—	—
		不同楼层	—	—
		隧道内	—	—
行为场景	车载	行驶	匀速运动	—
			加速运动	倒车
				前行
			减速运动	—
		静止	—	—
	船或舰艇	行驶	—	—
		停泊	—	—
	潜水器	下潜	—	—
		上升	—	—
		行驶	—	—
		静止	—	—
	航天器	升空	—	—
		着陆	—	—
		平飞	—	—
		静止	—	—
	行人	行走	—	—
		静止	—	—

环境场景和行为场景是对场景的两个不同方面进行分类,两者存在相互交叉的区域,理论上是可以任意组合的,如室内有行人模式,室外也有行人模式,室外有车载模式,车库等室内也可以有车载模式等。所以,经过组合之后的场景才是真正的场景类别。如图 6.2 所示,环境以第二级别的室内与室外为例,行为以行人与飞机为例,根据场景分类多样性,实际分类可有三种场景类型,即室内行人、室外行人、室外飞机。

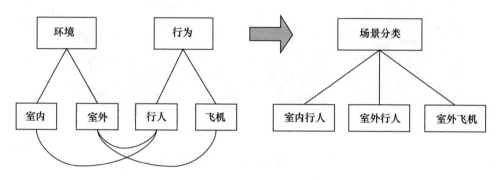

图 6.2　场景分类示例

如上所述,环境类型和行为类型的不同组合可能产生数以百计的不同类别,这导致了实际场景感知中需要考虑的场景类别过多,因此,需要使用关联、范围和连通信息,使需考虑的场景类别数量大大减少,也使得场景决策识别更可靠。关联是场景的不同属性之间的联系:某些活动与特定的平台类型相关联,某些行为与特定的环境相关联,如飞机飞行,而火车不能,飞行发生在空中,而不是海底;对于特定的应用,应用范围确定了每个场景类别是必需、不支持还是禁止,禁止的场景类别可以从场景识别流程中排除,而必需的类别比不支持的类别得到优先处理;连通性描述情景类别之间的关系,如果两个类别之间能发生直接转换,那么它们是连通的,否则不是[2]。

最后,需要说明的是,以上展示出的所有分类只是一个示例,而并非唯一的分类标准,在实际导航系统中,可以根据其应用环境、敏感度等,对场景按照其他准则进行分类。

6.2　场景感知技术

如图 6.3 所示,在导航系统中,场景感知通常是利用多种传感器的测量数据,通过场景建模与识别得到的,其中建模一般离线完成,处理过程包括传感器数据的特征提取、分类与建模过程;在在线使用中同样通过传感器数据的特征提取与分类,结合事先建立好的模型进行场景的识别决策。本节将对场景感知技术中的关键技术——传感器特征提取及决策识别方法逐一阐述。

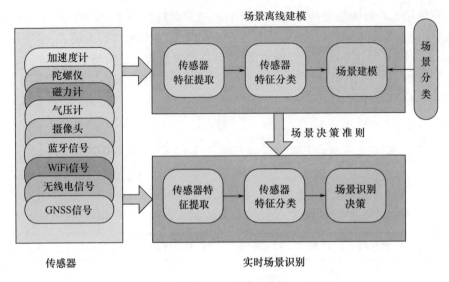

图 6.3　场景识别感知系统示意图(见彩图)

6.2.1　传感器特征提取

传感器是进行场景感知的基础,一般的多源融合导航系统中都集成了多种传感器,能够采集包括声、光、无线电、磁场、气味和气压等在内的各种信息,这为提高场景感知与识别提供了良好的基础。

对于环境场景的检测,通常可使用 GNSS 信号、无线局域网信号、无线电信号、摄像机、激光扫描仪、雷达或声呐等;对于行为场景的检测,一般使用惯性传感器,除此之外,也可以使用其他运动传感技术,例如视觉测程法和车轮速度测程法。

如图 6.4 所示,不同传感器输出的数据类型、内容和数据特征均不同,其所包含的信息及信息量也不同。我们可以将不同传感器输出的数据进行特征提取,选择出可以有效反映场景特征的信息,进而用于场景的决策识别。

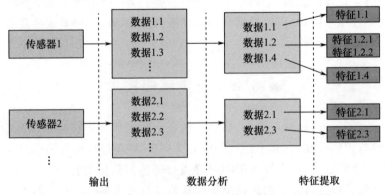

图 6.4　特征提取示意图(见彩图)

同一种传感器输出的数据一般不止一种,如卫星导航系统,可输出位置、速度、位置置信度,同时也可以输出信噪比、卫星数量、卫星号、信号功率值、伪距、载波相位等。这些数据有些可以用于场景决策识别,有些与场景无关,且不同数据所反映的场景信息不尽相同,因此在特征提取前需要对各类数据进行分析。

以卫星导航为例,通过可视卫星的数量可以粗略判断用户处于室内或室外,信号功率和信噪比可以对环境进行更精细区分,如室内深处、室内靠近门口处、室内门道处、室外建筑物入口处、室外城市峡谷处、室外开阔处等。又如,IMU 输出的加速度、角速度等数据可以反映行为特点,判断出载体是行人还是车辆。通过如上所述的数据分析,可以选出不同传感器输出数据中有价值的数据。

经分析后选择出来的传感器数据便可用于特征提取。对于相同的数据采用不同的特征提取方法,可以得到不同的场景信息。例如,对于图像数据来讲:对图像本身进行处理可以得到当前环境场景信息;将其与已有地图信息或图像信息进行匹配,可计算得到用户当前所处位置;利用前后两帧图像的比对,可以得到速度信息,从而为行为场景模式提供依据。又如,对于气压计输出的气压数据,可根据其计算出高程或高程的变化,其中:高程可以反映环境特点,判断用户处于地面还是高空;利用高程的变化速度、变化频率可判断出行为场景是行人还是车辆,若是行人还可以判断其是否在乘坐电梯还是在上下坡等。表 6.2 总结了常用传感器及其对应的可提取特征。

表 6.2　常用传感器及其对应的可提取特征列表

传感器	数据内容	数据特征		
加速度计	三轴加速度	合加速度	输出幅值	数据周期
陀螺仪	三轴角速度	数据周期	数据幅值变化	—
磁力计	三轴磁场强度	合场强	复制变化	计算磁航向
气压计	气压值	数据幅值	气压变化量	—
蓝牙信号	蓝牙 Mac 地址	—	—	—
	蓝牙节点数量	—	—	—
GPS 信号	GPS 卫星数量	—	—	—
	GPS 定位输出	位置变化量	—	—
	GPS 速度输出	速度变化量	速度幅值	—
光感器	光强	—	—	—

现有的特征可分为小波特征、时频域特征、支持向量机和自回归模型系数等,提取这些特征的方法很多,如频谱分析、数据匹配、均值提取、协方差提取、相关性提取等。表 6.3 给出了部分基于时域和频域的特征提取内容及相应方法。

表 6.3 基于时域和频域的特征提取内容及相应方法[3]

特征		描述
时域	平均值	$\overline{y} = \dfrac{\sum_{i=1}^{N} y_i}{N}$，$y_i$ 为采样点，$i = 1, 2, \cdots, N$
	均方差	$SD = \sqrt{\dfrac{1}{N-1} \sum_{i=1}^{N} (y_i - \overline{y})^2}$，$y_i$ 为采样点，$i = 1, 2, \cdots, N$
	相关系数	$R_{X,Y} = \dfrac{n\left(\sum_{i=1}^{n} x_i y_i\right) - \left(\sum_{i=1}^{n} x_i\right)\left(\sum_{i=1}^{n} y_i\right)}{\sqrt{n\sum_{i=1}^{n} x_i^2 - \left(\sum_{i=1}^{n} x_i\right)^2 \left[n\sum_{i=1}^{n} y_i^2 - \left(\sum_{i=1}^{n} y_i\right)^2\right]}}$，$x_i$ 和 y_i 为采样点，$i = 1, 2, \cdots, N$
	过零率	$ZCR = \dfrac{1}{N-1} \sum_{i=1}^{N-1} \amalg\{s_i s_{i-1} < 0\}$，$s$ 为长度为 N 的信号，$\amalg\{A\}$ 表示若 A 为真时为 1，否则为 0
频域	频带范围功率	$X(k) = \sum_{j=1}^{N} x(j) \omega_N^{(j-1)(k-1)}$，$\omega_N = e^{(-2\pi i)/N}$ 是第 N 个本原单位根（例如，行走的频率为 2~5Hz，这个频带可以区分行走和跑步）
	能量谱	$S_{xx}(\omega) = \lvert \hat{x}(\omega) \rvert^2$，$\omega$ 为角频率，$\hat{x}(\omega)$ 为信号的傅里叶变换
	熵谱	$Entropy = -\sum P(x_i)\log P(x_i)$，$x_i$ 为给定频带的频率成分，$P(x_i)$ 为 x_i 的概率

特征提取的最后步骤，是对提取出的传感器数据特征，按照所需识别的场景种类（环境和行为），进行筛选归类。这里可以采用的归类方法很多，有直观地根据人主观意识的归类，如根据经验可知室外环境场景下可见卫星数，也可以根据大量实验得到的经验进行归类。此外，采用数学算法将大量的数据特征筛选归类也是目前普遍采用的方法之一，如朴素贝叶斯、贝叶斯网络、人工神经网络等分类方法，如表 6.4 所列。

表 6.4 归类方法[3]

归类方法	介绍
朴素贝叶斯（NB）	NB 是简单的概率分类器，它使用了贝叶斯定理和朴素独立假设。该假设简化了训练数据的估计 $P(activity\ class \mid feature)$
贝叶斯网络（BN）	BN 是一种概率图形模型，通过使用训练数据集对相应变量之间的概率依赖性进行编码。BN 学习行为类和特征之间的关系，以预测新样本的类标签
人工神经网络（ANN）	ANN 能够通过一些已知的训练模式进行"学习"。在这项研究中，使用的 ANN 有三层：输入层、隐含层和输出层。使用简单的反向传播算法作为学习过程

表 6.5 以基于智能终端的行人室内外场景决策识别为例，总结了智能终端中可用于检测室内外环境和行人运动模式的传感器，以及每种传感器提供的数据内容经筛选归类后确定的与场景识别相关联的特征。根据应用需求，需要考虑的环境场景为室内和室外，行人行为模式场景为行走、跑、上下楼、转弯、跌倒等。

表 6.5 典型场景的数据特征

场景类别	场景分类	传感器	传感器数据特征
环境场景	室内	蓝牙、GPS	蓝牙 Mac 地址、蓝牙信号强度、蓝牙节点数量、GPS 卫星数量、GPS 定位输出
	室外		
行为场景	行走	加速度计	加速度均值、加速度标准差、加速度四分位差、频率、单周期加速度最小值、单周期加速度最大值
	跑		
	上下楼	气压计	气压变化量
	转弯	陀螺仪	单轴角速度
	跌倒	加速度计	三轴加速度

6.2.2 场景建模

场景建模本质上是场景决策准则的建立。在识别不同场景时,若想将其一一映射到相对应的场景下,需要建立一定的规则模型进行标准化规范,即利用大量的数据对分好类的不同场景进行模型化建立,设定判定规则,以使得传感器特征信息很好地反映场景特点,从而为场景识别提供依据。从表 6.5 中可以看出,对于某一特定的场景,并不一定只对应单个传感器数据特征,而是需要多个传感器数据特征进行判断,并且多个传感器数据特征可以一起对应多个场景。

接下来以行人导航应用的行为场景为例对场景建模的基本过程进行介绍。按表 6.5 的分类方法,行人导航应用中的行为场景可分为行走、跑、上下楼、上下电梯、转弯、跌倒等,下面对这些场景的建模方法进行介绍。

1) 走、跑及上下楼梯和电梯场景的建模

行人在行走时,一个完整的步态周期包含从脚跟离地、脚尖离地、脚跟着地、脚面放平到脚跟再次离地的过程。该过程中,行人垂直方向的加速度会有规律地不断变化:在刚起步时,行人会受到脚向上的蹬力,从而垂直方向的加速度会由于重力而变小;当蹬力结束,垂直方向加速度再次回到重力水平;当另一只脚向下踩时,垂直方向上的加速度会由重力变大,直至踩的动作完成,行人脚贴地面,垂直方向的加速度再回归重力水平。以后按此周期往复。

按上述特性对加速度信号进行周期划分后,便得到了多个单周期数据,然后进行特征提取。虽然频域特性优于时域特性,但是常用的频域特征需要大量的计算,很显然,频域特征不适用于小型移动平台上的实时运动分类与识别。

本节选取加速度信号的时域特征进行运动分类,选取的时域特征有加速度均值、加速度标准差、频率、单周期加速度最大值和单周期加速度最小值。

由表 6.3 可知,加速度均值为

$$a_v = \sum_{i=1}^{n} a_i / n \tag{6.1}$$

式中:a_v 为加速度均值;a_i 为第 i 个采样点的加速度值;n 为单周期数据个数。

加速度标准差为

$$\sigma = \sqrt{\frac{n}{n-1} \sum_{i=1}^{n} (a_i - a_v)^2} \qquad (6.2)$$

频率 f 取单周期数据个数的倒数,最大值 a_{max} 和最小值 a_{min} 为单周期内数据的最值。按照以上算法对每个周期的数据进行特征提取,得到特征矢量为

$$\boldsymbol{F} = \begin{bmatrix} a_v & \sigma & a_{max} & a_{min} \end{bmatrix} \qquad (6.3)$$

走、跑、上楼梯、下楼梯四种运动形式的特征分布如图6.5所示。

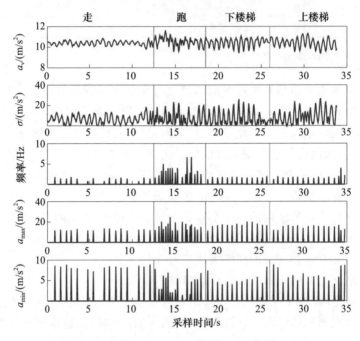

图 6.5　四类运动的加速度均值、标准差、频率、最大值、最小值比较(见彩图)

可以看出,走、跑和上下楼梯的差异较为明显,但上楼梯和下楼梯的差异较小,容易混淆,所以应针对上下楼梯再对特征选取进行调整。为了明显区分上下楼梯的运动,考虑在特征中再引入气压计数据。

气压测高的基本原理已在2.3节中有所描述。采用气压测高的方法,可以得到行人一段时间内的高度差信息,进而判断出行人处于上楼梯行为场景还是下楼梯行为场景。如图6.6所示,实验地点为中国科学院光电研究院主楼8层至9层,实验设备为小米note手机。由图中可以看出,由于智能手机气压传感器精度较低,测得的原始气压数据不平滑,两数据点之间有时高度差相差较大,误差较大,可能会造成误判。因此为减小误差,实际应用中计算一段滑动窗口内气压的平均值,作为当前的气压值,得到较为平滑的高度差结果。

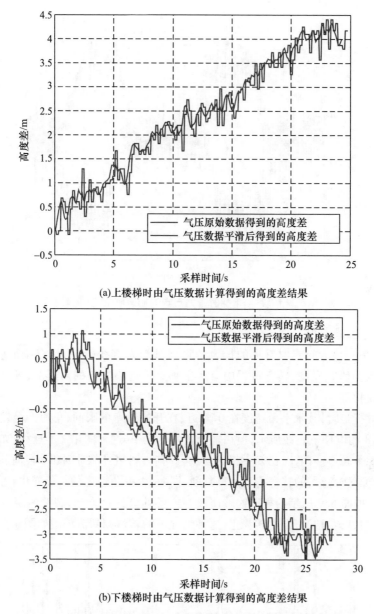

(a)上楼梯时由气压数据计算得到的高度差结果

(b)下楼梯时由气压数据计算得到的高度差结果

图 6.6　上下楼梯时气压原始数据和平滑后得到的高度差结果(见彩图)

　　因此,只要选取合适滑动窗口长度和高度的阈值,就可以辅助判断行人的上下楼梯行为。

　　相对于行人上下楼梯行为,行人乘坐电梯的行为更容易被感知。在电梯启动和停止时会出现超重以及失重的情况。重力方向的加速度数据如图 6.7 所示,通过智能手机中的加速度计可以检测出该行为。

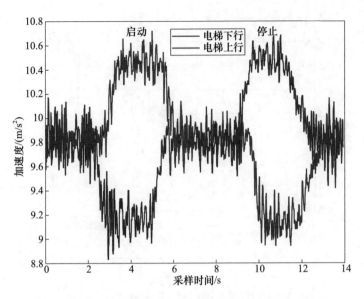

图 6.7 行人乘坐电梯时重力方向的加速度数据（见彩图）

2）转弯场景建模

转弯，是一种人行走时常见的行为。它相对于人直线行进，具有特征明显、感知率高的特点。研究发现，转弯过程中会产生垂直于重心方向的角速度，可以通过手机中的陀螺仪检测。

人正常行走时，其水平角速度在 0° 附近，在开始转弯的瞬间，角速度会发生剧烈变化，如图 6.8 的电梯下行线所示，但在整个转弯过程中，这种变化并不连续，如圈出的第 10、11 和 18 个转弯。因此，已知手机的摆放方向后，利用当前时刻和一段时间窗口内的角速度，就可以对行人的转弯行为加以判断，同时，根据角速度的正负变化，可以区分左转和右转。如图 6.9 所示的智能终端摆放方式及其坐标系方向，转弯时绕 x 轴的角速度 ω_x 变化明显，左转为负，右转为正，这种情况下的转弯判断流程图如图 6.10 所示[4]。

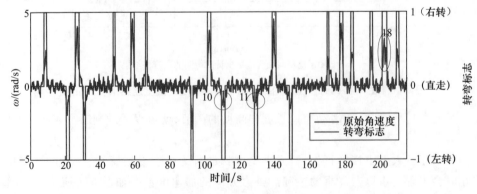

图 6.8 原始角速度及转弯标识（见彩图）

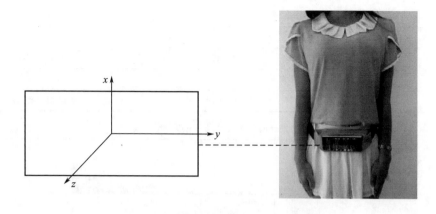

图 6.9　智能终端摆放方式及其坐标系

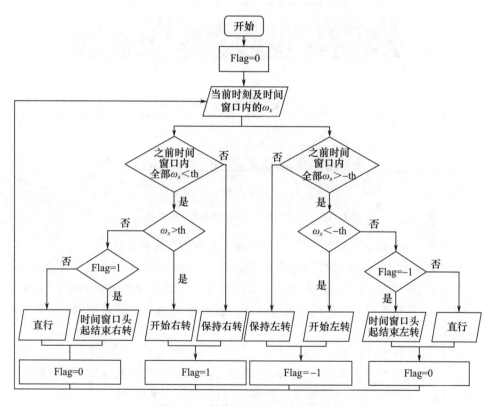

图 6.10　转弯行为感知算法流程图

图 6.10 中：th 为角速度门限，它是一个正数；Flag 为转弯标识，其中，1 表示右转，-1 表示左转。th 的选取取决于智能终端采集到的角速度的统计值，表 6.6 和图 6.11 给出了其中一次实验统计得到的转弯发生时角速度的均值、方差和概率密度函数(PDF)，该实验中，共有 10 名实验者，在正常行进过程中，转过 90°的弯路 840 次。

表 6.6　三种动作的角速度均值及方差统计值(单位:rad/s)

动作	均值	方差
左转	− 1.7425	0.4242
右转	2.2055	0.9155
直行	− 0.0019	0.0021

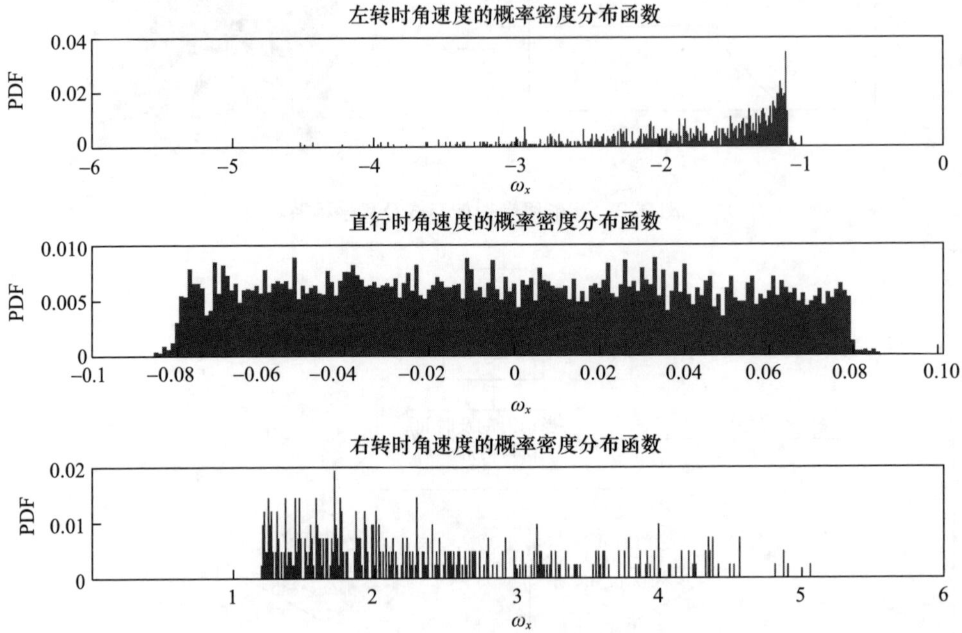

图 6.11　三种动作的 PDF 示意图(见彩图)

结果显示,以 1rad/s 作为门限,可以准确地检测出左转和右转。

为了验证本节提出的转弯行为感知架构,10 名年龄在 23 ~ 25 岁的学生绕着 90°的转弯做了 100 次左转和右转的测试。实验结果显示转弯检测的正确率在 95% 以上,证明这种感知算法可以保证大部分弯路的感知,转弯检测的结果如图 6.8 转弯标志线所示。

3) 跌倒场景建模方法

跌倒,属于行人的异常行为,存在较高的伤亡风险,所以,研究准确率高的跌倒行为感知技术可以降低意外事件的发生概率,在行为感知技术中显得尤为重要[5]。

传统的跌倒行为感知技术,大多使用 MEMS 加速度传感器,采用人体加速度矢量幅值 A 等指标描述人体运动状态,如下式作跌倒判断:

$$A = \sqrt{x_i^2 + y_i^2 + z_i^2} \tag{6.4}$$

一般认为,当跌倒发生时,A 会明显增大,因此,当 A 大于某一阈值时,便预判断为跌倒。通常,选择阈值为 $1.5g$(g 为重力加速度)。然而,在日常生活中,跑步等剧烈运动状态及下蹲或坐下等瞬时的状态变化也会导致 A 大于 $1.5g$，如图 6.12 所示。所以，仅通过 A 大小的微小差异作为跌倒判断的标准，很容易导致误判。同时，由于跌倒的过程千差万别，有时跌倒时的 A 也不一定会大于 $1.5g$，如图 6.13 所示。总而言之，在跌倒姿态的检测上，仅利用加速度计计算 A 的判断方式容易产生误判。

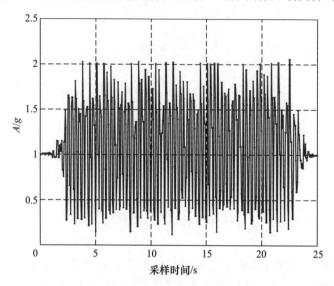

图 6.12　跑步时的加速度矢量幅值(见彩图)

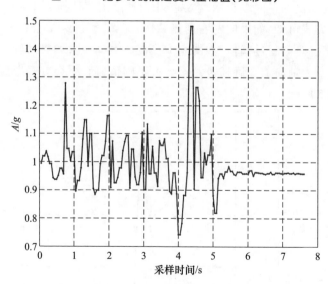

图 6.13　部分跌倒过程加速度矢量幅值不大于 $1.5g$ 的情形

　　为解决上述问题，本书将介绍二级跌倒检测技术，如图 6.14 所示，具体判断过程如下：

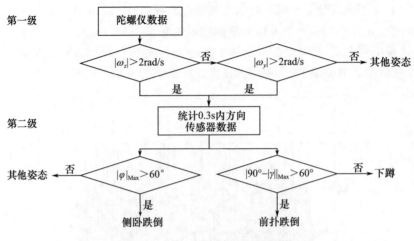

图 6.14　二级跌倒检测技术流程图

图 6.14 中，ω_z 和 ω_y 为围绕 z 轴与 y 轴的角速度，φ 为 y 轴与其在地理坐标系平面 Ox_ey_e 的投影间的夹角，γ 为载体坐标系的 x 轴与其在地理坐标系平面 Ox_ey_e 的投影间的夹角。

第一级判据为陀螺仪提供的三轴瞬时角速度。无论是何种方式的跌倒，人体都会发生明显的倾斜，其过程都会发生角速度的较大改变，因此，将角速度与阈值相比较，作为预判为跌倒的第一级指标，本系统中角速度阈值选择为 2rad/s。由图 6.9 的智能终端摆放方式可知，如果向左右两侧跌倒，那么，智能终端会以 z 为轴向左或右翻转，ω_z 会在某一时刻超过阈值，如图 6.15 所示。相应地，如果跌倒时前扑或后仰，智能终端会以 y 为轴向前或后翻转，ω_y 会大于阈值，而 ω_z 会有轻微波动，但变化不明显，如图 6.16 所示。

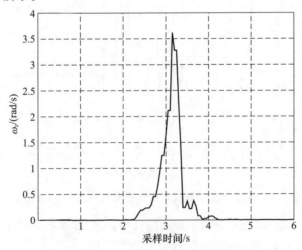

图 6.15　侧卧跌倒时 z 轴的角速度瞬时值

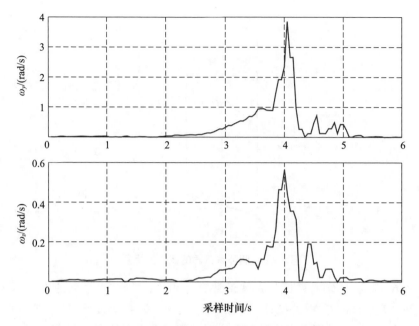

图 6.16　前扑跌倒时 y 轴和 z 轴的角速度瞬时值

第一级判断之后,便可以排除走、跑等日常的其他姿态,优于由加速度矢量幅值作为指标的传统检测方式。

第二级判据为智能终端提供的三个姿态角,用于消除由第一级带来的误判,并且为之添加更多的姿态信息。跌倒是一个短暂的过程,跌倒后智能终端的摆放位置,即由磁力计和加速度计得到的方向角,可以表征人体的姿态。本系统选取角速度超过阈值时刻起的 0.3s 内俯仰角绝对值的最大值和将滚动角 γ 转换到 ±90° 范围之后的最大值作为参考指标,用以确定人体跌倒后的姿态。前扑和侧卧跌倒后的载体坐标系分别如图 6.17 和图 6.18 所示。

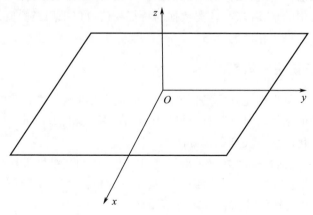

图 6.17　前扑跌倒后的载体坐标系

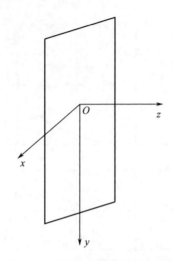

图 6.18　侧卧跌倒后的载体坐标系

由图 6.17 可知,前扑跌倒与人体正常直立相比, x 轴与水平面的夹角即 γ 的绝对值从 90°变为 180°左右,经统计,其绝对值会小于 30°或者大于 150°,即 $|90° - |\gamma||$ 的最大值大于 60°。由图 6.18 可知,人体侧卧和正常直立相比, y 轴与水平面的夹角即 φ 的绝对值从 0°变为 90°左右,因此,一旦跌倒后, φ 的绝对值大于 60°,就认为人体跌倒并处于侧卧状态。

由于下蹲或坐下这些与跌倒相类似的状态发生后,人体上身仍基本属于直立,其方向角的变化特征与跌倒不同。所以,通过第二级方向角的检测,便会在排除与跌倒类似的其他姿态的同时,提供更多的跌倒信息。

以上场景的建模,有些使用了单个传感器进行判别,有些则使用了多个传感器进行联合判断,在实际应用中,由于各个传感器的自身精度、抗外界干扰能力都不尽相同,各个传感器的数据特征对同一场景的映射度是不同的,因此,需要对每种数据特征设定一定的权值,以作为场景决策的依据。于是,传感器数据特征所占权值选取也就成为场景建模中的重要步骤,各类数据的特征权值可以采用经验值,也可以利用大量的数据通过实验得出相应的权值。

6.2.3　场景决策识别

场景决策识别是根据建好的场景模型和设定好的判定规则,当实时的数据特征满足某场景类别的条件时对其分类,判断出当前场景类型,如图 6.19 所示。下面介绍一种基于归一化的场景决策识别方法。

首先,将每种数据特征经过归一化处理,以便于在同一维度上对数据进行分析,表 6.7 给出了数据特征归一化的示例,表中,Thre 为根据离线场景建模时得到的门限值,V 为提取出的特征值经过统一归一化后的结果。

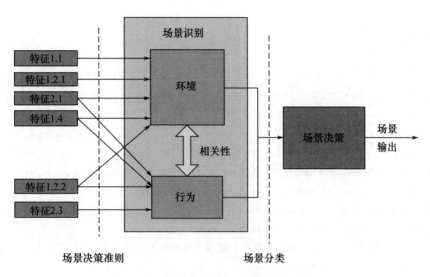

图 6.19　场景决策识别示意图(见彩图)

表 6.7　数据特征归一化示例[6]

ID	传感器	归一化
1	加速度计	若 $\|a_k - a_e\| > \mathrm{Thre}_a$,则 $V_1 = 1$,否则 $V_1 = 0$。 a_k 为合加速度,a_e 为静止时合加速度的均值
2	陀螺仪	若 $\|\omega_z\| > \mathrm{Thre}_g$,则 $V_2 = 1$,否则 $V_2 = 0$。ω_z 是 z 轴角速度
3	磁力计	若 $\|\theta_k^m - \theta_{k-1}^m\| > \mathrm{Thre}_\theta$,则 $V_3 = 1$,否则 $V_3 = 0$
4	气压计	若 $\left\|\dfrac{\mathrm{bro}_k}{\mathrm{bro}_{k-1}} - 1\right\| < \mathrm{Thre}_b$,则 $V_4 = 0$,否则 $V_4 = 1$。bro_k 为气压输出
5	蓝牙	若有 MAC 地址输出,则 $V_5 = 1$,否则 $V_5 = 0$
6		若有定位结果输出,则 $V_6 = 1$,否则 $V_6 = 0$
7	GPS	若 $N_{\mathrm{satellite}} > \mathrm{Thre}_{ns}$,则 $V_7 = 1$,否则 $V_7 = 0$。$N_{\mathrm{satellite}}$ 表示卫星数量
8		若有定位结果输出,则 $V_8 = 1$,否则 $V_8 = 0$

场景决策识别具体算法如下[6]:

(1)设定权值矩阵 W,它是场景决策准则的量化,W 为 $n \times m$ 维的矩阵,其中 m 为所有数据特征的维数,n 为场景类别数,W 的值在离线建模过程得到。

(2)数据特征对应的矢量为 V,为 $m \times 1$ 维的矢量,表示特征值归一化后的值,代表着传感器数据特征对每种场景的贡献大小。

(3)根据当前的权值矩阵 W,计算当前的决策矩阵 F 为

$$F^k = (1 - \alpha)F^{k-1} + \alpha W \cdot V^k \tag{6.5}$$

式中:决策矩阵 F 为 $n \times 1$ 维的矢量;k 为当前时刻;α 为遗忘因子。

(4)从 F 矩阵中选出至最大一项,即为当前场景。

参考文献

[1] GROVES P D,WANG L,WALTER D,et al. Toward a unified PNT,part 1:complexity and context: challenges of multisensor positioning[J]. GPS World,2014,25(10):18-49.

[2] GROVES P D. The complexity problem in future multisensor navigation and positioning systems:a modular solution[J]. Journal of Navigation,2014,67(2):311-326.

[3] SAEEDI S,MOUSSA A,EL-SHEIMY N. Context-aware personal navigation using embedded sensor fusion in smartphones[J]. IEEE Sensors Journal,2014:5742-5767.

[4] LU Y,WEI D,LAI Q,et al. A context-recognition-aided PDR localization method based on the hidden markov model[J]. Sensors,2016,16(12):2030.

[5] 王荣,章韵,陈建新. 基于三轴加速度传感器的人头跌倒检测系统设计与实现[J]. 计算机应用,2012,32(5):1450-1452.

[6] LI X H,WEI D Y,LAI Q F,et al. Smartphone-based integrated PDR/GPS/bluetooth pedestrian location[J]. Advances in Space Research,2017,59(3):877-887.

第7章　多源融合导航信息处理方法

多源融合导航信息处理方法是多源融合导航技术的核心,目前大多数实际系统中常用到的是基于滤波的信息融合方法,同时,也逐渐发展出了基于不确定推理的数据融合方法和其他新兴的数据融合方法。基于滤波的数据融合方法需要对观测量和系统状态之间的关系建立明确的数学模型,从而实现对系统状态的估计;基于不确定推理的数据融合方法则主要是将专家知识引入多源融合导航系统,利用经验指导融合处理;在此基础上,随着大数据技术的发展,又涌现出了利用机器学习、人工智能等技术训练观测量与系统状态之间模型的方法。

本章将对这些方法的基本原理进行介绍,分析不同方法的适应场景,进而为融合系统设计相关算法选择提供依据和参考。

7.1　基于滤波的多源信息融合方法

在基于滤波的信息融合方法中,对各类导航源建立观测信息与系统状态之间的数学模型是状态估计的前提,将这种数学模型抽象出来就是:系统状态用向量 $\boldsymbol{X}$ 表示,不同导航源对应的观测量用 $\boldsymbol{Z}$ 表示,观测方程表达为

$$\boldsymbol{Z} = h(\boldsymbol{X}) + \boldsymbol{V}' \tag{7.1}$$

式中:h 为观测量与状态量的函数关系;$\boldsymbol{V}'$ 为随机量测噪声。系统状态可以由测量估计得到,估计结果为矢量 $\hat{\boldsymbol{X}}$。

如果对观测方程进行线性化处理,可以得到

$$\boldsymbol{Z} = \boldsymbol{H}\boldsymbol{X} + \boldsymbol{V} \tag{7.2}$$

式中:$\boldsymbol{H}$ 为观测矩阵;$\boldsymbol{V}$ 包含随机观测噪声和线性化带来的误差项。

举例来讲,对于卫星导航系统,假设利用 4 颗卫星的伪距来估计当前载体位置,观测方程可以表达为式(2.2)。其中:ρ 为卫星到导航载体的伪距,包含了各种误差项,属于观测信息 $\boldsymbol{Z}$;(x,y,z) 为大地坐标系下的位置;t_u 为载体接收机的钟差,属于系统状态 $\boldsymbol{X}$;(x_1,y_1,z_1) 为卫星位置,可理解为已知量。

对上述方程进行线性化处理后,得到

$$\boldsymbol{H}\begin{bmatrix} \Delta x \\ \Delta y \\ \Delta z \\ \Delta \delta t_u \end{bmatrix} = \boldsymbol{b} \tag{7.3}$$

式中

$$
H = \begin{bmatrix} \dfrac{-(x_1-x^0)}{r} & \dfrac{-(y_1-y^0)}{r} & \dfrac{-(z_1-z^0)}{r} & 1 \\[2mm] \dfrac{-(x_2-x^0)}{r} & \dfrac{-(y_2-y^0)}{r} & \dfrac{-(z_2-z^0)}{r} & 1 \\[2mm] \dfrac{-(x_3-x^0)}{r} & \dfrac{-(y_3-y^0)}{r} & \dfrac{-(z_3-z^0)}{r} & 1 \\[2mm] \dfrac{-(x_4-x^0)}{r} & \dfrac{-(y_4-y^0)}{r} & \dfrac{-(z_4-z^0)}{r} & 1 \end{bmatrix}, \quad b = \begin{bmatrix} \rho_1 - r_1 - \delta t_u^0 \\[1mm] \rho_2 - r_2 - \delta t_u^0 \\[1mm] \rho_3 - r_3 - \delta t_u^0 \\[1mm] \rho_4 - r_4 - \delta t_u^0 \end{bmatrix}
$$

$$
r_n = \sqrt{(x_n - x^0)^2 + (y_n - y^0)^2 + (z_n - z^0)^2}
$$

式(7.3)是式(2.2)在 $(x^0, y^0, z^0, \delta t_u^0)$ 的线性化变换。线性化处理后,系统状态 X 变换形式为位置误差量和钟差误差,b 对应观测矢量 Z。

结合一定的优化准则,卫星导航系统可以利用其观测量独立估计系统状态,也可以与其他源(如气压测高源)的观测方程联合估计系统状态,即

$$
\begin{cases} Z_{\text{GNSS}} = h_{\text{GNSS}}(X) + V_{\text{GNSS}} \\ Z_{\text{BARO}} = h_{\text{BARO}}(X) + V_{\text{BARO}} \\ \vdots \end{cases} \tag{7.4}
$$

式中:Z_{GNSS} 和 V_{GNSS} 为 GNSS 的观测矢量、观测噪声;h_{GNSS} 表示 GNSS 观测量与状态量的函数关系;Z_{BARO} 和 V_{BARO} 为气压测高源的观测矢量、观测噪声;h_{BARO} 表示气压观测量与状态量的函数关系。

滤波估计常用的优化准则有最小二乘、最小方差、极大似然、极大后验等,本小节将对各估计理论作具体的介绍。另外,到此为止,提到的估计理论主要是基于观测模型实现系统状态估计,如果进一步考虑载体运动情况,由于载体运动往往呈现一定的规律,如车辆在一定时间段内往往是在进行匀速或者匀加速运动,这种运动规律可以抽象为运动模型,与观测模型结合进行系统状态估计,能够有效提升导航系统的性能,后续小节中提到的卡尔曼滤波估计就是考虑了运动模型的一种估计方法,在动态系统中具有良好的表现。同时,为了解决观测模型和运动模型的非线性问题,引入了扩展卡尔曼、无迹卡尔曼以及粒子滤波等,为了解决运动模型不准确的问题,引入了多模型估计,为了解决观测量延迟到达的问题,以及提升导航源快速接入融合系统的能力,引入了图模型估计等。

7.1.1　最小二乘估计

最小二乘估计由德国数学家高斯首先提出,是最经典的估计理论,其表达形式最为简洁,已被广泛应用于科学和工程技术领域,是主流卫星导航定位系统的重要解算方法。其主要思想是:通过最小化误差的平方和寻找数据的最佳函数匹配。假设对

导航状态矢量 X（维度为 n）多次测量，记第 i 类源的观测量 Z_i 为

$$Z_i = H_i X + V_i \tag{7.5}$$

式中：Z_i 为 m_i 维矢量；H_i 和 V_i 为第 i 类源的观测矩阵和随机观测噪声。

不同导航源测量，即

$$\begin{cases} Z_1 = H_1 X + V_1 \\ Z_2 = H_2 X + V_2 \\ \quad\vdots \\ Z_r = H_r X + V_r \end{cases} \tag{7.6}$$

由上述诸式可得描述 r 类源观测方程为

$$Z = HX + V \tag{7.7}$$

式中：Z 和 V 为 $\sum\limits_{i=1}^{r} m_i = m$ 维矢量；H 为 $m \times n$ 矩阵。

最小二乘估计的指标：使各观测量 Z_i 与由估计 $\hat{X}$ 确定的观测量的估计 $\hat{Z}_i = H_i \hat{X}$ 之差的平方和最小，即

$$J(\hat{X}) = (Z - H\hat{X})^{\mathrm{T}}(Z - H\hat{X}) = \min \tag{7.8}$$

而要使上式达到最小，需满足

$$\left.\frac{\partial J}{\partial X}\right|_{X=\hat{x}} = -2H^{\mathrm{T}}(Z - H\hat{X}) = 0 \tag{7.9}$$

若 H 具有最大秩 n，即 $H^{\mathrm{T}}H$ 正定，且 $m = \sum\limits_{i=1}^{r} m_i > n$，则 X 的最小二乘估计为

$$\hat{X} = (H^{\mathrm{T}}H)^{-1}H^{\mathrm{T}}Z \tag{7.10}$$

从上式可看出最小二乘估计是一种线性估计。

最小二乘估计需要保证各观测量在同一时刻获得，估计的状态对应同一位置，所以事先进行时间对准和空间对准。

7.1.2　加权最小二乘估计

经典的最小二乘估计方法等权重地使用了各个观测量。如果对不同观测量的质量有所了解，则可用加权的办法分别对待各观测量，质量高的观测量权重取得大些，质量差的权重取得小些，这就是加权最小二乘估计的思路。加权最小二乘估计 X 的求取准则是

$$J(\hat{X}) = (Z - H\hat{X})^{\mathrm{T}}W(Z - H\hat{X}) = \min \tag{7.11}$$

式中：W 为适当取值的正定加权矩阵，当 $W = I$ 时，上式就是一般最小二乘准则。

要使式（7.11）成立，$\hat{X}$ 应满足

$$\left.\frac{\partial J}{\partial X}\right|_{X=\hat{x}} = -H^{\mathrm{T}}(W + W^{\mathrm{T}})(Z - H\hat{X}) = 0 \tag{7.12}$$

从中解得

$$\hat{X} = [H^T(W + W^T)H]^{-1}H^T(W + W^T)Z \qquad (7.13)$$

一般情况下,加权阵取对称阵,即 $W^T = W$,所以加权最小二乘估计为

$$\hat{X} = (H^TWH)^{-1}H^TWZ \qquad (7.14)$$

估计误差为

$$\tilde{X} = X - \hat{X} = (H^TWH)^{-1}H^TWHX - (H^TWH)^{-1}H^TWZ = \qquad (7.15)$$
$$(H^TWH)^{-1}H^TW(HX - Z) = - (H^TWH)^{-1}H^TWV$$

如果随机观测误差 V 的均值为零,方差阵为 R,则加权最小二乘估计也是无偏估计,估计得均方误差为

$$E[\tilde{X}\tilde{X}^T] = (H^TWH)^{-1}H^TWRWH(H^TWH)^{-1} \qquad (7.16)$$

如果 $W = R^{-1}$,则加权最小二乘估计为

$$\hat{X} = (H^TR^{-1}H)^{-1}H^TR^{-1}Z \qquad (7.17)$$

7.1.3 最小方差估计

最小方差估计是一种无偏估计,由于 V 是随机误差,所以 X 无法从 Z 的函数关系式中直接求取,而必须按统计意义的最优标准求取。最小方差估计是使估计误差方差达到最小的估计 $\hat{X}_{MV}$,为

$$J = E_{X,Z}\{[X - \hat{X}]^T[X - \hat{X}]\}\big|_{\hat{x}=\hat{x}_{MV}} = \min \qquad (7.18)$$

式中: $X - \hat{X}$ 为估计误差;MV 为最小方差估计的缩写。对于 Z 的某一个实现, $\hat{X}$ 为与之对应的某一具体样本,所以上式中求均值是对 X 和 Z 同时进行的。

最小方差估计等于以某具体观测量为条件的条件均值

$$\hat{X}_{MV}(Z) = E[X/Z] \qquad (7.19)$$

原理为

$$J = E_{X,Z}\{[X - \hat{X}_{MV}(Z)]^T[X - \hat{X}_{MV}(Z)]\} = \qquad (7.20)$$
$$\int_{-\infty}^{\infty}\int_{-\infty}^{\infty}[x - \hat{x}_{MV}(Z)]^T[x - \hat{x}_{MV}(Z)]p(x,z)\mathrm{d}x\mathrm{d}z$$

式中: $p(x,z)$ 为 X 和 Z 的联合分布密度,是关于 x 和 z 的标量函数。根据贝叶斯定理,有

$$p(x,z) = p_z(z) \cdot p(x/z) \qquad (7.21)$$

式中: $p_z(z)$ 为 X 的边缘分布; $p(x/z)$ 为 X 关于 Z 的条件分布。所以

$$J = \int_{-\infty}^{\infty}p_z(z)\left\{\int_{-\infty}^{\infty}[x - \hat{x}_{MV}(z)]^T[x - \hat{x}_{MV}(z)]p(x/z)\mathrm{d}x\right\}\mathrm{d}z \qquad (7.22)$$

由于 $\hat{\boldsymbol{x}}_{\text{MV}}$ 的选择对于 J 的影响只体现在上式的内层积分中,又 $p_z(\boldsymbol{z})$ 恒大于零,所以要使 J 达到最小,只需使上式中的内层积分达到最小即可,即

$$g = \int_{-\infty}^{\infty} [\boldsymbol{x} - \hat{\boldsymbol{x}}_{\text{MV}}(\boldsymbol{z})]^{\text{T}} [\boldsymbol{x} - \hat{\boldsymbol{x}}_{\text{MV}}(\boldsymbol{z})] p(\boldsymbol{x}/\boldsymbol{z}) d\boldsymbol{x} = \min \qquad (7.23)$$

对 g 做恒等变形,并注意到:条件均值 $\boldsymbol{E}(\boldsymbol{x}/\boldsymbol{z})$ 和 $\hat{\boldsymbol{X}}_{\text{MV}}(\boldsymbol{z})$ 都是确定量,对于 $\boldsymbol{x}$ 的积分中 $\boldsymbol{E}(\boldsymbol{x}/\boldsymbol{z})$,$\hat{\boldsymbol{X}}_{\text{MV}}(\boldsymbol{z})$ 与 $\boldsymbol{x}$ 无关,因此

$$g = \int_{-\infty}^{\infty} [\boldsymbol{x} - \boldsymbol{E}(\boldsymbol{x}/\boldsymbol{z}) + \boldsymbol{E}(\boldsymbol{x}/\boldsymbol{z}) - \hat{\boldsymbol{X}}_{\text{MV}}(\boldsymbol{z})]^{\text{T}} \cdot [\boldsymbol{x} - \boldsymbol{E}(\boldsymbol{x}/\boldsymbol{z}) + \boldsymbol{E}(\boldsymbol{x}/\boldsymbol{z}) - \hat{\boldsymbol{X}}_{\text{MV}}] p(\boldsymbol{x}/\boldsymbol{z}) d\boldsymbol{x} =$$

$$\int_{-\infty}^{\infty} [\boldsymbol{x} - \boldsymbol{E}(\boldsymbol{x}/\boldsymbol{z})]^{\text{T}} [\boldsymbol{x} - \boldsymbol{E}(\boldsymbol{x}/\boldsymbol{z})] p(\boldsymbol{x}/\boldsymbol{z}) d\boldsymbol{x} + [\boldsymbol{E}(\boldsymbol{x}/\boldsymbol{z}) - \hat{\boldsymbol{X}}_{\text{MV}}(\boldsymbol{z})]^{\text{T}} [\boldsymbol{E}(\boldsymbol{x}/\boldsymbol{z}) -$$

$$\hat{\boldsymbol{X}}_{\text{MV}}(\boldsymbol{z})] \int_{-\infty}^{\infty} p(\boldsymbol{x}/\boldsymbol{z}) d\boldsymbol{x} + \int_{-\infty}^{\infty} [\boldsymbol{x} - \boldsymbol{E}(\boldsymbol{x}/\boldsymbol{z})]^{\text{T}} p(\boldsymbol{x}/\boldsymbol{z}) d\boldsymbol{x} [\boldsymbol{E}(\boldsymbol{x}/\boldsymbol{z}) - \hat{\boldsymbol{X}}_{\text{MV}}(\boldsymbol{z})] +$$

$$[\boldsymbol{E}(\boldsymbol{x}/\boldsymbol{z}) - \hat{\boldsymbol{X}}_{\text{MV}}(\boldsymbol{z})]^{\text{T}} \int_{-\infty}^{\infty} [\boldsymbol{x} - \boldsymbol{E}(\boldsymbol{x}/\boldsymbol{z})] p(\boldsymbol{x}/\boldsymbol{z}) d\boldsymbol{x} \qquad (7.24)$$

由于

$$\int_{-\infty}^{\infty} p(\boldsymbol{x}/\boldsymbol{z}) d\boldsymbol{x} = 1 \qquad (7.25)$$

$$\int_{-\infty}^{\infty} [\boldsymbol{x} - \boldsymbol{E}(\boldsymbol{x}/\boldsymbol{z})] p(\boldsymbol{x}/\boldsymbol{z}) d\boldsymbol{x} = 0 \qquad (7.26)$$

所以

$$g = \int_{-\infty}^{\infty} [\boldsymbol{x} - \boldsymbol{E}(\boldsymbol{x}/\boldsymbol{z})]^{\text{T}} [\boldsymbol{x} - \boldsymbol{E}(\boldsymbol{x}/\boldsymbol{z})] p(\boldsymbol{x}/\boldsymbol{z}) d\boldsymbol{x} +$$

$$[\boldsymbol{E}(\boldsymbol{x}/\boldsymbol{z}) - \hat{\boldsymbol{X}}_{\text{MV}}(\boldsymbol{z})]^{\text{T}} [\boldsymbol{E}(\boldsymbol{x}/\boldsymbol{z}) - \hat{\boldsymbol{X}}_{\text{MV}}(\boldsymbol{z})] \qquad (7.27)$$

式中:第一项与 $\hat{\boldsymbol{X}}_{\text{MV}}$ 的选取无关,第二项为矢量的内积,总是大于或等于零,所以要使 g 达到最小,必须使该项内积为零,而要使内积为零,必须使该矢量为零,即

$$\hat{\boldsymbol{X}}_{\text{MV}}(\boldsymbol{z}) = \boldsymbol{E}(\boldsymbol{x}/\boldsymbol{z}) \qquad (7.28)$$

注意到 $\boldsymbol{z}$ 是式(7.22)中的积分分量,积分区间为 $\boldsymbol{Z}$ 的整个样本空间,所以在 $\boldsymbol{Z}$ 的整个样本空间内上式均成立,即

$$\hat{\boldsymbol{X}}_{\text{MV}}(\boldsymbol{Z}) = \boldsymbol{E}(\boldsymbol{x}/\boldsymbol{Z}) \qquad (7.29)$$

7.1.4　极大似然估计

极大似然估计则是使 $\boldsymbol{Z}$ 的条件概率密度 $p(\boldsymbol{z}/\boldsymbol{x})$ 在量测值 $\boldsymbol{Z} = \boldsymbol{z}$ 处达到最大的 $\boldsymbol{x}$ 值。设 $\boldsymbol{X}$ 是被估计量,$\boldsymbol{Z}$ 是 $\boldsymbol{X}$ 的观测量,$p(\boldsymbol{z}/\boldsymbol{x})$ 是 $\boldsymbol{X} = \boldsymbol{x}$ 的条件下,观测量 $\boldsymbol{Z}$ 的条件概率密度,$p(\boldsymbol{z}/\boldsymbol{x})$ 称为 $\boldsymbol{X}$ 的似然函数。如果由获得的观测量 $\boldsymbol{Z} = \boldsymbol{z}$ 解算的估计值 $\hat{\boldsymbol{X}}_{\text{ML}}$ 使

$$p(\boldsymbol{z}/\boldsymbol{x})\big|_{\boldsymbol{x} = \hat{\boldsymbol{x}}_{\text{ML}}} = \max \qquad (7.30)$$

则 $\hat{X}_{ML}$ 称为 X 的极大似然估计。与极大后验估计的定义式一样,式(7.30)可改写为

$$\ln p(z/x)\big|_{x=\hat{x}_{ML}} = \max \tag{7.31}$$

式中: $\hat{X}_{ML}$ 应满足方程

$$\frac{\partial \ln p(z/x)}{\partial x}\bigg|_{x=\hat{x}_{ML}} = 0 \tag{7.32}$$

式(7.32)称为似然方程。

7.1.5 极大后验估计

极大后验估计 $\hat{X}_{MA}$ 是在 $Z=z$ 条件下使被估计量 X 的条件概率密度 $p(x/z)$ 达到最大的 x 值,与极大似然估计相比,极大后验估计使用了先验信息,有助于提高估计的性能。如果估计值 $\hat{X}_{MA}$ 使下述指标满足

$$p(x/z)\big|_{x=\hat{x}_{MA}}(z) = \max \tag{7.33}$$

则 $\hat{X}_{MA}$ 称为 X 的极大后验估计,其中 z 为 Z 的某一实现。

由于 $\ln p(x/z)$ 与 $p(x/z)$ 在相同的 x 处取得极大值,所以式(7.33)又可改写为

$$\ln p(x/z)\big|_{x=\hat{x}_{MA}}(z) = \max \tag{7.34}$$

如果 X 和 Z 都服从正态分布,则 X 的极大后验估计与 X 的最小方差估计相等,即

$$\hat{X}_{MA} = \hat{X}_{MV} \tag{7.35}$$

原理如下:由于 X 和 Z 都服从正态分布, X 的条件概率密度为

$$p(x/z) = \frac{1}{(2\pi)^{\frac{n}{2}}|P|^{\frac{1}{2}}}\exp\left\{-\frac{1}{2}\left[x-\hat{x}_{MV}(z)\right]^T P^{-1}\left[x-\hat{x}_{MV}(z)\right]\right\} \tag{7.36}$$

式中: P 为 x 的方差矩阵; x 的维数为 n ,对式(7.36)两边求对数,得

$$\ln p(x/z) = -\frac{n}{2}\ln(2\pi) - \frac{1}{2}|P| - \frac{1}{2}\left[x-\hat{X}_{MV}(z)\right]^T P^{-1}\left[x-\hat{X}_{MV}(z)\right] \tag{7.37}$$

要使上式达到最大值,必须有

$$\frac{\partial \ln p(x/z)}{\partial x}\bigg|_{x=\hat{X}_{MA(z)}} = -P^{-1}\left[\hat{X}_{MA}(z)-\hat{X}_{MV}(z)\right] = 0 \tag{7.38}$$

所以

$$\hat{X}_{MA}(Z) = \hat{X}_{MV}(Z) \tag{7.39}$$

必须注意,只有当 X 和 Z 都服从正态分布时,式(7.36)才成立。如果 X 和 Z 并不都满足正态分布,则极大后验估计必须根据式(7.34)求取。

7.1.6 期望最大估计

在观测数据部分丢失的情况下,可以选用期望最大(EM)估计方法。设观测数

据集合是 $\boldsymbol{Z}_{\mathrm{obs}}$，而不可观测数据（或缺失数据）是 $\boldsymbol{Z}_{\mathrm{mis}}$，二者构成模型族适配的完全数据集合：

$$\boldsymbol{Z} = \boldsymbol{Z}_{\mathrm{obs}} \cup \boldsymbol{Z}_{\mathrm{mis}} \tag{7.40}$$

EM 算法的基本形式就是通过迭代算法求得 $\boldsymbol{X}$，使得似然函数 $p(\boldsymbol{Z}_{\mathrm{obs}} \mid \boldsymbol{X})$ 为最大，即

$$\hat{\boldsymbol{X}}^* = \arg \max_{\boldsymbol{X}} p(\boldsymbol{Z}_{\mathrm{obs}} \mid \boldsymbol{X}) \tag{7.41}$$

定义对数似然函数为

$$L(\boldsymbol{X}) = \ln p(\boldsymbol{Z}_{\mathrm{obs}} \mid \boldsymbol{X}) = \ln \sum_{\boldsymbol{Z}_{\mathrm{mis}}} p(\boldsymbol{Z}_{\mathrm{obs}}, \boldsymbol{Z}_{\mathrm{mis}} \mid \boldsymbol{X}) \tag{7.42}$$

如果此时能够确定不可观测数据，便能求出 $L(\boldsymbol{X})$ 的极大值，因此可以通过不断修改不确定变量 $\boldsymbol{Z}_{\mathrm{mis}}$ 得到新的 $L(\boldsymbol{X})$ 极大值，通过迭代的方法求出参数 $\boldsymbol{X}$。

假设第 i 次迭代后参数的值为 $\boldsymbol{X}_i$，此时的对数似然函数为 $L(\boldsymbol{X}_i)$，即

$$L(\boldsymbol{X}_i) = \ln \sum_{\boldsymbol{Z}_{\mathrm{mis}}} p(\boldsymbol{Z}_{\mathrm{obs}}, \boldsymbol{Z}_{\mathrm{mis}} \mid \boldsymbol{X}_i) \tag{7.43}$$

上式求解用到了 Jensen 不等式，由于上式中 ln 函数是凹函数，由 Jensen 不等式 $E[f(\boldsymbol{x})] \leqslant f(E[\boldsymbol{x}])$ 得到

$$L(\boldsymbol{X}_i) = \ln \sum_{\boldsymbol{Z}_{\mathrm{mis}}} Q_i(\boldsymbol{Z}_{\mathrm{mis}}) \frac{p(\boldsymbol{Z}_{\mathrm{obs}}, \boldsymbol{Z}_{\mathrm{mis}} \mid \boldsymbol{X}_i)}{Q_i(\boldsymbol{Z}_{\mathrm{mis}})} \geqslant$$
$$\sum_{\boldsymbol{Z}_{\mathrm{mis}}} Q_i(\boldsymbol{Z}_{\mathrm{mis}}) \ln \frac{p(\boldsymbol{Z}_{\mathrm{obs}}, \boldsymbol{Z}_{\mathrm{mis}} \mid \boldsymbol{X}_i)}{Q_i(\boldsymbol{Z}_{\mathrm{mis}})} \tag{7.44}$$

式中：$Q_i(\boldsymbol{Z}_{\mathrm{mis}})$ 为不可观测数据的分布函数。由此，$L(\boldsymbol{X}_i)$ 的值取决于 $Q_i(\boldsymbol{Z}_{\mathrm{mis}})$ 和 $p(\boldsymbol{Z}_{\mathrm{obs}}, \boldsymbol{Z}_{\mathrm{mis}} \mid \boldsymbol{X}_i)$ 的概率。在迭代过程中，通过调整这两个概率，使得下界不断地上升，这样就能求得 $L(\boldsymbol{X}_i)$ 的极大值。由于 Jensen 不等式成立的条件是随机变量是常数，即

$$\frac{p(\boldsymbol{Z}_{\mathrm{obs}}, \boldsymbol{Z}_{\mathrm{mis}} \mid \boldsymbol{X}_i)}{Q_i(\boldsymbol{Z}_{\mathrm{mis}})} = C \tag{7.45}$$

已知

$$\sum_{\boldsymbol{Z}_{\mathrm{mis}}} Q_i(\boldsymbol{Z}_{\mathrm{mis}}) = 1 \tag{7.46}$$

得到

$$\sum_{\boldsymbol{Z}_{\mathrm{mis}}} p(\boldsymbol{Z}_{\mathrm{obs}}, \boldsymbol{Z}_{\mathrm{mis}} \mid \boldsymbol{X}_i) = C \tag{7.47}$$

$$Q_i(\boldsymbol{Z}_{\mathrm{mis}}) = \frac{p(\boldsymbol{Z}_{\mathrm{obs}}, \boldsymbol{Z}_{\mathrm{mis}} \mid \boldsymbol{X}_i)}{\sum\limits_{\boldsymbol{Z}_{\mathrm{mis}}} p(\boldsymbol{Z}_{\mathrm{obs}}, \boldsymbol{Z}_{\mathrm{mis}} \mid \boldsymbol{X}_i)} = \frac{p(\boldsymbol{Z}_{\mathrm{obs}}, \boldsymbol{Z}_{\mathrm{mis}} \mid \boldsymbol{X}_i)}{p(\boldsymbol{Z}_{\mathrm{obs}} \mid \boldsymbol{X}_i)} = p(\boldsymbol{Z}_{\mathrm{mis}} \mid \boldsymbol{Z}_{\mathrm{obs}}, \boldsymbol{X}_i) \tag{7.48}$$

至此，可以得到不可观测数据满足的分布形式。这就是 EM 算法中的 E 步。在确定了 $Q_i(\boldsymbol{Z}_{\mathrm{mis}})$ 后，调整参数 $\boldsymbol{X}$ 使得 $L(\boldsymbol{X})$ 取得极大，这便是 M 步。

总结来说，EM 算法的步骤如下：

（1）初始化 X_0，开始迭代。

（2）E 步：假设 X_i 为第 i 次迭代参数的估计值，则在第 $i+1$ 次迭代中，计算 $Q_i(Z_{mis})$，即 $Q_i(Z_{mis}) = p(Z_{mis} \mid Z_{obs}, X_i)$。

（3）M 步：求使 $L(X_i)$ 极大化的 X，确定第 $i+1$ 次的参数估计值 X_{i+1}。

7.1.7　卡尔曼滤波估计

前面小节提到的估计方法是利用单一时间点的观测量进行系统状态的估计。卡尔曼滤波在滤波过程中引入了物理运动模型，更适用于动态系统。假设观测和运动模型都是线性的，离散卡尔曼模型可以表达为：设 t_k 时刻的被估计状态 X_k 受系统噪声序列 W_{k-1} 驱动，驱动机理由下述状态方程描述：

$$X_k = \boldsymbol{\Phi}_{k,k-1} X_{k-1} + \boldsymbol{\Gamma}_{k-1} W_{k-1} \tag{7.49}$$

式中：$\boldsymbol{\Phi}_{k,k-1}$ 为 t_{k-1} 时刻到 t_k 时刻的一步转移矩阵；$\boldsymbol{\Gamma}_{k-1}$ 为系统噪声驱动阵；W_{k-1} 为系统噪声序列。对 X_k 的观测量为 Z_k，Z_k 与 X_k 满足线性关系，观测方程为

$$Z_k = H_k X_k + V_k \tag{7.50}$$

式中：H_k 为观测矩阵；V_k 为观测噪声。同时 W_k 和 V_k 满足

$$E[W_k] = 0, \quad \mathrm{Cov}[W_k, W_j] = E[W_k W_j^{\mathrm{T}}] = Q_k \delta_{kj} \tag{7.51}$$

$$E[V_k] = 0, \quad \mathrm{Cov}[V_k, V_j] = E[V_k V_j^{\mathrm{T}}] = R_k \delta_{kj} \tag{7.52}$$

$$\mathrm{Cov}[W_k, V_j] = E[W_k V_j^{\mathrm{T}}] = 0 \tag{7.53}$$

式中：Q_k 为系统噪声序列的方差阵；R_k 为噪声序列的方差阵。

如果系统噪声方差阵 Q_k 非负定，观测噪声序列的方差阵 R_k 正定，k 时刻的观测量为 Z_k，则 X_k 的估计 $\hat{X}_k$ 按下述方程求解：

（1）状态一步预测，即

$$X_{k/k-1} = \boldsymbol{\Phi}_{k,k-1} \hat{X}_{k-1} \tag{7.54}$$

（2）状态估计为

$$\hat{X}_k = X_{k/k-1} + K_k (Z_k - H_k X_{k/k-1}) \tag{7.55}$$

（3）滤波增益矩阵计算，即

$$K_k = P_{k/k-1} H_k^{\mathrm{T}} (H_k P_{k/k-1} H_k^{\mathrm{T}} + R_k)^{-1} \tag{7.56}$$

（4）一步预测均方误差为

$$P_{k/k-1} = \boldsymbol{\Phi}_{k,k-1} P_{k-1} \boldsymbol{\Phi}_{k,k-1}^{\mathrm{T}} + \boldsymbol{\Gamma}_{k-1} Q_{k-1} \boldsymbol{\Gamma}_{k-1}^{\mathrm{T}} \tag{7.57}$$

（5）估计均方误差为

$$P_k = (I - K_k H_k) P_{k/k-1} (I - K_k H_k)^{\mathrm{T}} + K_k R_k K_k^{\mathrm{T}} \tag{7.58}$$

上述 5 个式子即离散型卡尔曼滤波基本方程，只要给定初值 X_0 和 P_0，根据 k 时刻的观测量 Z_k，就可以递推计算得 k 时刻的状态估计 $\hat{X}_k$（$k = 1, 2, \cdots$）。由上述方程可以看出卡尔曼滤波有两个计算回路：增益计算回路和滤波计算回路，其中增益计算回路是独立计算回路，而滤波计算回路依赖于增益计算回路。如果是连续方程，那

么首先需要对方程进行离散化,具体离散化方差可以参考 7.1.8 节。

卡尔曼滤波估计中,量测矢量 **Z** 仍然对应于不同源的观测量,物理运动模型可以使用匀速模型、匀加速模型、匀速转弯模型等,也可以通过对惯性导航的观测量进行积分建立更为精确的模型。经典的卡尔曼滤波器采用集中滤波模式,对各源的观测量建立一个统一的观测方程,与状态方程联合滤波。后来,为了降低系统之间的耦合度,提高多源融合导航系统的可靠性,发展出了分布式卡尔曼滤波模式,对每个导航源建立独立的滤波器,进行独立观测更新,最终在主滤波器中对子滤波的估计量进行融合估计。实际中,可以根据系统的复杂度、性能及可靠性需求,选择集中或者分布式滤波器。

7.1.8　扩展卡尔曼滤波估计

在基本卡尔曼滤波的最优状态估计中,系统的数学模型都是线性的,所以它只适用于系统方程和观测方程均为线性的情况。但在工程实践中系统的数学模型往往是非线性的,如飞机和船舶的惯性导航系统、导弹制导、卫星导航以及工业控制系统等,标准卡尔曼滤波不能直接使用。此时,需要使用扩展卡尔曼滤波器(EKF),利用泰勒级数将非线性系统线性化,将原有的非线性模型转换为以误差形式表示的状态方程与观测方程。

对应非线性系统为

$$\dot{\boldsymbol{X}}(t) = f[\boldsymbol{X}(t)] + g[\boldsymbol{W}(t)] \tag{7.59}$$

式中:$f(\boldsymbol{x})$ 为状态矢量 $\boldsymbol{X}(t)$ 的非线性函数,将该式线性化可得

$$\delta\dot{\boldsymbol{X}}(t) = \boldsymbol{F}(t)\delta\boldsymbol{X}(t) + \boldsymbol{G}(t)\boldsymbol{W}(t) \tag{7.60}$$

式中:$\delta\boldsymbol{X}(t)$ 为 $\boldsymbol{X}(t)$ 的误差状态。$\boldsymbol{F}(t)$ 为 $f(\boldsymbol{X})$ 的泰勒级数线性展开。离散化后,可得

$$\delta\boldsymbol{X}_k = \boldsymbol{\phi}_{k,k-1}\delta\boldsymbol{X}_{k-1} + \boldsymbol{\Gamma}_{k-1}\boldsymbol{W}_{k-1} \tag{7.61}$$

式中:$\boldsymbol{\phi}_{k,k-1} \approx \boldsymbol{I} + \boldsymbol{F}_{k-1} \cdot \Delta t$;$\boldsymbol{\Gamma}_{k-1} \approx \boldsymbol{G}_{k-1} \cdot \Delta t$。其中 $\boldsymbol{F}_{k-1} = \dfrac{\partial f}{\partial \boldsymbol{X}}\Big|_{X=\hat{x}_{k-1}}$,$\boldsymbol{G}_{k-1}$ 为 $k-1$ 时刻系统噪声驱动阵。

非线性观测模型为

$$\boldsymbol{Z}(t) = h(\boldsymbol{X}(t)) + \boldsymbol{V}(t) \tag{7.62}$$

式中:$h(\boldsymbol{x})$ 为观测矩阵的非线性函数,将该式线性化可得

$$\delta\boldsymbol{Z}(t) = \boldsymbol{H}(t)\delta\boldsymbol{X}(t) + \boldsymbol{V}(t) \tag{7.63}$$

对其离散化后可得

$$\delta\boldsymbol{Z}_k = \boldsymbol{H}_k\delta\boldsymbol{X}_k + \boldsymbol{V}_k \tag{7.64}$$

式中:$\boldsymbol{H}_k = \dfrac{\partial h}{\partial \boldsymbol{X}}\Big|_{X=\hat{x}_{k-1}}$。

线性化完成后,采用标准卡尔曼滤波即可求解。

7.1.9 无迹卡尔曼滤波(UKF)估计

扩展卡尔曼滤波可解决系统和测量为非线性时的估计,但它是对原系统和观测方程做泰勒级数处理,舍弃二阶以上的高阶项、仅保留线性项,再用标准卡尔曼滤波算法对线性化后的状态方程和观测方程进行处理,所以扩展卡尔曼滤波本质上仍是标准卡尔曼滤波,它只适用于弱非线性对象的估计,被估计对象的非线性越强,引起的估计误差就越大,甚至滤波发散。无迹 UKF 算法是解决非线性较强系统的有效手段。

UKF 的核心是采用无迹变换(UT),确定变量之间的映射关系,相当于保留泰勒级数三阶项所达到的精度,所以适用于非线性较强的对象的估计。

采用离散非线性系统,即

$$\boldsymbol{X}_k = f(\boldsymbol{X}_{k-1}) + \boldsymbol{W}_k$$
$$\boldsymbol{Z}_k = h(\boldsymbol{X}_k) + \boldsymbol{V}_k \tag{7.65}$$

式中:$\boldsymbol{X}_k$ 为状态矢量;$\boldsymbol{W}_k$ 为系统噪声矢量;$\boldsymbol{Z}_k$ 为观测矢量;$\boldsymbol{V}_k$ 为观测噪声矢量。

在 $\hat{\boldsymbol{X}}_{k-1}$ 附近选取一系列采样点,这些采样点均值和协方差分别为 $\hat{\boldsymbol{X}}_{k-1}$ 和 $\boldsymbol{P}_{k-1}$。采样点通过该非线性系统,产生相应的变换采样点。对这些变换采样点进行计算,即可得到预测的均值和协方差。

设状态变量为 n 维,那么 $2n+1$ 个采样点及其权重分别为

$$\begin{cases} \boldsymbol{\xi}_0 = \hat{\boldsymbol{X}}_{k-1} \\ \boldsymbol{\xi}_i = \hat{\boldsymbol{X}}_{k-1} + \sqrt{n+\tau} \left(\sqrt{\boldsymbol{P}_{k-1}} \right)_i \qquad i = 1, 2, \cdots, n \\ \boldsymbol{\xi}_{i+n} = \hat{\boldsymbol{X}}_{k-1} - \sqrt{n+\tau} \left(\sqrt{\boldsymbol{P}_{k-1}} \right)_i \end{cases} \tag{7.66}$$

且对应于 $\boldsymbol{\xi}_{i,k-1}(i = 0, 1, \cdots, 2n)$ 的权值为

$$W_i^m = W_i^c = \begin{cases} \kappa/(n+\kappa) & i = 0 \\ 1/2(n+\kappa) & i \neq 0 \end{cases} \tag{7.67}$$

式中:κ 为比例系数,可用于调节 Sigma 点和 $\hat{\boldsymbol{x}}_{k-1}$ 的距离,仅影响二阶之后的高阶矩带来的偏差。$\left(\sqrt{\boldsymbol{P}_{k-1}} \right)_i$ 为平方根矩阵的第 i 行或者列。权值的确定有不同的方法,可以根据实际需求进行改进。

UKF 算法可表述为:

(1) 选定滤波初值为

$$\hat{\boldsymbol{X}}_0 = E(\boldsymbol{X}_0), \quad \boldsymbol{P}_0 = E[(\boldsymbol{X}_0 - \hat{\boldsymbol{X}}_0)(\boldsymbol{X}_0 - \hat{\boldsymbol{X}}_0)^{\mathrm{T}}] \tag{7.68}$$

(2) 选择 UT 变化中 Sigma 点采样策略。

(3) 时间更新方程。按照第(2)步中所选择的 Sigma 采样策略,由 $\hat{\boldsymbol{X}}_{k-1}$ 和 $\boldsymbol{P}_{k-1}$ 来计算 Sigma 点 $\boldsymbol{\xi}_{i,k-1}(i = 0, 1, \cdots, 2n)$,通过非线性状态函数 $f_{k-1}(\cdot)$ 传播为 $\boldsymbol{\gamma}_{i,k|k-1}$,由 $\boldsymbol{\gamma}_{i,k|k-1}$ 可得一步状态预测 $\hat{\boldsymbol{x}}_{k|k-1}$ 及误差协方差阵 $\boldsymbol{P}_{k|k-1}$ 为

$$\boldsymbol{\gamma}_{i,k|k-1} = f_{k-1}(\boldsymbol{\xi}_{i,k-1}) \qquad i = 0,1,\cdots,2n \tag{7.69}$$

$$\hat{\boldsymbol{X}}_{k|k-1} = \sum_{i=0}^{2n} W_i^m \boldsymbol{\gamma}_{i,k|k-1} = \sum_{i=0}^{2n} W_i^m f(\boldsymbol{\xi}_{i,k-1}) \tag{7.70}$$

$$\boldsymbol{P}_{k|k-1} = \sum_{i=0}^{2n} W_i^c (\boldsymbol{\gamma}_{i,k|k-1} - \hat{\boldsymbol{X}}_{k|k-1})(\boldsymbol{\gamma}_{i,k|k-1} - \hat{\boldsymbol{X}}_{k|k-1})^{\mathrm{T}} + \boldsymbol{Q}_{k-1} \tag{7.71}$$

（4）观测更新。同理,利用 $\hat{\boldsymbol{x}}_{k|k-1}$ 和 $\boldsymbol{P}_{k|k-1}$ 按照第（2）步所选择的采样策略计算 Sigma 点 $\boldsymbol{\xi}_{i,k|k-1}(i = 0,1,\cdots,L)$,通过非线性观测函数 $h_k(\cdot)$ 传播为 $\boldsymbol{\chi}_{i,k|k-1}$,由 $\boldsymbol{\chi}_{i,k|k-1}$ 可得到输出预测 $\hat{\boldsymbol{z}}_{k|k-1}$ 及自协方差阵 $\boldsymbol{P}_{(ZZ)k/k-1}$ 和互协方差阵 $\boldsymbol{P}_{(XZ)k/k-1}$。

$$\boldsymbol{\chi}_{i,k|k-1} = h_k(\boldsymbol{\xi}_{i,k|k-1}) \qquad i = 0,1,\cdots,2n \tag{7.72}$$

$$\hat{\boldsymbol{Z}}_{k|k-1} = \sum_{i=0}^{2n} W_i^m \boldsymbol{\chi}_{i,k|k-1} = \sum_{i=0}^{2n} W_i^m h_k(\boldsymbol{\xi}_{i,k|k-1}) \tag{7.73}$$

$$\boldsymbol{P}_{(ZZ)k|k-1} = \sum_{i=0}^{2n} W_i^c (\boldsymbol{\chi}_{i,k|k-1} - \hat{\boldsymbol{Z}}_{k|k-1})(\boldsymbol{\chi}_{i,k|k-1} - \hat{\boldsymbol{Z}}_{k|k-1})^{\mathrm{T}} + \boldsymbol{R}_k \tag{7.74}$$

$$\boldsymbol{P}_{(XZ)k|k-1} = \sum_{i=0}^{2n} W_i^c (\boldsymbol{\gamma}_{i,k|k-1} - \hat{\boldsymbol{X}}_{k|k-1})(\boldsymbol{\chi}_{i,k|k-1} - \hat{\boldsymbol{Z}}_{k|k-1})^{\mathrm{T}} \tag{7.75}$$

在获得新的观测量 z_k 后,进行滤波观测更新

$$\begin{cases} \hat{\boldsymbol{X}}_k = \hat{\boldsymbol{X}}_{k|k-1} + \boldsymbol{K}_k(\boldsymbol{Z}_k - \hat{\boldsymbol{Z}}_{k|k-1}) \\ \boldsymbol{K}_k = P_{(XZ)k|k-1} \boldsymbol{P}_{(ZZ)k|k-1}^{-1} \\ \boldsymbol{P}_k = \boldsymbol{P}_{k|k-1} - \boldsymbol{K}_k \boldsymbol{P}_{(ZZ)k|k-1} \boldsymbol{K}_k^{\mathrm{T}} \end{cases} \tag{7.76}$$

式中: $\boldsymbol{K}_k$ 为滤波增益矩阵。

7.1.10　粒子滤波估计

粒子滤波是一种非线性滤波方法,粒子滤波有诸多别称,如序列重要性采样（SIS）算法[1]、自举滤波（bootstrap filtering）[2]、凝聚算法（condensation algorithm）[3-4]、交互粒子近似法（interacting particle approximations）[5]、蒙特-卡罗滤波（Monte-Carlo filtering[6]、序贯蒙特-卡罗（SMC）滤波[7-8]等。粒子滤波的思想早在1940 年已由 Metropolies 和维纳提出[9],当时由于受计算条件的限制并未得到广泛重视。20 世纪 80 年代后,随着计算机技术的快速发展,粒子滤波计算成为可能,并逐渐受到重视。这里对粒子滤波作详细说明。

1）条件均值的近似求解

设 $\boldsymbol{X}_0^k = \{\boldsymbol{X}_0, \boldsymbol{X}_1, \cdots, \boldsymbol{X}_k\}$ 为 t_0 至 t_k 时刻的系统状态, $\boldsymbol{Z}_0^k = \{\boldsymbol{Z}_0, \boldsymbol{Z}_1, \cdots, \boldsymbol{Z}_k\}$ 为 t_0 至 t_k 时刻的观测量,基于 $\boldsymbol{Z}_0^k$ 对关于 $\boldsymbol{X}_0^k$ 的函数 $f(\boldsymbol{X}_0^k)$ 的最小方差估计,条件均值为

$$\hat{f}(\boldsymbol{X}_0^k) = E(f(\boldsymbol{X}_0^k) \mid \boldsymbol{Z}_0^k) = \int f(\boldsymbol{X}_0^k) p(\boldsymbol{X}_0^k \mid \boldsymbol{Z}_0^k) \mathrm{d}\boldsymbol{X}_0^k \tag{7.77}$$

式中: $p(\boldsymbol{X}_0^k \mid \boldsymbol{Z}_0^k)$ 为 $\boldsymbol{X}_0^k$ 的条件概率密度。

根据贝叶斯公式和全概率公式,有

$$p(\boldsymbol{X}_0^k \mid \boldsymbol{Z}_0^k) = \frac{p(\boldsymbol{X}_0^k)p(\boldsymbol{Z}_0^k \mid \boldsymbol{X}_0^k)}{p(\boldsymbol{Z}_0^k)} \tag{7.78}$$

直接按式(7.77)求解 $f(\boldsymbol{X}_0^k)$ 的条件均值是十分困难的。为了绕过这一障碍,引入条件概率密度的推荐形式 $q(\boldsymbol{X}_0^k|\boldsymbol{Z}_0^k)$,为叙述方便,称此推荐形式为推荐密度,为待定值。

将式(7.78)代入式(7.77),并考虑其推荐密度,得

$$\hat{f}(\boldsymbol{X}_0^k) = \int f(\boldsymbol{X}_0^k) \frac{p(\boldsymbol{X}_0^k)p(\boldsymbol{Z}_0^k \mid \boldsymbol{X}_0^k)}{p(\boldsymbol{Z}_0^k)q(\boldsymbol{X}_0^k \mid \boldsymbol{Z}_0^k)} q(\boldsymbol{X}_0^k \mid \boldsymbol{Z}_0^k) \mathrm{d}\boldsymbol{X}_0^k \tag{7.79}$$

记

$$\omega_k = \frac{p(\boldsymbol{X}_0^k)p(\boldsymbol{Z}_0^k \mid \boldsymbol{X}_0^k)}{q(\boldsymbol{X}_0^k \mid \boldsymbol{Z}_0^k)} \tag{7.80}$$

并称之为非归一化权重系数,则

$$\hat{f}(\boldsymbol{X}_0^k) = \frac{1}{p(\boldsymbol{Z}_0^k)} \int f(\boldsymbol{X}_0^k) \omega_k q(\boldsymbol{X}_0^k \mid \boldsymbol{Z}_0^k) \mathrm{d}\boldsymbol{X}_0^k = \frac{\int f(\boldsymbol{X}_0^k) \omega_k q(\boldsymbol{X}_0^k \mid \boldsymbol{Z}_0^k) \mathrm{d}\boldsymbol{X}_0^k}{\int p(\boldsymbol{Z}_0^k \mid \boldsymbol{X}_0^k) p(\boldsymbol{X}_0^k) \frac{q(\boldsymbol{X}_0^k \mid \boldsymbol{Z}_0^k)}{q(\boldsymbol{X}_0^k \mid \boldsymbol{Z}_0^k)} \mathrm{d}\boldsymbol{X}_0^k} =$$

$$\frac{\int f(\boldsymbol{X}_0^k) \omega_k q(\boldsymbol{X}_0^k \mid \boldsymbol{Z}_0^k) \mathrm{d}\boldsymbol{X}_0^k}{\int \omega_k q(\boldsymbol{X}_0^k \mid \boldsymbol{Z}_0^k) \mathrm{d}\boldsymbol{X}_0^k} = \frac{E_q(\boldsymbol{X}_0^k \mid \boldsymbol{Z}_0^k)[\omega_k f(\boldsymbol{X}_0^k)]}{E_q(\boldsymbol{X}_0^k \mid \boldsymbol{Z}_0^k)\omega_k} \tag{7.81}$$

式中:$E_q(\boldsymbol{X}_0^k \mid \boldsymbol{Z}_0^k)[\omega_k f(\boldsymbol{X}_0^k)]$ 为随机量 $\omega_k f(\boldsymbol{X}_0^k)$ 在推荐密度条件下求取的数学期望;$E_q(\boldsymbol{X}_0^k \mid \boldsymbol{Z}_0^k)\omega_k$ 为 ω_k 在推荐密度条件下求取的数学期望。

式(7.81)说明:$f(\boldsymbol{X}_0^k)$ 基于 $\boldsymbol{Z}_0^k$ 的条件均值可用推荐密度来求取,这就避开了对 $\boldsymbol{X}_0^k$ 条件概率密度的求取要求,而推荐密度可以通过 UKF 来确定。此外,ω_k 可用递推方法求取。

由于不同时刻的观测量相互独立,$\boldsymbol{Z}_0, \boldsymbol{Z}_1, \cdots, \boldsymbol{Z}_{k-1}$ 与 $\boldsymbol{X}_k$ 无关,而与 $\boldsymbol{X}_0^{k-1}$ 有关,$\boldsymbol{Z}_k$ 与 $\boldsymbol{X}_k$ 有关,而与 $\boldsymbol{X}_0^{k-1}$ 无关,所以

$$p(\boldsymbol{Z}_0^k \mid \boldsymbol{X}_0^k) = p[(\boldsymbol{Z}_0^{k-1}, \boldsymbol{Z}_k) \mid (\boldsymbol{X}_0^{k-1}, \boldsymbol{X}_k)] = p(\boldsymbol{Z}_0^{k-1} \mid \boldsymbol{X}_0^{k-1})p(\boldsymbol{Z}_k \mid \boldsymbol{X}_k) \tag{7.82}$$

又根据联合分布密度、边缘分布密度和条件分布密度间的关系,有

$$p(\boldsymbol{X}_0^k) = p(\boldsymbol{X}_0^{k-1}, \boldsymbol{X}_k) = p(\boldsymbol{X}_0^{k-1})p(\boldsymbol{X}_k \mid \boldsymbol{X}_0^{k-1}) \tag{7.83}$$

假设系统状态为马尔科夫链,即 t_k 时刻的系统状态 $\boldsymbol{X}_k$ 仅与 t_{k-1} 时刻的状态 $\boldsymbol{X}_{k-1}$ 有关,而与 t_{k-1} 时刻前的状态无关,则

$$p(\boldsymbol{X}_0^k) = p(\boldsymbol{X}_0^{k-1})p(\boldsymbol{X}_k \mid \boldsymbol{X}_{k-1}) \tag{7.84}$$

再考察推荐密度,根据联合分布、边缘分布和条件分布间的关系,且考虑到 $\boldsymbol{Z}_k$ 与 $\boldsymbol{X}_0, \boldsymbol{X}_1, \boldsymbol{X}_2, \cdots, \boldsymbol{X}_{k-1}$ 无关,所以有

$$q(\boldsymbol{X}_0^k \mid \boldsymbol{Z}_0^k) = q[(\boldsymbol{X}_0^{k-1}, \boldsymbol{X}_k) \mid \boldsymbol{Z}_0^k] = q(\boldsymbol{X}_0^{k-1} \mid \boldsymbol{Z}_0^k)q[\boldsymbol{X}_k \mid (\boldsymbol{X}_0^{k-1}, \boldsymbol{Z}_0^k)] =$$

$$q(\boldsymbol{X}_0^{k-1} \mid \boldsymbol{Z}_0^{k-1})q[\boldsymbol{X}_k \mid (\boldsymbol{X}_0^{k-1}, \boldsymbol{Z}_0^k)] \tag{7.85}$$

将式(7.82)、式(7.84)、式(7.85)代入式(7.80),可得

$$\omega_k = \frac{p(\boldsymbol{X}_0^k)p(\boldsymbol{Z}_0^k \mid \boldsymbol{X}_0^k)}{q(\boldsymbol{X}_0^k \mid \boldsymbol{Z}_0^k)} = \frac{p(\boldsymbol{X}_0^{k-1})p(\boldsymbol{X}_k \mid \boldsymbol{X}_{k-1})p(\boldsymbol{Z}_0^{k-1} \mid \boldsymbol{X}_0^{k-1})p(\boldsymbol{Z}_k \mid \boldsymbol{X}_k)}{q(\boldsymbol{X}_0^{k-1} \mid \boldsymbol{Z}_0^{k-1})q[\boldsymbol{X}_k \mid (\boldsymbol{X}_0^{k-1}, \boldsymbol{Z}_0^k)]} =$$

$$\omega_{k-1} \frac{p(\boldsymbol{X}_k \mid \boldsymbol{X}_{k-1})p(\boldsymbol{Z}_k \mid \boldsymbol{X}_k)}{q[\boldsymbol{X}_k \mid (\boldsymbol{X}_0^{k-1}, \boldsymbol{Z}_0^k)]} \tag{7.86}$$

该式即非归一化权重系数的递推公式,其中 $p(\boldsymbol{X}_k \mid \boldsymbol{X}_{k-1})$ 由系统方差确定,$p(\boldsymbol{Z}_k \mid \boldsymbol{X}_k)$ 由观测方程确定。

推荐密度确定后,可按该密度函数计算出 N 组状态复现样本簇,即

$$\boldsymbol{x}_0^k(i) = \{\boldsymbol{x}_0^{(i)}, \boldsymbol{x}_1^{(i)}, \cdots, \boldsymbol{x}_k^{(i)}\} \qquad i = 1, 2, \cdots, N \tag{7.87}$$

式中:$\boldsymbol{x}_k^{(i)}$ 为按密度函数生成的分布样本点,此处形象化地称之为粒子。式(7.86)中的状态量 $\boldsymbol{X}_k$、$\boldsymbol{X}_{k-1}$、$\boldsymbol{X}_0^{k-1}$ 可用这些粒子来近似,从而可近似计算出非归一化权重系数,再按式(7.86)计算出估计值。

$$\omega_k^{(i)} = \omega_k^{(i-1)} \frac{p[\boldsymbol{x}_k^{(i)} \mid \boldsymbol{x}_{k-1}^{(i)}]p[\boldsymbol{Z}_k \mid \boldsymbol{x}_k^{(i)}]}{q[\boldsymbol{x}_k^{(i)} \mid (\boldsymbol{x}_0^{k-1}(i), \boldsymbol{Z}_0^k)]} \tag{7.88}$$

$$\hat{f}(\boldsymbol{X}_0^k) \approx \frac{N^{-1} \sum\limits_{i=1}^{N} f(\boldsymbol{x}_0^k(i))\omega_k^{(i)}}{N^{-1} \sum\limits_{i=1}^{N} \omega_k^{(i)}} = \sum\limits_{i=1}^{N} f(\boldsymbol{x}_0^k(i))\tilde{\omega}_k^{(i)} \tag{7.89}$$

式中

$$\tilde{\omega}_k^{(i)} = \frac{\omega_k^{(i)}}{\sum\limits_{j=1}^{N} \omega_k^{(j)}} \tag{7.90}$$

w_k 为归一化权重系数。很明显有

$$\sum\limits_{i=1}^{N} \tilde{\omega}_k^{(i)} = 1 \tag{7.91}$$

如果 $f(\boldsymbol{X}_0^k) = \boldsymbol{X}_k$,则以上讨论的问题即对 $\boldsymbol{X}_k$ 的估计问题。

按式(7.89)计算估计值实质是对浮现的分布样本点即粒子上的函数值作加权平均,该算法称为 SIS 算法。

2)二次采样

SIS 算法存在致命缺陷:按式(7.88)和式(7.90)计算的权重系数的方差随时间而增加,若干步递推后,某些粒子的权重系数趋于 1,而另一些粒子的权重系数则趋于 0,这样一大批分布样本点会被丢弃,这种现象称为粒子退化。为避免粒子退化现象,Efron、Rubin 和 Smith 等提出了二次采样算法(SIR)(见文献[10]内容)。具体如下:

按 SIS 算法计算出 $\boldsymbol{x}_k^{(i)}$ 及对应的权重系数 $\tilde{\omega}_k^{(i)}$,再以 $\tilde{\omega}_k^{(i)}$ 为概率对 $\boldsymbol{x}_k^{(i)}$ 进行采样。对 $i = 1, 2, \cdots, N$,共得 N 个二次采样粒子,各粒子的新权重系数均为 $\frac{1}{N}$。由于概率(即)$\tilde{\omega}_k^{(i)}$ 不同,对原始粒子 $\boldsymbol{x}_k^{(i)}$ 采样的重复次数 $N_k^{(i)}$ 也不相同,若 $\tilde{\omega}_k^{(i)}$ 大,则对应的采样会重复多次,而有的原始粒子的二次采样次数为 0,原因是这些粒子对应

的权重系数很小。

Mackay 和 Higuchi 提出的二次采样算法为残差二次采样（residual resampling）。该算法分两步执行：

步骤 1：对原始粒子 $\boldsymbol{x}_k^{(i)}$ 以 $N_{k_j}^{(i)}$（$j=1,2$）为重复次数进行采样，其中

$$N_{k_1}^{(i)} = [\,|\,N \cdot \tilde{\omega}_{k_1}^{(i)}\,|\,] \tag{7.92}$$

式中：$[\,|\,\cdot\,|\,]$ 表示取整；$\tilde{\omega}_{k_1}^{(i)}$ 按式（7.88）和式（7.90）确定。如此采样后获得第一部分二次采样粒子，粒子个数为

$$N_{k_1} = \sum_{i=1}^{N} N_{k_1}^{(i)} \tag{7.93}$$

步骤 2：由于取整过程中舍弃了小数部分，所以要获得 N 个二次采样粒子，还需补充 $N_{k_2} = N - N_{k_1}$ 个粒子。具体方法是：

（1）计算新的权重系数：

$$\tilde{\omega}_{k_2}^{(i)} = N_{k_2}^{-1}[\,\tilde{\omega}_{k_1}^{(i)} N - N_{k_1}^{(i)}\,] \qquad i = 1,2,\cdots,N \tag{7.94}$$

式中：$N_{k_1}^{(i)}$ 按照公式（7.92）确定，$\tilde{\omega}_{k_1}^{(i)}$ 按式（7.90）确定。

（2）以 $\tilde{\omega}_{k_2}^{(i)}$ 为概率对原始粒子 $\boldsymbol{x}_k^{(i)}$ 作二次采样（$i = 1,2,\cdots,N$），获得第二部分 N_{k_2} 个二次采样粒子。

（3）将第一部分和第二部分二次采样粒子合并在一起，即为二次采样粒子全体，各粒子的新权重系数都为 $1/N$。

3）粒子滤波的一般形式

一般形式粒子滤波的执行步骤如下：

步骤 1：初值确定。

根据初始状态 $\boldsymbol{X}_0$ 的先验概率密度 $p(\boldsymbol{X}_0)$ 生成粒子初始值 $\boldsymbol{x}_0^{(i)}$，$i = 1,2,\cdots,N$。

步骤 2：选定推荐概率密度 $q[\,\boldsymbol{X}_k\,|\,(\boldsymbol{X}_0^{k-1}(i),\boldsymbol{Z}_0^k)\,]$，并根据此推荐密度生成 k 时刻的粒子 $\boldsymbol{x}_k^{(i)}$，$i = 1,2,\cdots,N$，作为二次采样的原始粒子。

计算权重系数：

$$\begin{cases} \omega_k^{(i)} = \omega_{k-1}^{(i)} \dfrac{p[\,\boldsymbol{x}_k^{(i)}\,|\,\boldsymbol{x}_{k-1}^{(i)}\,]p[\,\boldsymbol{Z}_k\,|\,\boldsymbol{x}_k^{(i)}\,]}{q[\,\boldsymbol{x}_k^{(i)}\,|\,(\boldsymbol{x}_0^{k-1}(i),\boldsymbol{Z}_0^k)\,]} \\ \omega_0^{(i)} = p(\boldsymbol{x}_0^{(i)}) \end{cases} \tag{7.95}$$

$$\tilde{\omega}_k^{(i)} = \frac{\omega_k^{(i)}}{\displaystyle\sum_{j=1}^{N} \omega_k^{(j)}} \qquad i = 1,2,\cdots,N \tag{7.96}$$

步骤 3：采用 SIR 或残差 SIR，对原始粒子 $\boldsymbol{x}_k^{(i)}$，$i = 1,2,\cdots,N$ 做二次采样，生成二次采样粒子 $\boldsymbol{x}_k^{(j)}$，$j = 1,2,\cdots,N$，每个粒子的权重系数为 $\dfrac{1}{N}$。

步骤 4：根据二次采样粒子计算滤波值，有

$$\hat{\boldsymbol{X}}_k = \frac{1}{N} \sum_{j=1}^{N} \boldsymbol{x}_k^{(j)} \tag{7.97}$$

7.1.11　多模型估计

7.1.8 节 ~ 7.1.10 节讨论了非线性模型的滤波方法,本节的多模型估计方法主要解决的是物理运动模型不准确的问题。多模型估计的基本思想是:将参数空间(或系统的运动模式)映射为模型集,而基于每个模型的滤波器并行地工作,系统的状态估计则是各模型滤波器所做估计的数据融合。与单模型适应滤波器相比,多模型估计具有以下优点:①由于对参数空间采用了多模型描述,因而可通过恰当地扩充模型来细化建模;②在滤波过程中,通过模型概率的变动实现自适应地改变结构,通过实时地增减或变更模型,可增强自适应的结构能力;③在满足先验假设的条件下,是在均方误差意义下的最优估计,从而可以集中精力研究假设的合理性,寻找更合理的假设;④算法具有明显的并行结构,便于有效地并行实现[11-12]。

交互多模型(IMM)算法包含了多个模型条件滤波器、一个模型概率估计器、一个状态估计的交互式作用器和一个估计混合器[13-14]。图 7.1 为 IMM 算法的时序图,从图中可看出 IMM 算法的基本思想[15-16]。

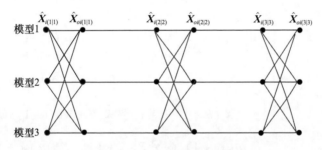

图 7.1　IMM 算法时序图

IMM 估计算法是一种递推的算法,每一次递推主要由四步组成,现将具有 r 个模型的 IMM 算法从 k 时刻到 $k + 1$ 时刻的递推过程整理如下:

1) 状态估计的交互式作用

假设有 r 个模型,对应有 r 个滤波器,则从模型 i 转移到模型 j 的转移概率为 $P_{i,j}$,令 $\hat{\boldsymbol{X}}_i(k \mid k)$ 为 k 时刻滤波器 i 的状态估计,$\boldsymbol{P}_i(k \mid k)$ 为相应的状态协方差阵,$\mu_i(k)$ 为 k 时刻模型 i 的概率,其中 $i,j = 1,2,\cdots,r$,则交互计算后 r 个滤波器在 $k + 1$ 时刻的输入如下:

$$\hat{\boldsymbol{X}}_{oj}(k \mid k) = \sum_{i=1}^{r} \hat{\boldsymbol{X}}_i(k \mid k)\mu_{i|j}(k \mid k) \tag{7.98}$$

$$\boldsymbol{P}_{oj}(k \mid k) = \sum_{i=1}^{r} \left[\boldsymbol{P}_i(k \mid k) + (\hat{\boldsymbol{X}}_i(k \mid k) - \boldsymbol{X}_{oi}(k \mid k))(\hat{\boldsymbol{X}}_i(k \mid k) - \boldsymbol{X}_{oi}(k \mid k))^{\mathrm{T}} \right] \mu_{i|j}(k \mid k) \tag{7.99}$$

式中:$\mu_{i|j}(k \mid k) = \dfrac{1}{\bar{C}_i} P_{ij} \mu_i(k)$,$\bar{C}_i = \sum_{i=1}^{r} P_{ij}\mu_i(k)$。

2）模型概率更新

若模型的滤波新息为 $\boldsymbol{v}_i(k+1)$，相应的新息协方差为 $\boldsymbol{S}_i(k+1)$，并假定服从高斯分布，那么模型 i 的可能性为

$$\varLambda_i(k+1) = \frac{1}{\sqrt{|2\pi\boldsymbol{S}_i(k+1)|}}\exp\left[-\frac{1}{2}(\boldsymbol{v}_i^{\mathrm{T}}(k+1))\boldsymbol{S}_i^{-1}(k+1)\boldsymbol{v}_i(k+1)\right]$$

$$(7.100)$$

式中

$$\begin{cases}\boldsymbol{v}_i(k+1) = \boldsymbol{Z}(k+1) - \boldsymbol{H}_i(k+1)\hat{\boldsymbol{X}}_i(k+1\mid k)\\\boldsymbol{S}_i(k+1) = \boldsymbol{H}_i(k+1)\boldsymbol{P}_i(k+1\mid k)\boldsymbol{H}_i^{\mathrm{T}}(k+1) + \boldsymbol{R}_i(k+1)\end{cases}$$

$$(7.101)$$

则模型 i 的概率更新为

$$\mu_i(k+1) = \frac{1}{C}\varLambda_i(k+1)\bar{C}_i \tag{7.102}$$

$$C = \sum_{i=1}^{r}\varLambda_i(k+1)\bar{C}_i \tag{7.103}$$

3）滤波交互输出

$$\hat{\boldsymbol{X}}(k+1\mid k+1) = \sum_{i=1}^{r}\hat{\boldsymbol{X}}_i(k+1\mid k+1)\mu_i(k+1) \tag{7.104}$$

$$\boldsymbol{P}(k+1\mid k+1) = \sum_{i=1}^{r}\left[(\hat{\boldsymbol{X}}_i(k+1\mid k+1) - \hat{\boldsymbol{X}}(k+1\mid k+1))\times\right.$$
$$\left.(\hat{\boldsymbol{X}}_i(k+1\mid k+1) - \hat{\boldsymbol{X}}(k+1\mid k+1))^{\mathrm{T}}\right]\times$$
$$\mu_i(k+1) + \sum_{i=1}^{r}\boldsymbol{P}_i(k+1\mid k+1)\mu_i(k+1) \tag{7.105}$$

上述 IMM 算法的示意图如图 7.2 所示。

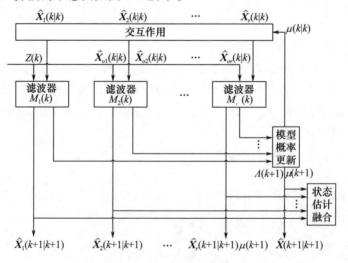

图 7.2　IMM 算法示意图

7.1.12　图模型估计

前面讲到的滤波方法,当前时刻的系统状态只与当前时刻的观测量和上一时刻的导航状态相关。但是,实践中,有些观测量是延迟到达的,还有一些情况位置解算需要前后一段时间内观测量联合实现,仅仅依靠当前时刻和上一时刻无法描述问题,图模型估计可以比较方便地解决这一类问题。图模型主要由变量节点和函数节点组成,变量节点与系统状态变量相关联,函数节点与各传感器的观测信息相关联。图模型可以描述为如图 7.3 所示的形式。

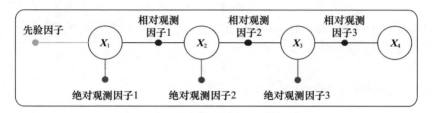

图 7.3　图模型结构示例

图 7.3 中状态 $\boldsymbol{X}_1$ 到 $\boldsymbol{X}_4$ 为系统 4 个时刻的状态,在 t_1、t_2、t_3 时刻,有绝对观测量输入。在状态之间均存在相对观测量,连接各节点。举例来讲,在图模型中,GPS 是作为一种绝对观测量输入,其可以是位置或者伪距量等绝对定位量,而 INS 作为一种相对观测量输入,其为加速度和角速度等变化量。图模型算法处理流程如下:

(1)求解观测因子代价函数。

绝对观测因子 $p(\boldsymbol{Z} \mid \boldsymbol{X}_i)$,其代价函数可以表达为

$$\text{factor}(\boldsymbol{X}_i) = d[h(\boldsymbol{X}_i) - \boldsymbol{Z}] \tag{7.106}$$

式中:$\boldsymbol{Z}$ 为绝对观测量。

相对观测因子 $p(\boldsymbol{X}_i \mid \boldsymbol{X}_{i-1}, \boldsymbol{U}_i)$,其代价函数可以表达为

$$\text{factor}(\boldsymbol{X}_i) = d[f_i(\boldsymbol{X}_{i-1}, \boldsymbol{U}_i) - \boldsymbol{X}_i] \tag{7.107}$$

式中:$\boldsymbol{U}_i$ 为相对观测量。

(2)线性化处理观测因子。

对绝对观测因子对应的测量方程进行一阶线性化处理,即有

$$h(\boldsymbol{X}_i) - \boldsymbol{Z} \approx \{h(\boldsymbol{X}_i^0) + \boldsymbol{H}^i \delta \boldsymbol{X}_i\} - \boldsymbol{Z} = \\ \{\boldsymbol{H}^i \delta \boldsymbol{X}_i\} - \{\boldsymbol{Z} - h(\boldsymbol{X}_i^0)\} \tag{7.108}$$

式中:$\boldsymbol{H}^i$ 为 h 在 $\boldsymbol{x}_i^0$ 处的雅可比矩阵。

对相对观测因子对应的状态转移方程进行一阶线性化处理,有

$$f_i(\boldsymbol{X}_{i-1}, \boldsymbol{U}_i) - \boldsymbol{X}_i \approx \{f_i(\boldsymbol{X}_{i-1}^0, \boldsymbol{U}_i) + \boldsymbol{F}_i^{i-1} \delta \boldsymbol{X}_{i-1}\} - \{\boldsymbol{X}_i^0 + \delta \boldsymbol{X}_i\} = \\ \{\boldsymbol{F}_i^{i-1} \delta \boldsymbol{X}_{i-1} - \delta \boldsymbol{X}_i\} - \{\boldsymbol{X}_i^0 - f_i(\boldsymbol{X}_{i-1}^0, \boldsymbol{U}_i)\} \tag{7.109}$$

式中:$\boldsymbol{F}_i^{i-1}$ 为 f 在 $\boldsymbol{X}_{i-1}^0$ 处的雅可比矩阵。

（3）图模型优化。

图模型的最优估计可以表达为

$$\hat{X} = \arg \min_{X} \left(\prod \mathrm{factor}(X_i) \right) \tag{7.110}$$

将经过一阶线性化处理的观测因子，代入图模型可以表达为

$$\arg \min_{\Delta} \parallel \boldsymbol{\Phi} \delta X - \boldsymbol{b} \parallel^2 \tag{7.111}$$

式中：$\boldsymbol{\Phi}$ 为由 $\boldsymbol{H}^i$ 和 $\boldsymbol{F}_i^{i-1}$ 组成的矩阵；$\boldsymbol{b}$ 为 $\boldsymbol{Z} - h(\boldsymbol{X}_i^0)$ 和 $\boldsymbol{X}_i^0 - f_i(\boldsymbol{X}_{i-1}^0, \boldsymbol{U}_i)$ 组成的矢量。

对图模型建立优化方程表达为

$$\boldsymbol{\Phi} \delta X = \boldsymbol{b} \tag{7.112}$$

可以通过牛顿迭代的方式，求解状态偏差，迭代收敛后得到偏差量，将对当前位置进行偏差修正，输出融合结果为

$$X = X^0 + \delta X \tag{7.113}$$

假设初始化时，图模型如图 7.4 所示。

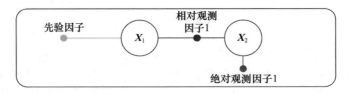

图 7.4　初始化图模型

初始化图模型主要包括先验因子、相对观测因子 1 和绝对观测因子 1。优化方程表达为

$$\begin{bmatrix} \boldsymbol{I}_{3\times3} & \boldsymbol{0}_{3\times3} \\ \boldsymbol{0}_{3\times3} & \boldsymbol{F}_{\mathrm{me1}}(\boldsymbol{x}_2) \\ -\boldsymbol{F}_{\mathrm{mo1}}(\boldsymbol{x}_1) & \boldsymbol{I}_{3\times3} \end{bmatrix} \begin{bmatrix} \Delta \boldsymbol{x}_1 \\ \Delta \boldsymbol{x}_2 \end{bmatrix} = \begin{bmatrix} \boldsymbol{x}_0 - \boldsymbol{x}_1 \\ z_2^{\mathrm{me1}} - h_{\mathrm{me1}}(\boldsymbol{x}_2) \\ f(\boldsymbol{x}_1, \boldsymbol{u}_2) - \boldsymbol{x}_2 \end{bmatrix} \tag{7.114}$$

式中：h_{me1} 和 $\boldsymbol{F}_{\mathrm{me1}}$ 分别表示绝对观测因子 1 对应的测量方程和测量矩阵；z_2^{me1} 表示绝对观测因子 1 的观测量；$f(\boldsymbol{x}_1, \boldsymbol{u}_2)$ 和 $\boldsymbol{F}_{\mathrm{mo1}}$ 分别表示相对观测因子对应的状态转移方程和状态转移矩阵；$\boldsymbol{u}_2$ 表示相对观测因子 1 对应的观测量。

当新的观测量到达时，先要对观测量建立观测因子对应的代价函数，然后进行一阶线性化处理，将新的因子插入图模型中，如果新的因子到达时间没有延迟，则图模型如图 7.5 所示。

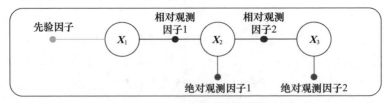

图 7.5　新增图模型（无延迟）

优化方程表达为

$$
\begin{bmatrix}
\boldsymbol{I}_{3\times3} & \boldsymbol{0}_{3\times3} & \boldsymbol{0}_{3\times3} \\
\boldsymbol{0}_{3\times3} & \boldsymbol{F}_{\mathrm{me1}}(\boldsymbol{x}_2) & \boldsymbol{0}_{3\times3} \\
-\boldsymbol{F}_{\mathrm{mo}}(\boldsymbol{x}_1) & \boldsymbol{I}_{3\times3} & \boldsymbol{0}_{3\times3} \\
\boldsymbol{0}_{3\times3} & \boldsymbol{0}_{3\times3} & \boldsymbol{F}_{\mathrm{me2}}(\boldsymbol{x}_3) \\
\boldsymbol{0}_{3\times3} & -\boldsymbol{F}_{\mathrm{mo}}(\boldsymbol{x}_2) & \boldsymbol{I}_{3\times3}
\end{bmatrix}
\begin{bmatrix}
\Delta\boldsymbol{x}_1 \\
\Delta\boldsymbol{x}_2 \\
\Delta\boldsymbol{x}_3
\end{bmatrix}
=
\begin{bmatrix}
\boldsymbol{x}_0 - \boldsymbol{x}_1 \\
\boldsymbol{z}_2^{\mathrm{me1}} - h_{\mathrm{me1}}(\boldsymbol{x}_2) \\
f(\boldsymbol{x}_1,\boldsymbol{u}_2) - \boldsymbol{x}_2 \\
\boldsymbol{z}_3^{\mathrm{me2}} - h_{\mathrm{me2}}(\boldsymbol{x}_3) \\
f(\boldsymbol{x}_2,\boldsymbol{u}_3) - \boldsymbol{x}_3
\end{bmatrix}
\tag{7.115}
$$

如果新的因子延时到达,则图模型如图 7.6 所示。

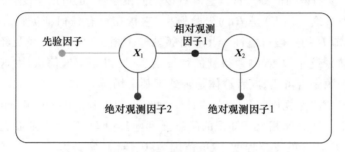

图 7.6　新增图模型(有延迟)

优化方程表达为

$$
\begin{bmatrix}
\boldsymbol{I}_{3\times3} & \boldsymbol{0}_{3\times3} \\
\boldsymbol{0}_{3\times3} & \boldsymbol{F}_{\mathrm{me1}}(\boldsymbol{x}_2) \\
-\boldsymbol{F}_{\mathrm{mo}}(\boldsymbol{x}_1) & \boldsymbol{I}_{3\times3} \\
\boldsymbol{F}_{\mathrm{me2}}(\boldsymbol{x}_1) & \boldsymbol{0}_{3\times3}
\end{bmatrix}
\begin{bmatrix}
\Delta\boldsymbol{x}_1 \\
\Delta\boldsymbol{x}_2
\end{bmatrix}
=
\begin{bmatrix}
\boldsymbol{x}_0 - \boldsymbol{x}_1 \\
\boldsymbol{z}_2^{\mathrm{me1}} - h_{\mathrm{me1}}(\boldsymbol{x}_2) \\
f(\boldsymbol{x}_1,\boldsymbol{u}_2) - \boldsymbol{x}_2 \\
\boldsymbol{z}_1^{\mathrm{me2}} - h_{\mathrm{me2}}(\boldsymbol{x}_1)
\end{bmatrix}
\tag{7.116}
$$

7.2　基于不确定性推理的多源信息融合方法

对于基于不确定性推理的数据融合方法,需要通过观测量提取证据,运用相关知识(或规则)由证据逐步推出结论或证明某个信息可信或不可信。在推理过程中,专家知识起到了重要的作用,如证据对结论的支撑关系、证据理论(DS)系统的概率分配函数以及模糊推理中的隶属度函数都是由经验获得的[12]。在多源融合导航系统中,由于该融合方法不适于建立观测量与系统状态(位置、速度、姿态等)的数学模型,无法直接进行状态估计,但是可以用于判断导航源可信度以及大尺度位置。举例来讲,卫星导航系统中,卫星导航接收机输出的卫星仰角、方位角、卫星载噪比以及卫星分布的 DOP,均可以作为该融合方法的输入,最终输出当前卫星定位系统的位置信息是否可信。系统的输入、输出通过不确定推理模型建立关联。另外,对于一些大尺度位置,如教室、咖啡厅、会议室、办公室及住所等的识别,可以通过对卫星导航系统的观测量、WLAN 源的观测量、惯性源的观测量进行不确定性推理得到大尺度位置信息。

本节主要介绍几种常见的不确定推理方法,包括主观贝叶斯、证据推理及模糊推理等。

7.2.1　主观贝叶斯估计法

在主观贝叶斯方法中,知识是用产生式规则表示的[17],具体形式为

$$\text{IF}\quad E\quad \text{THEN}\quad (\text{LS,LN})\quad H\quad (P(H))$$

其中:

(1) E 为该知识的前提条件。它既可以是简单条件,也可以是复合条件。

(2) H 为结论。$P(H)$ 是 H 的先验概率,它指在没有任何证据情况下的结论 H 为真的概率,即 H 的一般可能性。其值由领域专家根据以往的实践及经验给出。在多源融合导航系统中,E 观测量得到的特征信息,可以是位置信息,由这些特征信息可以推断某个源是否可用,或者载体是否处于某个场所。

(3) (LS,LN)为规则强度。在统计学中称为似然比(likelihood ratio)。其值由领域专家给出。LS,LN 相当于知识的静态强度。其中 LS 称为规则成立的充分性度量,用于指出 E 对 H 的支持程度,取值范围为 $[0, \infty)$,定义为

$$\text{LS} = \frac{P(E \mid H)}{P(E \mid \neg H)} \tag{7.117}$$

LN 为规则成立的必要性度量,用于指出 $\neg E$(E 取反)对 H 的支持程度,即 E 对 H 为真的必要性程度,取值范围为 $[0, \infty)$,定义为

$$\text{LN} = \frac{P(\neg E \mid H)}{P(\neg E \mid \neg H)} = \frac{1 - P(E \mid H)}{1 - P(E \mid \neg H)} \tag{7.118}$$

(LS,LN)既考虑了证据 E 的出现对其结论 H 的支持,又考虑了证据 E 的不出现对其结论 H 的影响。它所表示的物理意义将在下面进行讨论。

1) 证据不确定性的表示

在主观贝叶斯方法中,证据的不确定性也是用概率表示的。例如对于初始证据 E,由用户根据观察 S 给出概率 $P(E|S)$。它相当于动态强度。对应多源融合导航系统中,S 是观测量,E 是由观测量得到的特征信息。

2) 组合证据不确定性的算法

当组合证据是多个单一证据的合取时,即

$$E = E_1\quad \text{AND}\quad E_2\quad \text{AND}\quad \cdots\quad E_n \tag{7.119}$$

则组合证据的概率取各个单一证据的概率最小值,即

$$P(E \mid S) = \min\{P(E_1 \mid S), P(E_2 \mid S), P(E_3 \mid S), \cdots, P(E_n \mid S)\} \tag{7.120}$$

当组合证据是多个单一证据的析取时,即

$$E = E_1\quad \text{OR}\quad E_2\quad \text{OR}\quad \cdots\quad E_n \tag{7.121}$$

则组合证据的概率取各个单一证据的概率的最大值,即

$$P(E \mid S) = \max\{P(E_1 \mid S), P(E_2 \mid S), P(E_3 \mid S), \cdots, P(E_n \mid S)\}$$

$$(7.122)$$

对于非运算,则用下式计算

$$P(\neg E \mid S) = 1 - P(E \mid S) \tag{7.123}$$

3) 不确定性的传递算法

在主观贝叶斯方法的表示中,$P(H)$是专家对结论H给出的先验概率,它是在没有考虑任何证据的情况下根据经验给出的。随着新证据的获得,对H的信任程度应该有所改变。主观贝叶斯方法推理的任务就是根据证据E的概率$P(E)$及LS,LN的值,把H的先验概率$P(H)$更新为后验概率$P(H|E)$或者$P(H|\neg E)$,即

$$P(H) \xrightarrow{P(E),\text{LS},\text{LN}} P(H \mid E) \quad \text{OR} \quad P(H \mid \neg E) \tag{7.124}$$

由于一条知识所对应的证据可能是肯定存在的,也可能是肯定不存在的,或者是不确定的,而且在不同情况下确定后验概率的方法不同,所以下面分别进行讨论。

(1) 证据肯定存在的情况。

在证据肯定存在时,$P(E) = P(E \mid S) = 1$。

由贝叶斯公式可得证据E成立的情况下,结论H成立的概率为

$$P(H \mid E) = P(E \mid H) \times P(H) \mid P(E) \tag{7.125}$$

同理证据E成立的情况下,结论H不成立的概率为

$$P(\neg H \mid E) = P(E \mid \neg H) \times P(\neg H) \mid P(E) \tag{7.126}$$

用式(7.125)除以式(7.126)可得

$$\frac{P(H \mid E)}{P(\neg H \mid E)} = \frac{P(E \mid H)}{P(E \mid \neg H)} \times \frac{P(H)}{P(\neg H)} \tag{7.127}$$

为简洁起见,引入"几率(odds)"函数$O(x)$,它与概率函数$P(x)$的关系为

$$O(x) = \frac{P(x)}{P(\neg x)} = \frac{P(x)}{1 - P(x)} \tag{7.128}$$

或者

$$P(x) = \frac{O(x)}{1 + O(x)} \tag{7.129}$$

概率和几率的取值范围是不同的,概率$P(x) \in [0,1]$,几率$O(x) \in [0, \infty)$。显然$P(x)$与$O(x)$有相同的单调性。即,若$P(x_1) < P(x_2)$,则$O(x_1) < O(x_2)$,反之亦然。可见,虽然几率函数和概率函数有着不同的形式,但一样可以表示证据的不确定性。它们的变化趋势是相同的,当证据为真的程度越大时,几率函数的值也越大。

由LS的定义以及概率与几率的关系式(7.127),可将式(7.128)写为贝叶斯修正公式,即

$$O(H \mid E) = \text{LS} \times O(H) \tag{7.130}$$

这就是在证据肯定存在时,把先验几率$O(H)$更新为后验几率$O(H|E)$的计算公式。如果用式(7.130)把几率换成概率,就可得到

$$P(H \mid E) = \frac{\text{LS} \times P(H)}{(\text{LS} - 1) \times P(H) + 1} \tag{7.131}$$

这是把先验概率 $P(H)$ 更新为后验概率 $P(H|E)$ 的计算公式。

（2）证据肯定不存在的情况。

在证据肯定不存在时，$P(E) = P(E|S) = 0, P(\neg E) = 1$。

由于

$$P(H \mid \neg E) = P(\neg E \mid H) \times P(H) \mid P(\neg E) \tag{7.132}$$

$$P(\neg H \mid \neg E) = P(\neg E \mid \neg H) \times P(\neg H) \mid P(\neg E) \tag{7.133}$$

两式相除得到

$$\frac{P(H \mid \neg E)}{P(\neg H \mid \neg E)} = \frac{P(\neg E \mid H)}{P(\neg E \mid \neg H)} \times \frac{P(H)}{P(\neg H)} \tag{7.134}$$

由 LN 的定义式，以及概率与几率的关系式，可将上式写为贝叶斯修正公式，即

$$O(H \mid \neg E) = \text{LN} \times O(H) \tag{7.135}$$

这就是在证据 E 肯定不存在时，把先验几率 $O(H)$ 更新为后验几率 $O(H|\neg E)$ 的计算公式。如果用式（7.128）把几率换成概率，就可得到

$$P(H \mid \neg E) = \frac{\text{LN} \times P(H)}{(\text{LN} - 1) \times P(H) + 1} \tag{7.136}$$

这是把先验概率 $P(H)$ 更新为后验概率 $P(H|\neg E)$ 的公式。

由以上讨论可以看出必要性度量 LN 的意义：

① 当 LN > 1 时，由式（7.135）可得

$$O(H \mid \neg E) > O(H) \tag{7.137}$$

由于 $P(x)$ 与 $O(x)$ 具有相同单调性，可知

$$P(H \mid \neg E) > P(H) \tag{7.138}$$

这表明，当 LN > 1 时，由于证据 E 不存在，将增大结论 H 为真的概率，而且 LN 越大，$P(H|\neg E)$ 就越大，即 $\neg E$ 对 H 为真的支持越强。当 LN → ∞ 时，$O(H|\neg E) \to \infty$，即 $P(H|\neg E) \to 1$ 表明由于证据 E 不存在，将导致 H 为真。

② 当 LN = 1 时，由式（7.135）可得

$$O(H \mid \neg E) = O(H) \tag{7.139}$$

这表明，$\neg E$ 与 H 无关。

③ 当 LN < 1 时，由式（7.135）可得

$$O(H \mid \neg E) < O(H) \tag{7.140}$$

这表明，由于证据 E 不存在，将使 H 为真的可能性下降，或者说由于证据 E 不存在，将反对 H 为真。由此可以看出 E 对 H 为真的必要性。

④ 当 LN = 0 时，由式（7.135）可得

$$O(H \mid \neg E) = 0 \tag{7.141}$$

这表明，由于证据 E 不存在，将导致 H 为假。由此也可以看出 E 对 H 为真的必

要性,故称 LN 为必要性度量。

依据上述讨论,领域专家可为 LN 赋值,若证据 E 对 H 愈是必要,则相应 LN 的值愈小。

另外,由于 E 和 $\neg E$ 不可能同时支持 H 或者同时反对 H,因此在一条知识中的 LS 和 LN 一般不应该出现如下情况中的任何一种:

$$LS > 1, \quad LN > 1 \tag{7.142}$$

$$LS < 1, \quad LN < 1 \tag{7.143}$$

只有如下情况存在:

$$LS \geqslant 1, \quad LN \leqslant 1 \tag{7.144}$$

$$LS \leqslant 1, \quad LN \geqslant 1 \tag{7.145}$$

(3)证据不确定的情况。

上面讨论了在证据肯定存在和肯定不存在的情况下把 H 的先验概率更新为后验概率的方法,在现实中,这种证据肯定存在和肯定不存在的极端情况是不多的,更多的是介于两者之间的不确定情况。因为对初始证据来说,由于客观事物或现象是不精确的,因而用户所提供的证据是不确定的,另外,一条知识的证据往往来源于由另一条知识推出的结论,一般也具有某种程度的不确定性。

在证据不确定的情况下,不能再用上面的公式计算后验概率[18],而要用杜达等人 1976 年证明了的如下公式:

$$P(H \mid S) = P(H \mid E) \times P(E \mid S) + P(H \mid \neg E) \times P(\neg E) \mid P(S) \tag{7.146}$$

对于初始证据,由于其不确定性是用可信度 $C(E \mid S)$ 给出的,此时只要把 $P(E \mid S)$ 与 $C(E \mid S)$ 的对应关系转换公式代入 EH 公式,就可得到用可信度 $C(E \mid S)$ 计算 $P(H \mid S)$ 的公式:

$$P(H \mid S) = \begin{cases} P(H \mid \neg E) + [P(H) - P(H \mid \neg E)] \times \left[\dfrac{1}{5}C(E \mid S) + 1\right] & C(E \mid S) \leqslant 0 \\ P(H) + [P(H \mid E) - P(H)] \times \dfrac{C(E \mid S)}{5} & C(E \mid S) > 0 \end{cases} \tag{7.147}$$

该公式称为 CP 公式。

这样,当用初始证据进行推理时,根据用户告知的 $C(E \mid S)$,通过运用 CP 公式就可求出 $P(H \mid S)$;当用推理过程中得到的中间结论作为证据进行推理时,通过运用 EH 公式就可求出 $P(H \mid S)$。

主观贝叶斯方法的主要优点是:

① 主观贝叶斯方法中的计算公式大多是在概率的基础上推导出来的,具有较坚实的理论基础。

② 知识的静态强度 LS 及 LN 是由领域专家根据实践经验给出的,这就避免了大

量的数据统计工作。另外,它既用 LS 指出了证据 E 对结论 H 的支持程度,即指出了 E 对 H 的充分性程度,又用 LN 指出了 E 对 H 的必要性程度,这就比较全面地反映了证据与结论间的因果关系,符合现实世界中某些领域的实际情况,使推出的结论比较准确。

③ 主观贝叶斯方法不仅给出了在证据肯定存在或肯定不存在情况下由 H 的先验概率更新为后验概率的方法,而且还给出了在证据不确定情况下更新先验概率为后验概率的方法。另外,由其推理过程可以看出,它确实实现了不确定性逐级传递。因此,可以说主观贝叶斯方法是一种比较实用且较灵活的不确定性推理方法。

它的缺点是:

① 它要求领域专家在给出知识时,同时给出 H 的先验概率 $P(H)$,这是比较困难的。

② 贝叶斯定理中关于事件独立性的要求使主观贝叶斯方法的应用受到了限制。

7.2.2 证据推理

证据推理是一种处理不确定性的理论,由德普斯特(A. P. Dempster)于 20 世纪 60 年代首先提出,并由沙佛(G. Shafer)在 20 世纪 70 年代中期对其做了进一步发展。1981 年巴纳特(J. A. Barnett)把该理论引入专家系统中,同年卡威(J. Garvey)等人用它实现了不确定推理。由于该理论能够区分"不确定"和"不知道"的差异并能够处理由"不知道"引起的不确定性,具有较大的灵活性,因而受到了人们的重视。目前,在证据理论的基础上已经发展了多种不确定性推理模型。

1) 概率分配函数

证据理论是用集合表示命题的。设 D 是变量 x 所有可能取值的集合,且 D 中的元素是互斥的,在任意时刻 x 都取且只能取 D 中的某一元素为值,则称 D 为 x 的样本空间。

设 D 为样本空间,领域内的命题都用 D 的子集表示,则概率分配函数(basic probability assignment function)定义如下:

设函数 $M:2^D \rightarrow [0,1]$ 对于任何一个属于 D 的子集 A,令 A 对应一个数 $M \in [0,1]$ 且满足

$$\begin{cases} M(\varnothing) = 0 \\ \sum_{A \subseteq D} M(A) = 1 \end{cases} \tag{7.148}$$

则称 M 是 2^D 上的基本概率分配函数,$M(A)$ 称为 A 的基本概率数。在多源融合导航系统中,样本空间 D 是标记某个场所的所有源提取的特征,子集 A 对应实际可以获取的有限的特征量,可以根据 A 的信任函数和似然函数,判断是否为某个场所。

2) 信任函数

命题的信任函数(belief function)Bel: $2^D \rightarrow [0,1]$,且

$$\mathrm{Bel}(A) = \sum_{B \subseteq A} M(B) \quad A \subseteq D \tag{7.149}$$

式中：2^D 为 D 的所有子集。

Bel 函数又称为下限函数，$\mathrm{Bel}(A)$ 表示对命题 A 为真的总的信任程度。

由信任函数及概率分配函数的定义容易推出

$$\begin{cases} \mathrm{Bel}(\varnothing) = M(\varnothing) = 0 \\ \mathrm{Bel}(D) = \sum_{B \subseteq D} M(B) = 1 \end{cases} \tag{7.150}$$

3）似然函数

似然函数（plausibility function）又称为不可驳斥函数或上限函数，似然函数即

$$\mathrm{Pl}: 2^D \to [0,1], \text{且 } \mathrm{Pl}(A) = 1 - \mathrm{Bel}(\neg A) \qquad A \subseteq D$$

由于 $\mathrm{Bel}(A)$ 表示对 A 为真的信任程度，所以 $\mathrm{Bel}(\neg A)$ 就表示对 $\neg A$ 为真，即 A 为假的信任程度，由此可推出 $\mathrm{Pl}(A)$ 表示对 A 为非假的信任程度。

4）信任函数与似然函数的关系

因为

$$\mathrm{Bel}(A) + \mathrm{Bel}(\neg A) = \sum_{B \subseteq A} M(B) + \sum_{C \subseteq \neg A} M(C) \leqslant \sum_{E \subseteq D} M(E) = 1 \tag{7.151}$$

$$\begin{aligned} \mathrm{Pl}(A) - \mathrm{Bel}(A) &= 1 - \mathrm{Bel}(\neg A) - \mathrm{Bel}(A) = \\ & 1 - (\mathrm{Bel}(\neg A) + \mathrm{Bel}(A)) \geqslant 0 \end{aligned} \tag{7.152}$$

所以

$$\mathrm{Pl}(A) \geqslant \mathrm{Bel}(A) \tag{7.153}$$

由于 $\mathrm{Bel}(A)$ 表示 A 为真的信任程度，$\mathrm{Pl}(A)$ 表示 A 为非假的信任程度，因此可分别称 $\mathrm{Bel}(A)$ 和 $\mathrm{Pl}(A)$ 为对 A 信任程度的下限与上限，记为

$$A(\mathrm{Bel}(A), \mathrm{Pl}(A)) \tag{7.154}$$

5）概率分配函数的正交和（证据的组合）

有时对同样的证据会得到两个不同的概率分配函数，例如，对样本空间

$$D = \{a, b\} \tag{7.155}$$

从不同的来源分别得到如下两个概率分配函数：

$M_1(\{a\}) = 0.3, \quad M_1(\{b\}) = 0.6, \quad M_1(\{a,b\}) = 0.1, \quad M_1(\varnothing) = 0$

$M_2(\{a\}) = 0.4, \quad M_2(\{b\}) = 0.4, \quad M_2(\{a,b\}) = 0.2, \quad M_2(\varnothing) = 0$

此时需要对他们进行组合，德普斯特（A. P. Dempster）提出的组合方法就是对这两个概率分配函数进行正交和运算。

设 M_1 和 M_2 是两个概率分配函数，则其正交和 $M = M_1 \oplus M_2$ 为

$$\begin{cases} M(\varnothing) = 0 \\ M(A) = K^{-1} \sum_{x \cap y = A} M_1(x) M_2(y) \end{cases} \tag{7.156}$$

式中:K 由下式计算,即

$$K = 1 - \sum_{x \cap y = \varnothing} M_1(x) M_2(y) = \sum_{x \cap y \neq \varnothing} M_1(x) M_2(y) \tag{7.157}$$

如果 $K \neq 0$,则正交和 M 也是一个概率分配函数;如果 $K = 0$,则不存在正交和 M,即没有可能存在概率函数,称 M_1 与 M_2 矛盾。

对于多个概率分配函数 $M_1, M_2, \cdots, M_n$,如果他们可以组合,也可通过正交和运算将它们组合为一个概率分配函数,则定义为:

设 $M_1, M_2, \cdots, M_n$ 是 n 个概率分配函数,则其正交和 $M = M_1 \oplus M_2 \oplus \cdots \oplus M_n$ 为

$$M(\varnothing) = 0 \tag{7.158}$$

$$M(A) = K^{-1} \sum_{\cap A_i = A} \prod_{1 \leqslant i \leqslant n} M_i(A_i) \tag{7.159}$$

式中:K 由下式计算,即

$$K = \sum_{\cap A_i \neq \varnothing} \prod_{1 \leqslant i \leqslant n} M_i(A_i) \tag{7.160}$$

6)基于证据理论的不确定性推理

基于证据理论的不确定性推理,大体可分为以下步骤:

步骤 1:建立问题的样本空间 D。

步骤 2:由经验给出,或者由随机性规则和事实的信度度量计算求得幂集 2^D 的基本概率分配函数。

步骤 3:计算所关心的子集 $A \in 2^D$ 的信任函数值 $\mathrm{Bel}(A)$ 或者似然函数值 $\mathrm{Pl}(A)$。

步骤 4:由 $\mathrm{Bel}(A)$ 或者 $\mathrm{Pl}(A)$ 得出结论。

7.2.3　模糊推理

导航系统状态观测一般都要求有精确的数学模型,但很多参数呈现极强的时变非线性特性,一般很难建立数学模型,所以对于不确定性系统,采用常规建模方法很难实现有效观测,而模糊推理可以利用语言信息却不需要精确的数学模型,从而可以实现对不确定性系统较好的推理。模糊推理是以模糊数学为基础,运用语言规则知识表示方法和先进的计算机技术,由模糊推理进行决策的一种高级状态观测策略。例如,卫星的载噪比与卫星定位系统的可信度没有直接的数学关系,但是可以通过模糊推理将两者建立关联。

1)模糊集合

(1)模糊集合的定义。模糊集合是经典集合的扩充。下面首先介绍集合论中的几个名词。

论域:所讨论的全体对象称为论域,一般用 U、E 等大写字母表示论域。

元素:论域中的每个对象,一般常用 a、b、c、x、y、z 等小写字母表示集合中的元素。

集合:论域中具有某种相同属性的确定的、可以彼此区别的元素的全体,常用 A、

B、C、X、Y、Z 等表示集合。

在经典集合中,元素 a 和集合 A 的关系只有两种:a 属于 A 或 a 不属于 A,即只有两个真值"真"和"假"。

经典集合只能描述确定性的概念,而不能描述现实世界中模糊的概念。例如,"天气很热"等概念。模糊逻辑模仿人类的指挥,引入隶属度(degree of membership)的概念,描述介于"真"与"假"中间的过程。

模糊集合中每一个元素被赋予一个介于 0 和 1 之间的实数,描述其元素属于一个集合的强度,该实数称为元素属于一个模糊集合的隶属度。

模糊集合中所有元素的隶属度全体构成集合的隶属函数。模糊集合是经典集合的推广。实际上,经典集合是模糊集合中隶属度只取 0 或 1 的特例。

(2)模糊集合的表示方法。与经典集合表示不同的是,模糊集合中不仅要列出属于这个集合的元素,而且要注明这个元素属于这个集合的隶属度。

当论域中元素数目有限时,模糊集合 A 的数学描述为

$$A = \{ (x, \mu_A(x)), x \in X \} \tag{7.161}$$

式中:$\mu_A(x)$ 为元素 x 属于模糊集 A 的隶属度;X 为元素 x 的论域。

① Zadeh 表示法:当论域是离散且元素数目有限时,常采用模糊集合的 Zadeh 表示法,即

$$A = \mu_A(x_1)/x_1 + \mu_A(x_2)/x_2 + \cdots + \mu_A(x_n)/x_n = \sum_{i=1}^{n} \mu_A(x_i)/x_i \tag{7.162}$$

式中:x_i 为模糊集合所对应的论域中的元素;而 $\mu_A(x_i)$ 为相应的隶属度;"/"只是一个分隔符号,并不表示分数的意思;符号"+"或者"Σ"也不表示求和,而是表示模糊集合在论域上的整体。

式(7.162)也可以等价地表示为

$$A = \{ \mu_A(x_1)/x_1, \mu_A(x_2)/x_2, \cdots, \mu_A(x_n)/x_n \} \tag{7.163}$$

当论域是连续的,或者其中元素数目无限时,Zadeh 将模糊集 A 表示为

$$A = \int_{x \in U} \mu_A(x)/x \tag{7.164}$$

这里的"$\int$"不是数学中的积分符号,也不是求和,只是表示论域中各元素与其隶属度对应关系的总括,是一个记号。

② 序偶表示法:

$$A = \{ (\mu_A(x_1), x_1), (\mu_A(x_2), x_2), \cdots, (\mu_A(x_n), x_n) \} \tag{7.165}$$

③ 矢量表示法:

$$\boldsymbol{A} = [\mu_A(x_1) \ \mu_A(x_2) \ \cdots \ \mu_A(x_n)] \tag{7.166}$$

在矢量表示法中,因为默认模糊集合中的元素依次是 $x_1, x_2, \cdots, x_n$,所以,隶属度为 0 的项不能省略。

（3）隶属函数。模糊集合中所有元素的隶属度全体构成模糊集合的隶属函数（membership function）。

正确地确定隶属函数是运用模糊集合理论解决实际问题的基础。隶属函数是对模糊概念的定量描述。我们遇到的模糊概念不胜枚举，然而准确地反映模糊集合的隶属函数却无法找到统一的模式。

隶属函数的确定过程，本质上说应该是客观的，但每个人对于同一个模糊概念的认识和理解又有差异。因此，隶属函数的确定又带有主观性。实际上，引进隶属度后，将人们认识事物的模糊性转化为确定隶属函数的主观性。

隶属函数一般根据经验或统计进行确定，也可由专家给出。对于同一个模糊概念，不同的人会建立不完全相同的隶属函数，尽管形式不完全相同，只要能反映同一模糊概念，在解决和处理实际模糊信息的问题中仍然殊途同归。常见的隶属函数有高斯型、三角形和梯形等。隶属函数确定的方法有模糊统计法、专家经验法、二元对比排序法和基本概念扩充法。

2）模糊集合的运算

模糊集合是经典集合的推广，所以，经典集合的运算可以推广到模糊集合。但由于模糊集合要由它的隶属函数加以确定，因此需要重新定义模糊集合的基本运算。

（1）模糊集合的包含关系：若 $\mu_A(x) \geqslant \mu_B(x)$，则称 A 包含 B，记作 $A \supseteq B$。

（2）模糊集合的相等关系：若 $\mu_A(x) = \mu_B(x)$，则称 A 与 B 相等，记作 $A = B$。

（3）模糊集合的交、并、补关系：设 A、B 是论域 U 中的两个模糊集。

① 交运算，$A \cap B$：

$$\mu_{A \cap B}(x) = \min\{\mu_A(x), \mu_B(x)\} = \mu_A(x) \wedge \mu_B(x) \tag{7.167}$$

② 并运算，$A \cup B$：

$$\mu_{A \cap B}(x) = \max\{\mu_A(x), \mu_B(x)\} = \mu_A(x) \vee \mu_B(x) \tag{7.168}$$

③ 补运算，$\bar{A}$：

$$\mu_{\bar{A}}(x) = 1 - \mu_A(x) \tag{7.169}$$

3）模糊关系与模糊关系合成

（1）模糊关系。在模糊集合论中，模糊关系占有重要地位。模糊关系是普通关系的推广：普通关系描述两个集合中的元素之间是否有关联，模糊关系则描述两个模糊集合中的元素之间的关联程度。当论域为有限时，可以采用模糊矩阵表示模糊关系。

设 A、B 两个模糊集合，在模糊数学中，模糊关系可用叉积表示为

$$R: A \times B \to [0,1] \tag{7.170}$$

每一数对 (a, b) 都对应介于 0 和 1 中的一个实数，它描述了该数对互相之间关系的强弱。在模糊逻辑中，这种叉积常用最小算子运算，即

$$\mu_{A \times B}(a, b) = \min\{\mu_A(a), \mu_B(b)\} \tag{7.171}$$

若 A、B 为离散模糊集,其隶属函数分别为

$$\boldsymbol{\mu}_A = \{\mu_A(a_1), \mu_A(a_2), \cdots, \mu_A(a_n)\}$$

$$\boldsymbol{\mu}_B = \{\mu_B(a_1), \mu_B(a_2), \cdots, \mu_B(a_n)\} \tag{7.172}$$

则其叉积运算为

$$\boldsymbol{\mu}_{A \times B}(a,b) = \boldsymbol{\mu}_A^{\mathrm{T}} \circ \boldsymbol{\mu}_B \tag{7.173}$$

式中:"$\circ$"为模糊矢量乘。

上述定义的模糊关系,又称为二元模糊关系。通常所谓的模糊关系 R,一般是指二元模糊关系。

(2) 模糊关系的合成。模糊关系的合成是普通关系合成的推广,定义为:

设 U、V、W 是论域,Q 为 U 到 V 的一个模糊关系,R 为 V 到 W 的一个模糊关系,则模糊关系 Q 与模糊关系 R 的合成 $Q \circ R$ 是 U 到 W 的一个模糊关系,它具有隶属函数:

$$\mu_{Q \circ R}(u,w) = \bigcup_{v \in V} (\mu_Q(u,v) \wedge \mu_R(v,w)) \tag{7.174}$$

当论域 U、V、W 为有限时,模糊关系的合成可用模糊矩阵的合成表示。设 Q、R、S 三个模糊关系对应的模糊矩阵分别为

$$\boldsymbol{Q} = (q_{ij})_{n \times m}, \quad \boldsymbol{R} = (r_{jk})_{m \times l}, \quad \boldsymbol{S} = (s_{ik})_{n \times l}$$

则有

$$S_{ik} = \bigcup_{j=1}^{m} (q_{ij} \wedge r_{jk}) \tag{7.175}$$

模糊关系 Q 与模糊关系 R 的合成 S 是模糊矩阵的叉乘 $Q \circ R$。

模糊矩阵的合成可以由多种计算方法得到。例如下列常用的几种计算方法:

① 最大-最小合成法:写出矩阵乘积 QR 中的每个元素,然后将其中的乘积运算用取小运算代替,求和运算用取大运算代替。

② 最大-代数积合成法:写出矩阵乘积 QR 中的每个元素,然后将其中的求和运算用取大运算代替,而乘积运算不变。

不能用模糊矩阵表达的模糊关系也可以进行合成运算,也遵循最大、最小原则。例如 R 和 S 为 $X \times Y$ 和 $Y \times Z$ 上的模糊关系,且不能用矩阵表示,其隶属度函数分别为 $\mu_R(x,y)$ 和 $\mu_S(y,z)$,则 $R \circ S$ 的隶属函数为

$$\mu_{R \circ S}(x,z) = \bigvee_{y \in Y} (\mu_R(x,v) \wedge \mu_S(y,z)) \tag{7.176}$$

4) 模糊推理

(1) 模糊知识表示。人类思维判断的基本形式是:如果(条件) → 则(结论),其中的条件和结论常常是模糊的。

许多模糊规则实际上是一组多重条件语句,可以表示为从条件论域到结论论域的模糊关系矩阵 $\boldsymbol{R}$。通过条件模糊矢量与模糊关系 $\boldsymbol{R}$ 的合成进行模糊推理,得到结论的模糊矢量,然后采用"清晰化"方法将两模糊结论转换为精确量。

根据模糊集合和模糊关系理论,对于不同类型的模糊规则可用不同的模糊推理方法。

（2）对"IF A THEN B"类型的模糊规则的推理如下：

若已知输入为 A，则输出为 B；若现在已知输入为 A' 则输出 B' 用合成规则求取

$$B' = A' \circ R \tag{7.177}$$

式中：R 为 A 到 B 的模糊关系。

5）模糊决策

由上述模糊推理得到的结论或者操作是一个模糊矢量，不能直接应用，需要先转化为确定值。将模糊推理得到的模糊矢量转化为确定值的过程称为"模糊决策"，或者"模糊判决""反模糊化""清晰化"等，下面介绍几种简单、实用的模糊决策方法。

（1）最大隶属度法。最大隶属度法是在模糊矢量中，取隶属度最大的量作为推理结果。这种方法的优点是简单易行，缺点是完全排除了其他隶属度较小的量的作用，没有充分利用推理过程取得的信息。

（2）加权平均判决法。为了克服最大隶属度法的缺点，可采用加权平均判决法，即

$$U = \frac{\sum_{i=1}^{n} \mu(U_i) U_i}{\sum_{i=1}^{n} \mu(U_i)} \tag{7.178}$$

（3）中位数法。论域上把隶属函数曲线与横坐标围成的面积平分为两部分的元素称为模糊集的中位数。中位数法就是把模糊集的中位数作为系统控制量。当论域为有限离散点时，中位数 U^* 可以用下式求取：

$$\sum_{U_1}^{U^*} \mu(U_i) = \sum_{U^*+1}^{U_n} \mu(U_j) \tag{7.179}$$

与最大隶属度法相比，这种方法利用了更多的信息，但计算比较复杂，特别是在连续隶属度函数时，需要求解积分方程，因此应用场合要比加权平均法少。

加权平均法比中位数法具有更佳的性能，而中位数法的动态性能要优于加权平均法，静态性能则略逊于加权平均法。

🔺 7.3　其他数据融合方法

除了上述两类融合方法，实际中，还有很多理论可以用于多源导航信息的数据融合，其中，比较典型的是机器学习、人工智能方法，这些方法已经在模式识别、图像处理等领域有出色的表现，其学习和训练的思想同样可以用于多源融合导航中的位置估计，尤其是针对一些无法在导航源观测信息和系统状态之间建立明确的数学模型的情况，如 WLAN 定位中无法从载体接收到的 WLAN 信号强度直接计算载体位置，视觉合作目标定位也同样无法从获取的图像标签中直接计算载体位置，但是通过信号强度或者图像标签的离线学习，可以建立观测量与系统状态之间的学习模型，从而在实时定位时，可以将当前获取的观测量送入训练好的学习模型，输出系统状态，实现多源信息的融合处理。

本节主要介绍一些新的数据融合方法,包括神经网络、支持向量机、隐马尔科夫模型(HMM)等。

7.3.1　神经网络

神经网络(NN)依赖于现代神经生物学上的模拟网络,是对人脑神经系统的抽象与建模。神经网络的出现为数据融合提供了一种全新的思路,打破了传统的推理式模式,使得数据融合技术不再局限于严密的逻辑推理和精确的计算,克服了很多传统融合技术无法解决的难题[11]。

神经网络可以根据网络的拓扑结构和信息流向进行分类。依据拓扑结构分类时,可以按照神经元之间的连接方式分为层次型结构、互联型结构以及稀疏型结构的神经网络模型。依据内部信息的流向可以分为前馈式与反馈式神经网络模型。本节所介绍的 BP 神经网络属于层次型、前馈式神经网络模型。

在前馈式神经网络模型中,信息传输路线为输入层、隐含层、输出层,各层之间不含有反馈路径。并且各层节点的功能也有所不同,输入层节点只负责将外界信息引入隐含层,而隐含层与输出层节点需要对各层的输入信息处理后再传输出去。

人工神经网络的学习方式可以分为三种:有导师引导的学习、无导师引导的学习以及灌输式学习。其中有导师引导的学习方式主要应用于 BP 神经网络,它具有纠错功能。

BP 神经网络的拓扑属于单纯层次型,信息流向为前馈式,学习方式为有导师引导。1987 年,Rumelhart 和 McClelland 在文献[11]中进行了详尽分析和推理。其典型的三层网络模型如图 7.7 所示。

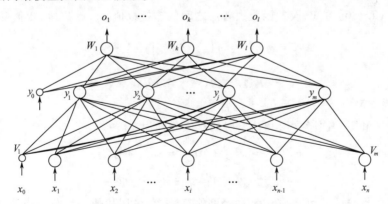

图 7.7　BP 神经网络的三层网络结构

各层矢量分别为 $\boldsymbol{X}$、$\boldsymbol{Y}$、$\boldsymbol{O}$,其中输入矢量为 $\boldsymbol{X} = \begin{bmatrix} x_0 & x_1 & \cdots & x_{n-1} & x_n \end{bmatrix}^{\mathrm{T}}$,对应多源融合导航系统中,是指不同源的观测信息,如 WLAN 定位系统的信号强度、视觉定位系统中的图像等,隐含层矢量为 $\boldsymbol{Y} = \begin{bmatrix} y_0 & y_1 & \cdots & y_{m-1} & y_m \end{bmatrix}^{\mathrm{T}}$,输出层矢量为

$O = [\, o_1 \quad \cdots \quad o_k \quad \cdots \quad o_l \,]$，输出可以是系统状态，如位置，也可以是大尺度的场所标识等。输入层与隐含层神经元间的连接权值矩阵 $V = [\, v_1 \quad \cdots \quad v_k \quad \cdots \quad v_m \,]$。隐含层与输出层神经元之间的连接权值矩阵 $W = [\, w_1 \quad \cdots \quad w_k \quad \cdots \quad w_l \,]$。输入层信号 x_i 与隐含层信号 y_j 之间的关系为

$$\text{net}_j = \sum_{i=0}^{n} v_{ij} x_i \qquad j = 1, 2, \cdots, m \tag{7.180}$$

$$y_j = f(\text{net}_j) \qquad j = 1, 2, \cdots, m \tag{7.181}$$

式中：f 为激活函数。

隐含层信号 y_j 与输出层信号 o_k 之间的关系为

$$\text{net}_k = \sum_{j=0}^{m} w_{kj} y_j \qquad k = 1, 2, \cdots, l \tag{7.182}$$

$$o_k = f(\text{net}_k) \qquad k = 1, 2, \cdots, l \tag{7.183}$$

误差函数为

$$E = \frac{1}{2}(\boldsymbol{D} - \boldsymbol{O})^2 = \frac{1}{2} \sum_{k=1}^{l} (d_k - o_k)^2 \tag{7.184}$$

式中：D 为期望值；O 为输出值。

将隐含层和输入层的神经元函数逐步加入误差公式，可得误差函数为

$$E = \frac{1}{2} \sum_{k=1}^{l} [d_k - f(\text{net}_k)2]^2 = \frac{1}{2} \sum_{k=1}^{l} \left[d_k - f\left(\sum_{j=0}^{m} w_{jk} y_j \right) \right]^2 \tag{7.185}$$

$$E = \frac{1}{2} \sum_{k=1}^{l} \left\{ d_k - f\left[\sum_{j=0}^{m} w_{jk} f(\text{net}_j) \right] \right\}^2 = \frac{1}{2} \sum_{k=1}^{l} \left\{ d_k - f\left[\sum_{j=0}^{m} w_{jk} f\left(\sum_{i=0}^{n} v_{ij} x_i \right) \right] \right\}^2 \tag{7.186}$$

由式(7.186)可知，误差函数由各层之间的连接权值 w_{jk}、v_{ij} 决定，权值变化率为

$$\Delta v_{ij} = \eta \delta_j^l x_i = \eta \left(\sum_{k=1}^{l} \delta_k^0 w_{jk} \right) y_j (1 - y_j) x_i \tag{7.187}$$

$$\Delta w_{jk} = \eta \delta_k^0 y_j = \eta (d_k - o_k) o_k (1 - o_k) y_j \tag{7.188}$$

式中：η 为学习速率，一般为 $0 \sim 1$ 的常数。

设本次和下一次隐含层和输出层的权值分别为 w_{jk}^n、v_{ij}^n、w_{jk}^{n+1}、v_{ij}^{n+1}。则有

$$w^{n+1}_{jk} = w^n_{jk} + \Delta w_{jk} = w^n_{jk} + \eta \delta_k^0 y_j \tag{7.189}$$

$$v^{n+1}_{ij} = v^n_{ij} + \Delta v_{ij} = v^n_{ij} + \eta \delta_j^l x_i \tag{7.190}$$

从以上推导公式可知，在 BP 神经网络算法中，各层权值的优化调整与学习速率 η、各层信号以及本层误差函数有关，其中误差函数是由预测输出和实际输出之间的误差以及预测输出组成。这说明各隐含层的误差函数与前一层的误差信号有关，都是由输出层的误差逐层反向传播过来的。

BP 神经网络算法分为训练过程和学习过程，其流程如图 7.8 所示。

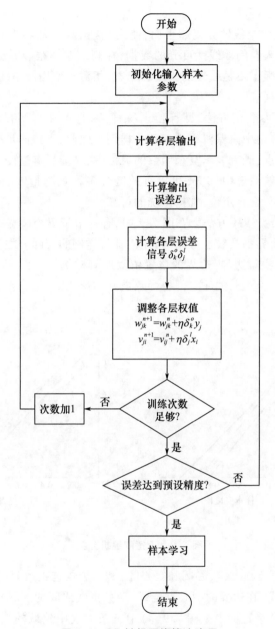

图 7.8　BP 神经网络算法流程

7.3.2　支持向量机

支持向量机(SVM)是一种应用广泛的监督学习方法,在没有先验知识的应用场景中,支持向量机是一个非常好的解决问题的方法。SVM 有三个重要的优点:

(1) SVM 构造一个极大边距分离器,其与样例点具有最大可能距离的决策边界。这样有助于做良好泛化。

（2）SVM 生成一个线性分离超平面,使用"核函数",能够将数据嵌入更高维度空间。通常在原输入空间非线性可分的数据,在高维空间很容易分开。高维线性分离器在原空间中实际上不是线性的。这意味着,相对于使用严格线性表示的方法,假设空间得到极大扩展。

（3）SVM 是非参数化方法,即保留训练样例,且潜在需要存储所有训练样例。另一方面,在实际应用中只保留很少一部分样例。因此,支持向量机综合了非参数化和参数化模型的优点:既有表示复杂函数的灵活性,又能抵御过度拟合。

在多源融合导航系统中,SVM 可以有效区分多种观测量中的正常量和异常量,从而隔离异常量参与融合定位,维护系统的可靠性。

下面将具体讨论 SVM 方法。在图 7.9 中,有一个带三个候选决策边界的二值分类问题,每个决策边界都是线性分离器,他们都与样例的实际分类一致。一般的分类方法通常寻找一个决策边界,边界的位置依赖所有样例点。而 SVM 的思想在于:某些样例比其他样例更重要,关注它们将导致更好的泛化。

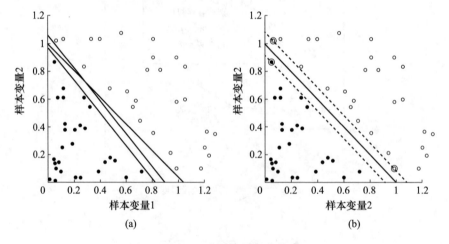

图 7.9　支持向量机分类

图 7.9（a）中两类圆点（实心圆和空心圆）和三个候选决策分离器。图 7.9（b）极大边距分离器（实线）在边界的中心点位置（两条虚线之间的区域）。支持向量（带大圈的点）是离分离器最近的点。图 7.9（a）中三条直线中最低的那一条,它与 4 个黑样例非常接近。尽管它正确分类所有样例,最小化损耗,但是它的位置很危险,似乎黑色样例随时有可能出现在直线的另一边。

SVM 要处理问题思路不是要最小化训练数据上的期望经验损耗,而是试图最小化期望泛化损耗。虽然无法知道未知点可能落在何处,但在概率假设——它们取自与已知点相同的分布之下,通过选择离已知点最远的分离器,能够最小化泛化损耗。这个分离器称为"极大边距分离器",边距是图 7.9（b）中两条虚线界定的区域的长度。

在线性可分的情况下,有一个超平面可以把所有的训练样本正确划分为两类,这个超平面可以用分类函数 $f(\boldsymbol{x}) = \boldsymbol{\omega}^{\mathrm{T}}\boldsymbol{x} + b$ 表示,y 为分类结果,训练集被正确分为两类

$$\boldsymbol{\omega}^{\mathrm{T}}\boldsymbol{x} + b > 0, \quad y = +1$$
$$\boldsymbol{\omega}^{\mathrm{T}}\boldsymbol{x} + b < 0, \quad y = -1 \tag{7.191}$$

由几何知识可得,任意样本点到最优分类面的距离为

$$\gamma = \frac{\boldsymbol{\omega}^{\mathrm{T}}\boldsymbol{x} + b}{\parallel \boldsymbol{\omega} \parallel} \tag{7.192}$$

为了得到距离的绝对值,将 γ 乘以对应的类别 y,得到

$$\tilde{\gamma} = y\gamma = \frac{y(\boldsymbol{\omega}^{\mathrm{T}}\boldsymbol{x} + b)}{\parallel \boldsymbol{\omega} \parallel} \tag{7.193}$$

最大间隔分类器(maximum margin classifier)的目标函数可以定义为

$$\max \tilde{\gamma} \tag{7.194}$$

根据间隔的定义,同时需要满足的条件为

$$\frac{y_i(\boldsymbol{\omega}^{\mathrm{T}}\boldsymbol{x}_i + b)}{\parallel \boldsymbol{\omega} \parallel} = \tilde{\gamma}_i \geqslant \tilde{\gamma} \quad i = 1,2,\cdots,n \tag{7.195}$$

对于这个不等式的和,其任意正倍数都满足不等式,所以设置 $\tilde{\gamma} = 1/\parallel \boldsymbol{\omega} \parallel$,且 $y_i(\boldsymbol{\omega}^{\mathrm{T}}\boldsymbol{x}_i + b) \geqslant 1, i = 1,2,\cdots,n$,从而上述目标函数转化为

$$\begin{cases} \max \dfrac{1}{\parallel \boldsymbol{\omega} \parallel} \\ \mathrm{s.t.} \quad y_i(\boldsymbol{\omega}^{\mathrm{T}}\boldsymbol{x}_i + b) \geqslant 1 \quad i = 1,2,\cdots,n \end{cases} \tag{7.196}$$

进一步等价为

$$\begin{cases} \min \parallel \boldsymbol{\omega} \parallel^2 \\ \mathrm{s.t.} \quad y_i(\boldsymbol{\omega}^{\mathrm{T}}\boldsymbol{x}_i + b) \geqslant 1 \quad i = 1,2,\cdots,n \end{cases} \tag{7.197}$$

该最优化问题,在线性可分的情况下利用拉格朗日乘子法解决,对应的拉格朗日函数表达为[19-20]

$$L(\boldsymbol{\omega},b,a) = \frac{1}{2}\parallel \boldsymbol{\omega} \parallel^2 - \sum_{i=1}^{n} \alpha_i\{y_i(\boldsymbol{\omega}^{\mathrm{T}}\boldsymbol{x}_i + b) - 1\} \tag{7.198}$$

式中:α_i 为拉格朗日乘子,$\alpha_i \geqslant 0$。于是,不等式约束转化为无约束条件的最优化问题,即求拉格朗日函数关于 $\boldsymbol{\omega}$ 和 b 的最小值和关于 α 的最大值。

首先求解关于 $\boldsymbol{\omega}$ 和 b 的最小值,其充分必要条件是拉格朗日函数对 $\boldsymbol{\omega}$ 和 b 的偏导为零,即

$$\frac{\partial L}{\partial \boldsymbol{\omega}} = 0 \rightarrow \boldsymbol{\omega} = \sum_{i=1}^{n} \alpha_i y_i \boldsymbol{x}_i \tag{7.199}$$

$$\frac{\partial L}{\partial b} = 0 \rightarrow \sum_{i=1}^{n} \alpha_i y_i = 0 \tag{7.200}$$

将 $\boldsymbol{\omega}$ 和 b 带入式(7.198),得到

$$L(\boldsymbol{\omega},b,a) = \sum_{i=1}^{n} \alpha_i - \frac{1}{2} \sum_{i=1}^{n} \sum_{j=1}^{n} \alpha_i \alpha_j y_i y_j \boldsymbol{x}_i^{\mathrm{T}} \boldsymbol{x}_j \qquad (7.201)$$

由此拉格朗日函数只包含一个变量,那就是 α_i,由式(7.201)有

$$\begin{cases} \max_{\alpha} \sum_{i=1}^{n} \alpha_i - \frac{1}{2} \sum_{i=1}^{n} \sum_{j=1}^{n} \alpha_i \alpha_j y_i y_j \boldsymbol{x}_i^{\mathrm{T}} \boldsymbol{x}_j \qquad \text{s. t.} \quad \alpha_i \geqslant 0, \quad i = 1,2,\cdots,n \\ \sum_{i=1}^{n} \alpha_i y_i = 0 \end{cases}$$

$$(7.202)$$

α_i 的求解方法这里不再详述,在求解出 α_i 后,进而可以计算出 $\boldsymbol{\omega}$ 和 b

$$\boldsymbol{\omega} = \sum_{i=1}^{n} \alpha_i y_i \boldsymbol{x}_i \qquad (7.203)$$

$$b = - \frac{\max_{i:y_i=-1} \boldsymbol{\omega}^{\mathrm{T}} \boldsymbol{x}_i + \min_{i:y_i=1} \boldsymbol{\omega}^{\mathrm{T}} \boldsymbol{x}}{2} \qquad (7.204)$$

最终得到超平面,即分类决策函数。

实际中,由于噪声等因素的影响,会出现偏离正常位置很远的样本,在最初的 SVM 模型里,由于超平面只有少数几个支持向量组成,如果这些支持向量中出现异常的样本点,则对分类结果影响很大。因此,引入松弛变量 $\xi_i(i = 1,2,\cdots,n)$,来容许一定数量的错分样本存在,于是最优化问题变为

$$\begin{cases} \min \frac{1}{2} \parallel \boldsymbol{\omega} \parallel^2 + C \left(\sum_{i=1}^{n} \xi_i \right) \\ \text{s. t.} \quad y_i(\boldsymbol{\omega}^{\mathrm{T}} \boldsymbol{x}_i + b) \geqslant 1 - \xi_i \qquad i = 1,2,\cdots,n \\ \xi_i \geqslant 0, \quad i = 1,2,\cdots,n \end{cases} \qquad (7.205)$$

式中:$C > 0$ 是一个惩罚因子,用于控制目标函数中"寻找 margin 最大的超平面"和"保证数据点偏差量最小"之间的权重。C 越大,越能够减少干扰点所造成的损失。

相应的拉格朗日函数表达为

$$L(\boldsymbol{\omega},b,a) = \frac{1}{2} \parallel \boldsymbol{\omega} \parallel^2 + C \sum_{i=1}^{n} \xi_i - \sum_{i=1}^{n} \alpha_i \{ y_i(\boldsymbol{\omega}^{\mathrm{T}} \boldsymbol{x}_i + b) - 1 + \xi_i \} - \sum_{i=1}^{n} r_i \xi_i \quad (7.206)$$

$$L(\boldsymbol{\omega},b,a) = \sum_{i=1}^{n} \alpha_i - \frac{1}{2} \sum_{i=1}^{n} \sum_{j=1}^{n} \alpha_i \alpha_j y_i y_j \boldsymbol{x}_i^{\mathrm{T}} \boldsymbol{x}_j \qquad (7.207)$$

拉格朗日函数对 $\boldsymbol{\omega}$、b 和 ξ 的偏导为零,即

$$\frac{\partial L}{\partial \boldsymbol{\omega}} = 0 \rightarrow \boldsymbol{\omega} = \sum_{i=1}^{n} \alpha_i y_i \boldsymbol{x}_i \qquad (7.208)$$

$$\frac{\partial L}{\partial b} = 0 \rightarrow \sum_{i=1}^{n} \alpha_i y_i = 0 \qquad (7.209)$$

$$\frac{\partial L}{\partial \xi_i} = 0 \rightarrow C - \alpha_i - r_i = 0 \qquad i = 1,2,\cdots,n \qquad (7.210)$$

将 $\boldsymbol{\omega}$、b 和 ξ 代入拉格朗日函数,得到和原来一样的函数

$$L(\boldsymbol{\omega}, b, a) = \sum_{i=1}^{n} \alpha_i - \frac{1}{2} \sum_{i=1}^{n} \sum_{j=1}^{n} \alpha_i \alpha_j y_i y_j \boldsymbol{x}_i^{\mathrm{T}} \boldsymbol{x}_j \tag{7.211}$$

由此拉格朗日函数只包含一个变量,那就是 α_i,由式(7.211)有

$$\max_{\alpha} \sum_{i=1}^{n} \alpha_i - \frac{1}{2} \sum_{i=1}^{n} \sum_{j=1}^{n} \alpha_i \alpha_j y_i y_j \boldsymbol{x}_i^{\mathrm{T}} \boldsymbol{x}_j \quad \text{s. t.} \quad \begin{cases} 0 \leqslant \alpha_i \leqslant C, \quad i = 1, 2, \cdots, n \\ \sum_{i=1}^{n} \alpha_i y_i = 0 \end{cases} \tag{7.212}$$

上述方法主要是针对线性分类的,但是实际中的分类问题往往表现为非线性问题。支持向量机在处理非线性问题时,首先将输入空间通过特定函数的非线性映射变换到高维特征空间,在此高维空间中构造分类超平面,然后变换回原始空间得到非线性分类面。

由于变换空间的维数很高,容易导致维数灾难,而支持向量机分类器只涉及向量的内积运算,因此通过利用核函数就可以避免高维空间的维数灾难问题。

非线性支持向量机通过某种预先选择的非线性映射进行变换,即

$$\phi: \boldsymbol{L} \to \boldsymbol{H} \tag{7.213}$$

式中:$\boldsymbol{L}$ 是一个低维的欧氏空间,而 $\boldsymbol{H}$ 是一个高维的内积线性特征空间;定义一个核函数 K,使得

$$K(\boldsymbol{x}_i, \boldsymbol{x}_j) = \langle \phi(\boldsymbol{x}_i), \phi(\boldsymbol{x}_j) \rangle \tag{7.214}$$

式中:$< *, * >$ 为内积,由此拉格朗日函数式(7.212)变为

$$\max_{\alpha} \sum_{i=1}^{n} \alpha_i - \frac{1}{2} \sum_{i=1}^{n} \sum_{j=1}^{n} \alpha_i \alpha_j y_i y_j K(\boldsymbol{x}_i, \boldsymbol{x}_j) \quad \text{s. t.} \quad \begin{cases} \alpha_i \geqslant 0, \quad i = 1, 2, \cdots, n \\ \sum_{i=1}^{n} \alpha_i y_i = 0 \end{cases} \tag{7.215}$$

这样就把低维空间的非线性分类问题转化为高维空间的线性分类问题,采用的方法与线性支持向量机相同。

7.3.3　基于 HMM 的多维特征联合匹配定位方法

HMM 是一种统计模型,它用来描述一个含有隐含未知参数的马尔科夫过程。它的状态不能直接观察到,但能通过观测矢量序列观察得到,每个观测矢量都是通过概率密度分布表现为各种状态,每一个观测矢量是由一个具有相应概率密度分布的状态序列产生。HMM 可以用 5 个元素来描述,包括 2 个状态集合和 3 个概率矩阵,即 $\lambda = [S, O, \boldsymbol{\pi}, \boldsymbol{A}, \boldsymbol{B}]$,如图 7.10 所示。

隐含状态 s 之间满足马尔科夫性质,它无法通过直接观测而得到;可观测状态 o 与隐含状态相关联,可通过直接观测得到;初始状态概率矩阵 $\boldsymbol{\pi}$ 表示在初始时刻 t_1 时,隐含状态 s 的概率分布矩阵;隐含状态转移概率矩阵 $\boldsymbol{A}$ 描述了 HMM 中各隐含状态 s 之间的转移概率,其中 $a_{ij} = P(s_j | s_i)$ 表示在 t_i 时刻状态为 s_i 的条件下,在 t_j 时刻状态是 $s_j(i < j)$ 的概率。隐含状态转移概率满足 $a_{ij} \geqslant 0$ 且 $\sum_{j=1}^{N} a_{ij} = 1, 1 \leqslant i \leqslant N$。输

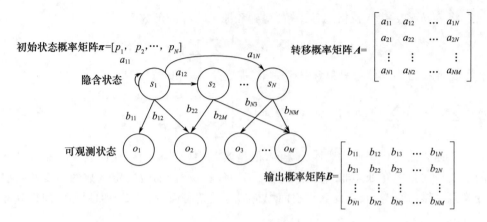

图 7.10　HMM 参数

出概率矩阵 $\boldsymbol{B}$ 中的输出概率 b_{jk} 表示由隐含状态 s_j 表现为观测状态 o_k 的概率 $b_{jk} = P(o_k \mid s_j)$，满足 $b_{jk} \geqslant 0$。隐马尔科夫模型解决的一个基本问题为：已知模型参数，根据可观测状态序列 $O_m = (o_{m_{t_1}}, \cdots, o_{m_{t_i}}, \cdots, o_{m_{t_Q}})$，找到一个最可能的隐含序列 $S_* = (s_{*t_1}, \cdots, s_{*t_i}, \cdots, s_{*t_Q})$。

　　在定位过程中，用户不断感知到多维特征信息，包括 WLAN/蓝牙/蜂窝无线电接收信号强度（RSSI）及基站标识（WLAN/蓝牙为 MAC 地址，蜂窝网络为 Cell ID）、磁场的强度、图像以及场景信息等，但用户并不知道自身所在位置，而不同位置所感知到的多维特征信息不同，且相邻位置排列形成的位置序列 S 符合马尔科夫特性，因此，可用隐马尔科夫模型解决该多源融合定位问题。

　　按照以上的描述，多源融合定位问题中各物理量对应的隐马尔科夫模型中的参数可说明如下：对于一个确定且已知的环境，可提前定义若干参考点 s，所有的参考点可以事先得到，并且存储到一个集合 S 中，假设此环境中共有 N 个参考点，那么 $S = \{s_1, s_2, \cdots, s_N\}$。每一个参考点的位置也都提前存储到数据库中，$s$ 即为隐含状态；可观测状态 o_i 为每个采样时刻用户感知到的观测信息；初始状态矩阵在初始定位时刻可简单认为用户处于每个参考点的概率相同；a_{ij} 与 s_i 和 s_j 两个状态点之间的距离相关，设两参考点间的真实距离为 d_{ij}，实际测量得到的两特征信息间的距离 l 与 d_{ij} 越接近，这两个参考点之间的转移概率越大，反之越小。因此，可将转移概率简化成高斯模型，即 $a_{ij} = P(d_{ij})$，其中 d_{ij} 服从 $N(l, \sigma)$ 的高斯分布，σ 为里程计或 PDR 的误差方差。输出概率描述了数据库中的任意一个参考点表现为当前观测到的特征信息的概率大小，b_{jk} 可通过数据库查表计算得到。

　　图 7.11 给出了基于 HMM 的多维特征联合匹配定位方法架构，它包括两个环节，分别是特征信息提取感知和匹配定位。

　　特征信息提取感知一方面是利用传感器直接对无线电信号、地磁等特征信息进行观测，另一方面，通过对原始观测值的提取和预处理，对场景信息进行感知。这样，

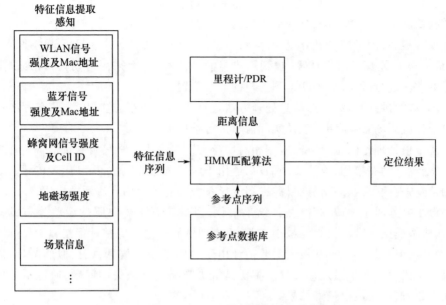

图 7.11　基于 HMM 的多维特征联合匹配定位方法

在每个采样时刻,都能提取和感知得到一个或多个上述特征信息,供匹配阶段使用。

　　HMM 匹配定位需要解决的问题是在数据库的诸多参考点中寻找到与终端实时提取和感知到的观测信息相匹配,以实时得到用户的当前位置。我们将终端提取和感知到的观测信息按时间先后顺序进行排列得到观测序列 $O = (o_1, o_2, \cdots, o_i, \cdots)$,其中相邻两个观测到的状态之间的距离可通过车辆里程计或 PDR 得到,HMM 匹配算法要在数据库的诸多参考点中寻找一个与参考点序列 S 和序列 O 相匹配,便得到车辆或行人的实时位置。

　　根据上述定义,对于任意时刻 t,考虑 t 时刻之前 L 个观测量组成的观测序列 $O = (o_{t-L+1}, o_{t-L+2}, \cdots, o_t)$,这个观测序列不仅包括每一时刻的所有观测信息,还包括相邻观测量之间车辆或行人移动距离 $d = (d_{t-L+1}, d_{t-L+2}, \cdots, d_{t-1})$,需要解决的问题可描述为:如何在参考点数据库 S 中寻找到一个参考点序列 $S^* = (s_1^*, s_2^*, \cdots, s_i^*, \cdots, s_L^*)$,$s_i^* \in S$,使获得观测量序列 O 的可能性最大,则可用参考点 s_L^* 的位置推算出 t 时刻用户的位置。S^* 实际上是数据库隐含状态集合 S 中 L 个参考点的一种排列方式,满足

$$S^* = \arg \max_S P[S, O \mid \lambda] \qquad (7.216)$$

式中:λ 为图 7.10 中涉及的模型参数;$S = (s_1, s_2, \cdots, s_i \cdots, s_L)$ 为 S 中任意 L 个参考点的排列。

$$P(S, O \mid \lambda) = P(O \mid S, \lambda) \times P(S \mid \lambda) =$$
$$\prod_{i=1}^{L} P(o_{(t-L)+i} \mid s_i, \lambda) \times P(S \mid \lambda) \qquad (7.217)$$

对于式(7.217)的求解,通常采用维特比算法(Viterbi Algorithm)进行求解:在少量数据情况下可采用穷举方法,但当数据库中存储的参考点较多或序列较长时,计算复杂度会很高;为了减少计算复杂度,可以采用递归算法寻找这一最可能的序列。首次(即 $t=L$),能够经概率计算,找到用户当前的位置,后面采用滑动窗口形式,采用同样的方法进行匹配,以不断得到用户的实时位置。

本章对常用的多源导航信息处理方法进行了系统介绍,这些方法在实际应用中需要根据应用场景、应用对象及实际需求进行选择。

基于估计理论的融合方法应用相对广泛,其中,最小二乘只由测量信息估计当前的状态,没有动态模型,算法实现简单,适用于测量域融合定位,即利用多传感器原始观测信息进行联合状态解算,目前在多卫星系统联合定位中有广泛的应用。

最小方差属于无偏估计,估计结果最优,但是该算法需要明确误差分布概率模型,而概率模型不容易获得。最小方差、极大似然和极大后验估计都是属于贝叶斯估计的特例,但是最小方差和极大后验估计由于使用了先验信息,相比似然估计,估计结果有所优化。期望最大估计算法主要是解决观测信息缺失的问题,通过不断估计和极大化,迭代收敛出最终结果。

卡尔曼滤波也是基于贝叶斯理论推出的,其特点是加入了动态模型做约束,适用于动态系统,能够确保估计结果平滑且稳定,但是传统的卡尔曼主要是针对线性系统。对于惯性导航等非线性系统,可以采用扩展卡尔曼、无迹卡尔曼。扩展卡尔曼由于线性化过程舍弃二阶以上的高阶项,所以只适用于弱非线性对象;而无迹卡尔曼相当于保留泰勒级数三阶项所达到的精度,所以适用于非线性较强的对象的估计,但是计算量比较大。粒子滤波也可以用于非线性系统以及误差模型不确定的系统,如WLAN定位系统等,但是同样存在随着粒子数的增加,计算量快速增加的问题。

交互式多模型通过恰当地扩充模型来细化建模,可以是运动模型,也可以是噪声模型,该方法适用于环境复杂多变、运动模型多样的应用场景。

不确定性推理主要是利用专家知识进行导航源不确定性推论以及大尺度场所的不确定性推论,可以用于调整各观测量在最终的融合结果所占的权重,也可以用于场所识别。

参考文献

[1] DOUCET A,FREITAS N,GORDON N. Sequential monte carlo methods in practice[M]. New York: Springer-Verlay,2001.

[2] GRAY J E,MURRY W. A derivation of an analytic expression for the tracking index for the alpha-beta- gamma filter[J]. IEEE Transactions on Aerospace & Electronic Systems,1993,29(3): 1064 -1065.

[3] ISARD M,BLAKE A. Contour tracking by stochastic propagation of conditional density[C]//Europe-

an Conference on Computer Vision. Springer,Berlin,Heidelberg,1996.

［4］MACCORMICK J,BLAKE A. A probabilistic exclusion principle for tracking multiple objects［C］// Stochastic Algorithms for Visual Tracking,Springer London,2002.

［5］MORAL P. Measure valued processes and interacting particle systems：Application to non-linear filtering problems［J］. Annals of Applied Probability,1998,8（2）:438-495.

［6］KITAGAWA G. Monte Carlo filter and smoother for non-Gaussian nonlinear state space models ［J］. Journal of Computational and Graphical Statistics,1996,5（1）:1-25.

［7］ANDRIEU C,DOUCET A,Singh S,et al. Particle methods for change detection,system identification and control［J］. Proceedings of the IEEE,2004,92（3）:428-438.

［8］CRISAN D,DOUCET A. A survey of convergence results on particle filtering methods for practitioners ［J］. IEEE Trans. on Signal processing,2002,50（3）:736-746.

［9］WIENER N. I am a mathematician［M］. Cambridge：MIT Press,1956.

［10］ARULAMPALAM M,MASKELL S,GORDON N,et al. A tutorial on particle filters for online nonlinear/non-Gaussian Bayesian tracking［J］. IEEE Transactions on Signal Processing,2002,50 （2）: 174-188.

［11］MCCLELLAND J L,RUMELHART D E,PDP research group. parallel distributed processing ［M］. Cambridge：MIT press,1987.

［12］朱晓男．无线传感器网络中基于神经网络的数据融合算法的研究［D］. 长春：吉林大学,2016.

［13］袁兴中．多传感器融合定位技术研究与实现［D］. 成都：电子科技大学,2014.

［14］CARLSON N A. Federated filter for fault-tolerant integrated navigation systems［C］//Position Location and Navigation Symposium,Orlando,FL,1988.

［15］姬存慧,基于交互多模型的机动目标跟踪算法研究及硬件实现［D］. 南京：南京理工大学,2012.

［16］ZHANG X G,WEI D Y,XU Y,et al. Interacting multiple system tracking algorithm［J］. Journal of Electronics & Information Technology,2016,38（2）:389-393.

［17］王万良．人工智能及其应用［M］. 北京：高等教育出版社,2016.

［18］马鸣远．人工智能与专家系统导论［M］. 北京：清华大学出版社,2006.

［19］NELLO C,JOHN S T. 支持向量机导论［M］. 北京：电子工业出版社,2004.

［20］PAMG N T,MICHAEL S,VIPIN K. 数据挖掘导论［M］. 北京：人民邮电出版社,2010.

第8章 面向车辆导航应用的多源融合导航终端设计示例

车辆导航是最为典型的导航定位应用之一,智能手机、车载导航仪等卫星导航定位终端的广泛普及培养了大众用户的导航定位习惯,使得人们对导航定位系统的依赖性越来越强;同时,人们对导航定位系统的需求也越来越高,特别是在城市道路、地下停车库、隧道等复杂城市环境下,只依靠卫星导航定位技术已不能满足人们在定位精度、连续性等多方面的需求。

本章以车辆定位应用为背景,基于本书所设计的融合架构和数据处理方法,针对如何设计室内外无缝的车辆多源融合导航终端及其实际的性能进行探讨。

▲ 8.1 系统组成

目前卫星导航技术已经很好地解决了车辆在室外开阔环境下的定位问题,但受无线电信号传播特性的约束,对于建筑空间内、大型建筑空间之间、隧道、桥梁、地下等复杂的城市应用环境,卫星信号不能有效覆盖,从而会造成卫星导航终端在这些区域定位性能的下降,甚至无法提供服务。因此需要融合多种导航定位手段来提供室内外无缝的、连续的导航定位服务[1]。

本章从车辆导航定位的实际需求出发,结合车载平台的特点,分别面向智能手机和车载导航仪两类平台开展多源融合导航终端方案设计,前者具体指利用智能手机平台实现车载导航定位,后者具体指前装的车载导航设备。在上述两类平台中,由于智能手机具有较高的普及率,各类位置服务相关的 APP 应用非常丰富,因此手机导航平台逐渐成为更为主流的导航方式,但手机上搭载的传感器及 GNSS 天线受体积、功耗和价格方面的限制更为苛刻,性能也受限;相比而言,车载导航仪对传感器价格、尺寸、功耗的约束更弱,GNSS 天线安装位置、传感器安装姿态具有更大优势,因此通常比手机导航平台具有更高的性能优势。

为了对 GNSS 在城市峡谷等半遮挡区域定位性能下降以及在隧道、地下车库等区域无法服务的问题进行有效改善,本章综合考虑目前导航仪和智能手机所搭载的传感器进行设计。除 GNSS 模块外还选择了 MEMS 传感器(包括惯性传感器和磁力计)、里程计等物理传感器和地磁图等虚拟传感器,具体如表 8.1 和表 8.2 所列。GNSS 是目前车辆导航定位系统中最主要的定位手段,已经成为车辆定位模块的基本配置,在智能手机平台上,目前主流的 GNSS 模块主要为多系统(本方案中选择的手机平台搭载了 GPS、GLONASS 和 BDS 三个系统)、单频芯片,只支持单点定位模式,精度为 3 ~ 10m, 不支持 RTK;针对车载导航仪终端,本方案选择了成本相对更高的多系统、双频接收模块,单点定位精度为 1 ~ 5m,RTK 精度可达 0.1 ~ 0.5m。为解决 GNSS 受遮挡造成的短时无法定位问题,本方案选择惯性传感器参与融合定位,在智能手机平台上,目前惯性模块主要包括加速度计、陀螺仪和磁力计的九轴 MEMS 器件。本方案还采用某主流厂商智能手机,陀螺零偏 ±3(°)/s,加速度计零偏 ±40mg,磁力计精度 0.15μT;针对车载导航仪终端,方案选择消费级 MEMS 惯性传感器,陀螺零偏 ±0.2(°)/s,加速度计零偏 ±5mg,磁力计测量精度 0.05μT。由于惯性器件发散较快,在长隧道等 GNSS 长时间不可用环境下,惯性导航性能迅速发散,因此在设计中还引入了车辆里程计信息以抑制惯性导航的发散,针对智能手机平台,选择车辆里程计接口输出的里程信息作为辅助,其精度为 1% ~ 5%,里程计信息通过蓝牙方式发送到手机终端;针对车载导航仪终端,选择基于轮速计的高精度里程计,精度为 1‰ ~ 5‰。由于里程计和惯性传感器都存在误差累积发散问题,本方案选择地磁匹配定位手段作为辅助,解决 GNSS 长时不可用条件下的定位,以保持系统的连续定位能力。

表 8.1 智能手机导航平台传感器及相关参数

传感器类型	参数
GNSS 模块	多系统、双频
	单点定位精度:3 ~ 10m
MEMS	陀螺零偏:±3(°)/s
	加速度计零偏:±40mg
	磁力计精度:0.15μT
里程计	精度:1% ~ 5%

表 8.2 车载导航仪终端传感器及相关参数

传感器类型	参数
GNSS 模块	多系统、双频
	单点定位精度:1 ~ 5m
	RTK 精度:0.1 ~ 0.5m
MEMS	陀螺零偏:±0.2(°)/s
	加速度计零偏:±5mg
	磁力计精度:0.05μT
轮速计	精度:1‰ ~ 5‰

智能手机导航平台的组成如图 8.1 所示,包括智能手机和里程计信息发送模块两部分。智能手机上集成了 GNSS 模块、MEMS 模块(加速度计、陀螺仪、磁力计)、GNSS 天线,装载了地磁数据库,所有定位解算在中央处理器(CPU)上完成;里程计

信息发送模块通过车辆里程计接口实时采集车辆速度信息,并通过蓝牙接口实时发送到智能手机平台。

车载导航仪终端的组成如图 8.2 所示,其中:车载导航仪终端主机上集成了 GNSS 模块、MEMS 传感器(加速度计、陀螺仪、磁力计),装载了地磁数据库,所有定位解算在 CPU 上完成;GNSS 天线为外置式,放置在挡风玻璃内侧;轮速计为外置传感器,从车轮上实时采集车辆的速度信息,并以脉冲信号形式实时输入车载导航仪终端主机;此外,车载导航仪终端主机上集成了 4G 无线通信模块,通过互联网实时接收网络端 RTK 参考站提供的 RTK 改正数。

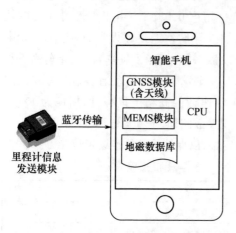

图 8.1 智能手机平台终端组成示意图

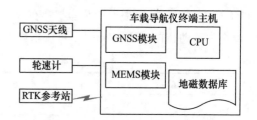

图 8.2 车载导航仪终端组成示意图

8.2 算法设计

如本书第 4 章所述,时空基准统一是实现多源信息融合的基础,在本章所设计的车载导航仪终端中,如图 8.3 所示,GNSS 模块与 MEMS 模块通过 1PPS(1 秒脉冲)同步,且同步到导航仪终端主机,轮速计通过导航仪终端主机的操作系统完成软时间同步,最终全部同步到 GNSST(本方案中为 BDT)。在智能手机平台上,各传感器均采用手机操作系统时间进行同步(本方案中为 UTC)。

在空间基准统一方面,对于两种导航终端,坐标基准均采用 WGS-84 绝对坐标系,其中 GNSS 模块输出结果为 WGS-84 坐标系,地磁匹配定位的基准数据库建立过程中位置基准采用 WGS-84 坐标系统,因此多源融合导航结果统一采用 WGS-84 坐标。

对于杆臂效应,车载导航仪终端的 GNSS 天线、里程计和 MEMS 的位置点差异较大,需要将 GNSS 导航信息、里程计传感器测量信息均转换至 MEMS 惯性传感器的安装位置,完成空间基准对齐,具体方法可参考本书 4.2 节;而对于智能手机平台车辆导航终端,除了里程计之外的传感器均安装在手机平台上,手机与车辆固联安装,对于米级定位系统,杆臂效应可以忽略。

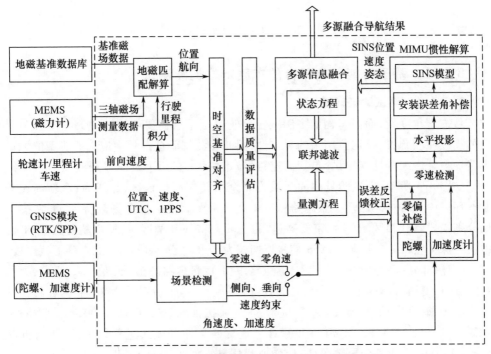

SINS—捷联惯性导航系统；SPP—标准单点定位。

图 8.3　面向车辆的多源融合导航算法架构

多源信息融合过程所使用的导航源信息包括微惯性测量单元(MIMU)惯性解算结果、GNSS 定位与测速结果、地磁匹配结果和轮速信息。在 MIMU 惯性解算过程，对于车载导航仪终端可通过前装测量的方法，确保 MIMU 测量坐标系与车辆载体坐标系保持一致，无须进行安装误差角的补偿；而对于智能手机平台车载导航终端，由于安装的随意性导致 MIMU 可处于任意姿态，则采用水平姿态投影的处理方法将加速度计、陀螺仪测量值转换为当地水平测量输出，同时在 GNSS/MIMU 组合模式下估计、校正安装误差角(俯仰、航向失准角)，以提高车辆运动模型约束的性能。轮速信息除了提供车辆行驶的前向速度与侧向、垂向虚拟速度构成完成性运动约束外[2-6]，经积分后获得的行驶里程可为地磁匹配过程中的磁特征测量值空间刻度化处理提供尺度基准，进而提高地磁匹配解算的效率与精度。此外，在本方案中还包括基于各个传感器数据计算的场景信息，通过场景信息可以判断当前车辆所处的室内、室外信息，以及零速状态，这些信息用于陀螺零偏计算及车辆运动模型约束信息选取，当检测到车辆处于零速状态时进行陀螺零偏计算、补偿，同时车辆运动模型采用零速、零角速约束，否则采用虚拟侧向、垂向零速约束。

各类信息的融合采用分布式联邦卡尔曼滤波器完成，为目前在工程中应用最为广泛的分布式滤波器，它可以通过"信息分配"原则将系统信息在各个导航源之间进行不同的分配，从而寻求精度和容错性能之间的最佳折中。

◣ 8.3 测试验证[7-11]

8.3.1 基于智能手机平台的车载定位性能测试

8.3.1.1 测试验证环境

从需求角度看,面向车辆的多源融合导航定位重点需要解决的是无缝定位与定位的连续性问题,以及定位结果的可靠性,因此在测试验证过程中应选择典型的城市道路环境开展综合性能测试,包括高速路、城市峡谷、高架下沉路段及隧道等常见路况。如图8.4所示,本试验具体的区域为北京中关村周边地区,路线为:京新高速—北五环—中关村—北四环—慧忠路—大屯路—京藏高速。根据场景特征,下文按区域分别描述。开阔区域(A):京新高速、北五环等室外开阔区域;城市峡谷区域(B):中关村深度城市峡谷区域,GNSS 信号遮挡较为严重;下沉路段(C):北四环下沉路段,GNSS 卫星部分可见,几何构型较差;隧道路段(D):慧忠路隧道(长度约1.6km)、大屯路隧道(长度约1.3km,存在天窗,局部 GNSS 可见)。为了对不同导航传感器在融合过程中所发挥的作用充分展示,测试数据分别按照 GNSS、GNSS + MIMU、GNSS + MIMU + 里程计、GNSS + MIMU + 里程计 + 地磁匹配四种模式进行处理,性能分析以NovAtel-100c 差分组合导航产品(后处理差分定位精度为2cm + 1ppm)作为基准。

图 8.4 智能手机平台车辆多源融合导航终端测试路线图

8.3.1.2 试验结果分析

图8.5和图8.6分别为利用智能手机平台上 GNSS 模块和地磁模块单个传感器定位的结果。手机平台上 GNSS 为单点定位,在开阔路段实际水平定位精度约为5m,在复杂环境中由于受到外部高楼、过街天桥及隧道等遮挡的影响,GNSS 模块存在多次定位中断的情况。其中,在慧忠路隧道中最大定位时间间隔达到100s。此

外,部分区域定位精度较差,水平定位误差大于 15m。相比而言,地磁定位在所有测试路段均有定位结果的输出,由于地磁匹配本质为空间特征匹配,因此在车辆静止时,无匹配结果输出。此外,匹配过程采用滑动窗口匹配方法,需要在采集一定窗口长度的地磁特征数据后启动匹配解算,在初始阶段无输出。本测试的道路均是城市道路,周边桥梁、楼房等建筑较多,地磁特征丰富,测试中地磁定位结果的水平精度约 2.7m,高程精度约 1m,更新周期约 3s,定位性能和场景无明显的关系。

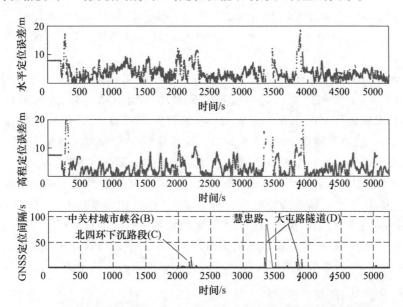

图 8.5　城市复杂环境智能手机平台 GNSS 模块定位误差及间隔(见彩图)

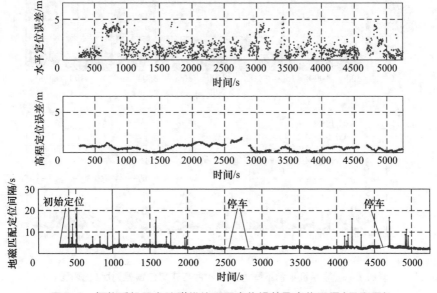

图 8.6　智能手机平台地磁模块匹配定位误差及定位间隔(见彩图)

图 8.7 和图 8.8 对比分析了智能手机平台在不同导航源融合模式下的定位结果。由图中可见:GNSS + MIMU 融合能够有效解决 GNSS 跳点、短时不可用情形下的定位,由于引入了车辆侧向、垂向运动约束,其定位结果相较于单独 GNSS 定位结果更为平滑,能够在短时 GNSS 无效及长时间信号遮蔽场景中提供连续、稳定的定位功能,在经过整个隧道后(期间 GNSS 持续不可用),水平定位误差最大发散至 34.1m(慧忠路隧道,长度约 1.6km),高程定位误差最大发散至 18.53m(大屯路隧道,长度约 1.3km),因此,GNSS + MIMU 的融合模式只能解决 GNSS 短时不可用条件的定位,对于长隧道或地下车库等 GNSS 长时段不可用的情况,该模式不能满足实际需求。

GNSS + MIMU + 里程计融合模式由于加入了车载里程计提供的车辆行驶速度,再结合虚拟侧向、垂向速度可进一步形成完整的车辆运动约束,进而更好地抑制 GNSS 信号失锁过程中的惯导误差发散。在经过整个隧道后,水平定位误差最大发散至 20.51m(慧忠路隧道,长度约 1.6km),高程定位误差最大发散至 14.73m(慧忠路隧道,长度约 1.6km),能够基本满足普通隧道内的车辆导航需求。

GNSS + MIMU + 里程计 + 地磁匹配融合模式在上述融合模式的基础上加入了地磁匹配定位,能够有效解决融合定位性能发散的问题,如图 8.9 所示,在 GNSS 不可用后能够保持稳定的定位精度,且 MEMS、里程计等传感器信息能够保证融合结果的连续输出,实现室内、室外所有区域的无缝定位,3σ 水平定位误差为 6.77m,3σ 高程定位误差为 2.73m,显著提高了车辆多源融合导航终端的定位性能。

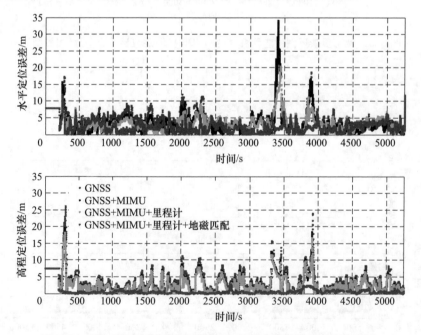

图 8.7　智能手机平台不同导航源融合方式定位误差对比(见彩图)

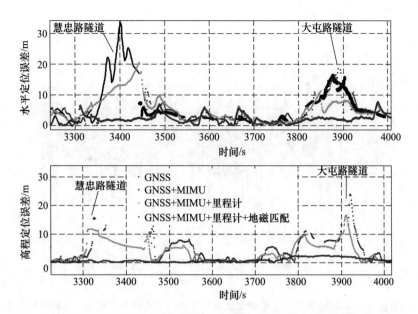

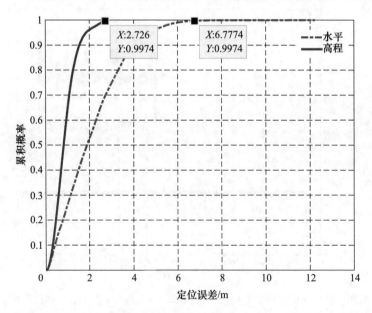

图 8.8　智能手机平台不同导航源融合方式定位误差对比(隧道区域)(见彩图)

图 8.9　智能手机平台融合模式定位误差累积概率(GNSS + MIMU + 里程计 + 地磁匹配)(见彩图)

　　图 8.10 和图 8.11 分别为智能手机平台 GNSS + MIMU + 里程计 + 地磁匹配融合模式水平姿态角误差与航向角误差,分析可见:俯仰角与横滚角误差可限制在 ±1°内(俯仰角 0.25°,横滚角 0.19°,RMS),而航向角误差在完成初始对准后可限制在 ±2°内(0.65°,RMS),车辆多源融合导航终端输出的姿态信息能够很好地满足目前车载导航应用。

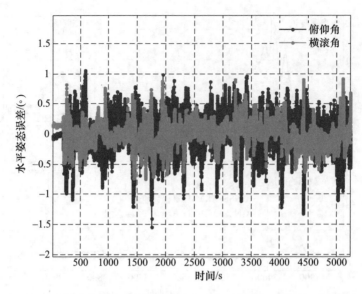

图 8.10　智能手机平台融合模式水平姿态误差（GNSS + MIMU + 里程计 + 地磁匹配）（见彩图）

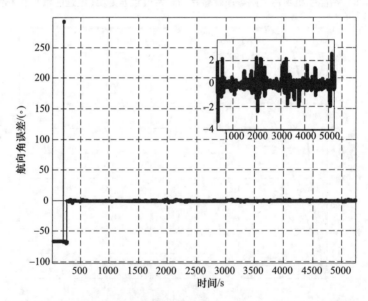

图 8.11　智能手机平台融合模式航向角误差（GNSS + MIMU + 里程计 + 地磁匹配）（见彩图）

8.3.2　基于车载导航仪的定位性能测试

8.3.2.1　测试验证环境

车载导航仪多源融合导航终端测试试验过程中仍以 NovAtel – 100c 差分组合导航产品（后处理差分定位精度为 $2cm + 1 \times 10^{-6} cm$）作为性能比对的基准，两者通过功分器共用同一个 GNSS 天线，被测终端与基准设备间的连接关系如图 8.12 所示。

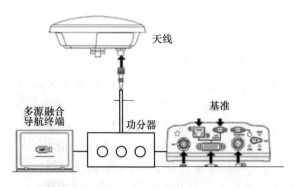

图 8.12　车载导航仪多源融合导航终端和基准设备的天线连接图

测试过程选取与智能手机车辆多源融合导航终端相同的路线,如图 8.13 所示,包括开阔区域(A)、城市峡谷区域(B)、下沉路段(C)及隧道路段(D),其中区域(A)、区域(B)、区域(C)与智能手机平台测试场景相同。对于隧道区域,为了进一步考核车载导航仪多源融合导航终端在 GNSS 信号长期失锁环境下的导航性能,考虑到性能测试过程中 GNSS 长期不可用情形下比对基准定位性能发散的问题,测试过程采用模拟隧道的测试方法,具体是指在测试路线慧忠路隧道与大屯路隧道间的开阔路段利用信号衰减器对被测终端的 GNSS 信号进行衰减,模拟车辆仍行驶在隧道中的场景,而基准设备卫星信号正常,能够提供高精度的基准数据。因此,测试过程中的隧道路段实际包括慧忠路隧道(长度约 1.6km)、大屯路隧道(长度约 1.3km)及模拟隧道(长度约 2.7km),总长约 5.6km。

图 8.13　车载导航仪多源融合导航终端测试路线图

8.3.2.2　试验结果分析

图 8.14 和图 8.15 分别为利用车载导航仪多源融合导航终端上的 GNSS 模块和地磁模块单个传感器定位的结果。在 RTK 模式下,GNSS 模块在开阔区域的水平定位误差为 0.29m(RMS),高程定位误差为 0.18m(RMS),在城市峡谷区域,由于受高架桥、楼宇及树木等遮挡,存在短时无定位结果输出的情况,水平定位误差 1.72m(RMS),最大误差 12.26m,高程定位误差 0.91m(RMS),最大误差 9.53m,在慧忠路隧道、大屯路隧道及模拟隧道区域,共约有 650s 断续输出或无定位结果输出,此外,在高架、楼宇遮挡及隧道出入口等处,GNSS 结果存在明显的定位跳点。

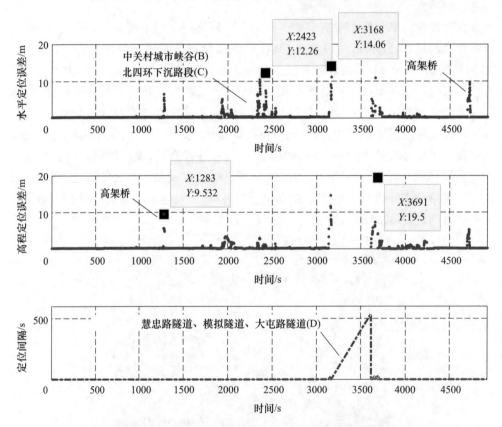

图 8.14　城市复杂环境车载导航仪 GNSS 模块定位误差及间隔(见彩图)

与图 8.6 对比可见,由于采用了较智能手机平台更高性能的磁力计且安装姿态固定,车载导航仪地磁匹配结果输出更为连续,定位间隔在 2s 左右,水平定位精度 1.98m(RMS),高程定位精度 0.27m(RMS),因而能够更好地在 GNSS 长时间失锁过程中提供绝对位置校准信息,抑制多源融合导航终端定位结果的发散。

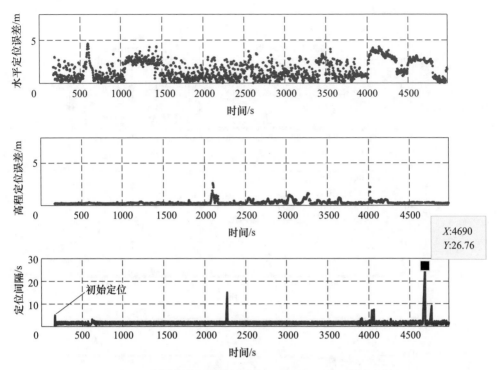

图 8.15　车载导航仪地磁模块匹配定位误差及定位间隔(见彩图)

图 8.16 对比分析了车载导航仪不同数据源融合模式下的定位结果。车载导航仪 GNSS 模块采用 RTK 定位模式,在开阔环境中能够获得分米级的定位精度,而地磁匹配导航结果通常为米级精度,二者存在明显的性能差异。因此,与智能手机平台不同,在车载导航仪多源信息融合过程中,仅当 GNSS 较长时间失锁后才逐步引入地磁匹配定位结果信息,确保在校正系统累积误差的同时避免多源融合导航结果性能降级。分析图 8.16 可见,不同导航源融合模式均能有效识别、剔除 GNSS 定位跳点,在短时 GNSS 失锁过程中保持良好的定位精度。由于引入了高精度的车辆行驶速度信息,GNSS + MIMU + 轮速计融合模式可在典型城市峡谷环境仍获得亚米级的定位结果。对于长隧道应用场景,受制于低成本 MIMU 的测量性能,GNSS + MIMU、GNSS + MIMU + 轮速计融合模式均出现了明显的定位误差发散,不能长时间保持较高的定位精度。而对于 GNSS + MIMU + 轮速计 + 地磁匹配融合模式,作为独立的绝对位置校准源,地磁匹配定位结果能够完全消除系统累积误差,在整个长隧道场景中水平定位误差优于 5m,高程定位误差优于 1m。

图 8.17 所示为车载导航仪 GNSS + MIMU + 里程计 + 地磁匹配融合模式定位误差统计结果,3σ 水平定位误差为 3.78m,3σ 高程定位误差为 1.997m,其中 87.6% 的水平定位误差处于 1m 内,即在开阔环境、典型城市峡谷(GNSS 短时失锁)等场景中可满足车道级的定位需求,在长隧道(GNSS 长期失锁)场景中满足道路级的定位需求。

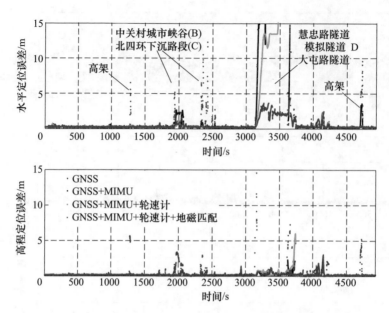

图 8.16　车载导航仪不同数据源融合方式定位误差对比(见彩图)

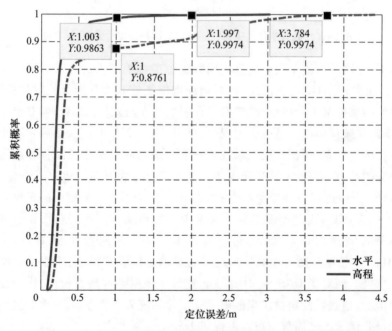

图 8.17　车载导航仪融合模式定位误差累积概率(GNSS + MIMU + 里程计 + 地磁匹配)(见彩图)

　　图 8.18 和图 8.19 分别为车载导航仪 GNSS + MIMU + 里程计 + 地磁匹配融合模式水平姿态角误差与航向角误差。分析可见,在信息融合稳定后俯仰角与横滚角误差可限制在 ±0.5° 内(俯仰角 0.15°,横滚角 0.11°,RMS),航向角误差在完成

初始对准后可限制在 ± 1.5°内（0.47°，RMS），能够很好地满足目前的车载导航应用。

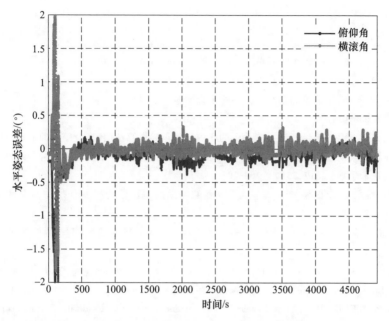

图 8.18　车载导航仪融合模式水平姿态误差（GNSS + MIMU + 里程计 + 地磁匹配）（见彩图）

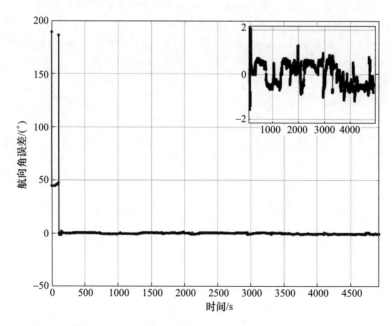

图 8.19　车载导航仪融合模式航向角误差（GNSS + MIMU + 里程计 + 地磁匹配）（见彩图）

参考文献

[1] 袁兴中. 多传感器融合定位技术研究与实现[D]. 成都:电子科技大学,2014.

[2] CARLSON N A. Federated filter for fault-tolerant integrated navigation systems[C]//Position Location and Navigation Symposium, OrLand, FL,1998.

[3] 徐田来,崔平远,崔祜涛. 车载多传感器组合导航系统设计与实现[J]. 系统工程与电子技术, 2008(4):686-691.

[4] 许潇民. 基于惯性传感器和智能手机的室内定位与导航算法研究[D]. 北京:北京工业大学.

[5] 许建新,熊智,刘建业,等. 基于车辆运动模型辅助的智能手机平台车载组合导航算法[J]. 中国惯性技术学报, 2017,25(2):203-208.

[6] 付强文,秦永元,李四海,等. 车辆运动学约束辅助的惯性导航算法[J]. 中国惯性技术学报, 2012(6):14-17.

[7] 李兵,战兴群,湛雷. 基于 GPS/SINS/里程计的车载组合导航研究[J]. 测控技术, 2012, 31 (11):43-47.

[8] WEI D, JI X, LI W, et al. Vehicle localization based on odometry assisted magnetic matching [C]//International Conference on Indoor Positioning & Indoor Navigation,Sapporo,2017.

[9] GONG P, WEI D, JI X, et al. Research on geomagnetic matching localization for pedestrian [C]// China Satellite Navigation Conference. (CSNC),Harbin:2018.

[10] LI X, WEI D, LAI Q, et al. Smartphone-based integrated PDR/GPS/Bluetooth pedestrian location [J]. Advances in Space Research,2016,59(3):877-887.

[11] LI W, WEI D, LAI Q, et al. Geomagnetism-aided indoor Wi-Fi radio-map construction via smartphone crowdsourcing[J]. Sensors, 2018, 18(5):1462.

第9章　多源融合导航的发展趋势

本书的前几章,分别从多源融合导航中单项源的特性、多源融合终端体系架构和关键技术、多源融合导航策略等几个角度阐述了作者对多源融合导航的理解和认识,偏重于具体的细节技术和案例。本章试图跳出多源融合导航的技术细节,从如何满足广大用户对定位导航授时需求的视角分析多源融合导航技术的地位和作用,并讨论其发展趋势。

◤ 9.1　发展多源融合导航技术的时代背景

多源融合导航是在后 GNSS 时代定位导航授时技术整体发展的大背景下,最近十年来逐渐发展起来的新的导航技术方向,具有十分鲜明的时代印记。从国际上著名的几大导航学术会议的主题上看,在 2010 年以前,卫星导航及其增强系统所涉及的各类关键技术是各个导航学术会议的主体议题;自 2009 年起,导航协会(ION)GNSS + 及导航协会国际技术会议(ION ITM)增设了多传感器导航、多传感器融合算法、城市室内导航等分会,多源融合导航是这些分会讨论的主题;自 2010 年起,专门针对室内外无缝导航的室内定位与室内导航会议(IPIN)和定位、室内导航和基于位置的服务会议(UPINLBS)举办至今,分会议题包括多传感器融合定位解决方案、室内外定位服务系统、基于 GNSS 的室内外定位等。中国卫星导航学术年会(CSNC)也从2016 年(第七届)设置了多源融合导航技术分会。

多源融合导航引起人们普遍关注的近十年,也恰恰是所谓 PNT 体系以及Micro-PNT、全源导航、随机信号导航等新概念和新兴导航技术逐步涌现的时期,在时间上与多源融合导航技术的兴起相重叠,在技术内涵上与多源融合导航相互呼应。因此,多源融合导航技术的发展具有鲜明的时代背景,且与其他新兴导航技术的发展互为支撑。鉴于此,本节对这些新概念和新技术进行回顾,以便读者更深刻地理解多源融合导航的发展趋势。

9.1.1　PNT 体系研究进展

在卫星导航系统基础上发展其他类型导航技术,弥补卫星导航在电磁干扰和地形遮挡条件下的能力受限问题,早在各卫星导航系统建设的过程中,就引起了各卫星导航大国的高度重视。由于各种非卫星导航的导航技术种类众多,为了避免单项技术的无序发展,强化不同导航技术的合力,体系化发展定位导航授时的理念逐步受到重视,进而牵引出了 PNT 体系概念。比如:早在 20 世纪 90 年代末,欧盟 Galileo 计划的初期设计已经包含了 PNT 体系的主要基本特征,但后期受经费预算及管理体制的限制,不得不将工作重心集中在卫星导航方向;俄罗斯在研发部署新一代 GLONASS 卫星的同时,对其地基无线电导航系统进行升级改造,并开展利用陆基雷达信号实现导航功能的研究与协调工作,积极发展 PNT 体系;英国提出"弹性 PNT 体系"概念,主要包括"守卫"计划和"哨兵"计划,均在成体系考虑多手段 PNT 技术和能力的建设。

美国作为导航技术最为领先的国家,最早提出国家 PNT 体系概念并加以论证[1],同时将国家 PNT 体系定义为其重要的国家基础设施,制定了详尽的发展目标和计划。我国学者在 2010 年以后,也在不同的学术研讨场合,研讨了我国国家 PNT 体系的建设和发展问题,取得了一些进展。

9.1.1.1 美国的情况

从历史来看,美国是 PNT 基础设施最完善、技术最先进的国家。除已经建成并正在实施现代化改造的 GPS 外,还具备多种导航、定位和授时系统,能够通过多种手段提供定位、速度和时间信息服务。但是,美国各种 PNT 系统的发展以及互用技术的研究一直缺乏统筹规划。为了摆脱对 GPS 的过度依赖以及统筹各种 PNT 技术的发展,美国开始意识到对 PNT 系统进行一体化规划与建设的必要性。

2002 年,美国国家安全航天办公室(NSSO)主持的一项国家安全航天计划评估项目,就曾提出"需要建立一种国家 PNT 体系结构"。其中一项重要提议是"开发一种全面的 PNT 体系结构,以解决定位和时间标准、GPS 依赖性等核心问题,并将关注重点放在 PNT 科技和研发上"。

2004 年,美国公布了名为"美国国家天基定位、导航和定时政策"的文件,并成立国家天基 PNT 执行委员会,强化 GPS 的管理,参与论证和组织的相关机构涉及美国主要的政府和军队部门。同时,该文件明确提出天基 PNT 的范畴中除了包括 GPS,还包括利用天基技术提供更好 PNT 服务的所有系统,如由美国交通部维护的各种增强系统,并从国家定位、导航和定时战略的高度,赋予 GPS 国家战略使命,将 GPS 的重要性提升到了国家基础设施的高度,并提出要为 GPS 提供地基的备用系统。

2006 年,美国首次提出了 PNT 体系的概念,发起了美国国家 PNT 体系研究,旨在制定国家层面的 PNT 体系结构,构建能够满足空间、空中、地面、地下和水下等所有用户的全方位 PNT 服务,如图 9.1 所示[2],从而使美国具备更强可用性和稳健性的国家 PNT 能力,使其在未来的竞争与对抗中占据优势地位。之后,美国各部门设立了多个研究小组,开展需求调研和分析、系统能力评估,通过大量的资料收集和分析,采用模型方法,对 PNT 体系进行了较为全面的研究,包括:美国空军委托兰德公司对未来军用 PNT 系统开展研究,目的是确定美国空军如何建设满足国家安全需要的 PNT 系统;国防部负责网络和信息集成的助理国防部长办公室委托"决策支持中心"开展了 GPS 抗干扰对策分析研究;美国交通部副部长(负责政策)委托独立评估小组对增强型罗兰(eLoran)进行审查和评估等。

　　同时,美国空间办公室着手构建国家 PNT 体系。2007 年 3 月完成了体系结构概要分析和设计,2008 年 9 月完成第一阶段研究报告《国家 PNT 体系结构研究》终稿。报告阐述了 PNT 体系的需求、目标、发展路线和政策法规等内容。从准确性、可用性、完好性、及时性、覆盖度、连续性、精确性、安全性等方面对 PNT 服务提出定量要求。

(a) 2025年系统视角

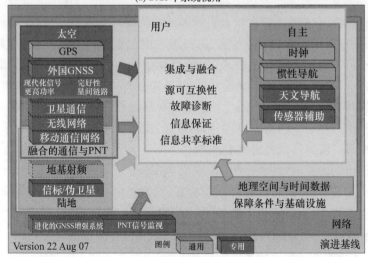

(b) 2025年用户视角

USNO—美国海军天文台; NIST—美国国家标准与技术研究所; NGA—美国国家
地理空间情报局; NGS—美国国家大地测量局; NSA—美国国家安全局。

图 9.1　美国国家 PNT 体系的基本设想(见彩图)

2010 年 4 月,美国国防部与运输部联合发布了《国家定位、导航与授时体系结构执行计划》[3],明确了定位导航授时各有关部门在执行国家 PNT 体系结构建议时需要采取的活动,提出了美国国家 PNT 体系发展的演进路线图,如图 9.2 所示[4]。《国家定位、导航与授时体系结构执行计划》提供了体系结构构想,即通过采取一种围绕"最大共性需求"体系化发展 PNT 能力的战略,保持美国在全球定位、导航与授时领域的领导地位。指出通过外部提供的、共同可用的方案,而不是通过大量的、单独定制的系统,来有效满足大多数用户的 PNT 核心需求。

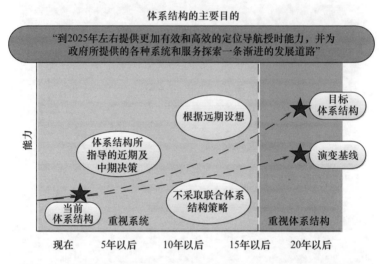

图 9.2　美国国家 PNT 体系的演进路线图(2010 年制定)(见彩图)

美国提出的 PNT 体系旨在综合利用多种定位授时技术,通过标准化用户接口为各类用户提供统一、可靠的时空信息,将成为美国的重要国家基础设施,并称为国家 PNT 体系。美国国家 PNT 体系要求:提供高精度的时间和位置信息,满足高端用户对精度的要求;可靠性高、抗干扰能力强,能适应各种应用平台和恶劣环境条件,包括非故意干扰和恶意导航战等不断增长的电磁频率挑战;覆盖范围广,可满足陆、海、空和水下各种用户和平台的需要;易扩充和裁减,能适应未来 PNT 体系的演变和更新,用户可根据不同需要灵活配置终端设备。

美国设想的国家 PNT 体系的未来应用场景包括:

(1) 民用城市环境:无线通信、911 救援、智能运输、高密度航空运输。

(2) 主要作战行动:干扰环境条件下的精确作战、城市环境下的徒步应用。

(3) 全球作战与反恐:秘密作战、特种作战、网络作战的授时与频率。

(4) 空间:如火星探测任务。

从技术角度看,美国国家 PNT 体系主要有以下几个技术特点:

(1) GPS 仍是未来 PNT 体系的核心。GPS 将成为融合、整合不同 PNT 手段或资源的基础、桥梁和纽带,其他手段或资源的引入或是弥补 GPS 能力缺口和不足,或是提供 PNT 服务的备份能力,从而增强整个 PNT 体系的适用性、稳健性和可维护性,有效提高或增强美国 PNT 体系的能力。

(2) 采用一体化 PNT 接收机。用户设备将结合独立的、自主的导航资源,支持多种导航手段,如国外全球卫星导航系统、区域导航系统、地基射频系统以及自主方案(如惯性系统、用户时钟和敏感器辅助等)。这种一体化方案可以弥补各导航系统能力的不足,提供物理阻隔环境下(如城市峡谷、室内)的 PNT 能力,提高可用性、完好性和稳健性。

(3) 充分利用通信手段增强 PNT 能力。与通信系统相结合,使利用传统无线电导航频谱以外的频率资源进行 PNT 服务成为可能,提供并增强 PNT 能力的稳健性以及用户之间的联通性。

美国 PNT 体系研究团队的建议,美国国家 PNT 体系建设可采取以下策略:

(1) 确保最大公共利益。将 GPS 作为国家 PNT 体系结构的基石来维护,确保长期稳定、安全可靠;实时监测环境干扰及异常信号;逐步转移或去除不必要的 GNSS 增强系统;继续研发各种分米级精度的导航定位技术及其解决方案,为生命安全应用提供具有完好性保障的高精度服务;从国家层面建立保护军用定位导航授时优势的策略。

(2) 促进多重技术手段融合。鼓励开发和部署能对多种信息源进行整合的设备;评估其他国家 PNT 系统用于生命安全和关键基础设施的潜力;继续执行军用 PNT 专用政策,研发能用于军事的其他信号;促进 PNT 伪卫星及信标相关标准的制定,促进不同技术手段之间的兼容;研究天基及地基 PNT 的演进和发展。

(3) 提高互换性和通用性。积极参与国际 PNT 有关活动,提高多种 PNT 信号之间的互换能力;面向未来的精度和完好性需求,修订相关标准、校准技术和参考架构;制定用户对 PNT 信息进行交换、保障和保护等需求的通用标准。

(4) 推动 PNT 与通信的协同。确定并评估将定位导航授时与通信系统进行融合的方法、标准和潜在能力。

(5) 促进跨机构合作。制定国家级 PNT 协调程序,促进跨机构协调与合作,以确保信息共享;建立 PNT 技术研究与应用的联合研究中心;建立 PNT 建模与仿真分析架构。

此外,从具体落实的角度,PNT 体系结构共同发起者提出了 19 项建议:

(1) 将 GPS 作为国家 PNT 体系结构的基石。

(2) 监测各种 PNT 信号,确认服务等级、观测环境影响、探测异常现象,并确定信号对近实时分发的干扰。

(3) 随着 GPS 的现代化或其他方法显示出新的作战能力,各机构应转型或去除那些不必要的、冗余的美国 GNSS 增强系统。

(4) 继续为生命安全应用探索提供高精度和完好性方案的方法。

(5) 开发国家层面上的、保护军用 PNT 优势的途径。

(6) 鼓励适当开发和部署能够整合多种信息源和信息路径的设备。

（7）评估国外 PNT 系统对于生命安全应用和关键基础设施用户的潜力,适当地制定其使用标准和准则。

（8）继续执行军用 PNT 专用政策,同时研究开发其他信号的军用能力。

（9）加速制定 PNT 伪卫星及信标相关标准,促进互换能力并避免干扰。

（10）发展其他天基及地基 PNT 能力,支持信息源及信息路径的多样性。

（11）确保关键基础设施的精密时间频率用户接收并利用多种可用信号源。

（12）积极参与国际 PNT 合作,促进国际 PNT 资源间的互换性和兼容性。

（13）发展相关标准、校准技术和参考架构,支持精度和完好性的未来需求。

（14）确定并制定能满足用户交换、保障和保护 PNT 信息需要的通用标准。

（15）制定通用标准,满足当地和区域运作时用户描述位置信息的需要。

（16）确定并评估 PNT 与通信融合的方法、标准和潜在能力。

（17）制定国家级的 PNT 协调过程。

（18）确立并加速建设创新的 PNT 手段及其应用研究中心。

（19）确定、制定、维持并管理 PNT 建模与仿真核心分析架构。

9.1.1.2 国内的情况

2010 年前后,在我国规划和部署北斗全球卫星导航系统设计与建设的同时,导航及相关领域的学者也对北斗全球卫星导航系统建设完成后,如何规划和发展定位导航授时技术展开了研究,其中杨元喜院士、尤政院士和曹冲研究员从不同的角度提出了他们对 PNT 体系的观点。

杨元喜院士提出了"综合 PNT"概念,即基于不同原理的多种 PNT 信息源,经过云平台控制、多传感器的高度集成和多源数据融合,生成时空基准统一的,且具有抗干扰、防欺骗、稳健、可用、连续、可靠的 PNT 服务信息,如图 9.3 所示[5]。

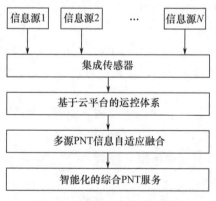

图 9.3 综合 PNT 信息流程图

杨元喜院士强调"综合 PNT"涉及不同机理冗余性的信息源,包括:天基无线电 PNT 信息,如 BDS 等 GNSS 和相关的 SBAS/GBAS;地基无线电 PNT 信息源,包括地基增强 GNSS、伪卫星系统以及其他多种地基无线电 PNT 服务体系,如多普勒导航雷达系统(Doppler navigation radar)、罗兰系统(Rolan)、TACAN 系统、奥米伽甚低频无线电系统(Omega)、VOR 系统、阿尔法(Alpha)系统等;惯性导航信息源,特别是 MEMS 惯性导航系统(INS);匹配导航信息源,如影像匹配、重力场匹配、地磁场匹配等;其他 PNT 信息源,如光电天文观测信息、银河系外的脉冲星信号、激光导航信息、水下声呐信标等。

　　杨元喜院士梳理了"综合 PNT"关键技术,认为多源信息融合技术(图 9.4)是实现"综合 PNT"的两个核心关键技术之一。

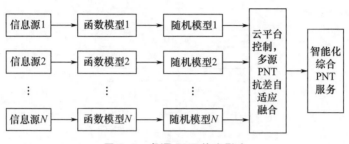

图 9.4　多源 PNT 信息融合

　　在综合 PNT 概念的基础上,杨元喜院士进一步给出了"弹性 PNT(resilient PNT)"的概念架构[6]。弹性 PNT 面向用户终端,是以综合 PNT 给出的具有冗余性的 PNT 信息为基础,以多源 PNT 传感器优化集成为平台,以函数模型弹性调整和随机模型弹性优化为手段,融合生成适应多种复杂环境的 PNT 信息,使其具备高可用性、高连续性和高可靠性,并将弹性 PNT 分解成弹性终端集成、弹性函数模型和弹性随机模型三方面的技术内涵。

　　杨元喜院士认为微 PNT 是解决"综合 PNT"用户终端复杂度趋高问题的有效技术途径,也给出了一套微 PNT 的体系结构设计,如图 9.5 所示[7]。

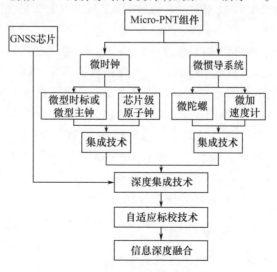

图 9.5　微 PNT 的体系结构

尤政院士强调以微型惯性测量器件和微时钟为基础构建"微型定位导航授时体系",并进一步规划了"微型定位导航授时体系"的四层架构,包括基础元件集成制造层、功能耦合层、单元组网层、系统应用层。在功能耦合层和单元组网层中,都强调了微型惯性测量单元和微时钟与 GNSS 的融合,如图 9.6 所示[8]。

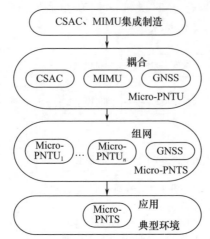

PNTU—定位导航授时单元; PNTS—定位导航授时体系。

图 9.6　微型定位导航授时体系发展思路

曹冲提出了"新时空服务体系"的概念[9],北斗卫星导航系统代表的 GNSS 是新时空服务体系的核心,还包括与其他非 GNSS 的 PNT 手段(传统的无线电、地图、惯性、磁力导航等)导航信息的集成整合。曹冲认为,集成与融合是"新时空服务体系"的关键环节,包括卫星导航系统与通信系统的融合、星基 PNT 与地基 PNT 能力的集成演化、自主 PNT 技术与外部 PNT 技术的组合、室外 PNT 与室内 PNT 的全方位无缝整合等。

9.1.1.3　小结

无论是美国论证的 PNT 体系概念架构,还是国内学者提出的有关 PNT 体系的观点,都强调了采用支撑多种导航手段的一体化接收机作为 PNT 体系用户终端的必要性,与多源融合导航的概念密切耦合。未来多源融合导航技术的发展,既会受到 PNT 体系中各种导航源技术发展的牵引,又将给导航源的建设提供需求反馈。

此外,现有有关 PNT 体系的观点都认为,惯性导航器件(尤其是微型惯性导航器件)在导航终端中应具有特殊重要的地位,应被普遍性地纳入多源融合导航终端中来。卫星导航在 PNT 体系中的核心作用也被普遍强调;围绕卫星导航的特性和能力,融合其他各类导航源,也是多源融合导航技术未来发展的一个关注点。

9.1.2　PNT 体系抽象理解

9.1.2.1　定位、导航、授时的相互承接关系

PNT 实际上包含了三个概念,分别是定位、导航、授时。三者之间联系密切,但也

有各自的侧重点。定位,解决的是三维空间中用户坐标的问题,尤其是解决用户在三维空间中的实时或准实时坐标的测量问题。授时解决的是用户对此时此刻是几时几刻的认知问题,本质上是时间维度上坐标的获取问题;定位和授时共同解决物体四维时空坐标的问题。导航解决的是用户从某一个空间位置移动到另外一个空间位置的运动轨迹问题,往往体现为连续的定位(空间坐标的连续测量),以及对路径上某些时空关联信息(如地图信息、用户兴趣点(POI)信息、拥堵信息等)的供给,进而可以拓展为基于当前空间坐标、目的地坐标以及时空关联信息,对物体自主运动轨迹的控制策略。在PNT 体系中,授时与定位既是独立于导航的功能,也是服务于导航功能的基础功能。

在工程实践中,时间坐标的获取往往由授时和守时两个环节构成。授时可以理解为一个时间校准的过程,其操作往往是突发式或间断式的,在每两次授时操作之间,人们往往采用晶振、原子钟等守时方式,维持用户本地时间的连续性。授时的精度需求,往往与用户本身的运动速度,或者用户需要感知的物理过程的能量传播速度密切相关,比如,当用户需要感知其本身的运动过程时,即便是现代的高超声速飞行器,一般毫秒级或亚毫秒级的时间精度就足够了,但当用户需要感知电磁波的传播过程时,由于电磁波是以光速传播的,所以需要纳秒级的时间精度。

严格地说定位和授时是不可分离的。物体的位置,本质上是在某一个特定的时刻对应的空间坐标,时刻变了,位置也将随着改变。但在大多数应用场景下,特别是物体运动速度不是特别快(如人员、车辆、飞机等)或用户位置坐标测量精度不太高(米级或分米级精度)的情况下,毫秒或亚毫秒的时间误差,不会带来明显的位置误差;而在当前的技术条件下,毫秒或亚毫秒的时间测量,可以比较容易地加以解决。在这种情况下,定位和授时的操作,往往是可以分离的。

在卫星导航等以无线电测距为基础的定位手段中,定位和授时是紧耦合的。其本质在于无线电测距的基础归结于对时间的测量,而时间的测量精度以光速的量级来影响距离的测量精度,精度要求非常高。鉴于卫星导航在最近几十年中,已经发展成为最具威力的定位手段,在这一背景下,对时间测量精度的要求,达到了前所未有的高度(纳秒级,甚至皮秒级)。反过来说,对于那些不依赖无线电测距的定位手段,授时精度的要求就会大大降低。

9.1.2.2　对典型定位授时手段的分类理解

相较于卫星导航等单项定位导航授时手段,PNT 体系的服务对象和适用场景具有多样性,从效能上,体现为定位授时能力的泛在性。这就决定了体系中 PNT 手段的多样性(迄今尚不存在某一种"包打天下"的 PNT 手段);进而带来了不同手段间功能分解与工作协同问题的复杂性,即:不存在某种绝对最优的多手段搭配方案,只能寻求阶段性和局部最优、全局统筹的解决方案。多源融合导航是与 PNT 体系的概念相伴而生的,其价值只能在 PNT 体系的概念下得以彰显。多源融合导航是指导用户终端汇集与融合多样性的 PNT 信号与信息的技术与方法,是 PNT 体系达成阶段性和局部最优、全局统筹解决方案的抓手和落脚点。

从多源融合导航的视角,PNT 体系中的诸多定位、授时手段,可以按"外源式手段"和"非外源式手段"两种类型加以理解。外源式手段是指用户终端利用外界提供的信号或信息达成定位、授时功能的手段,典型的外源式手段如卫星导航等;非外源式手段是指惯性类定位授时手段,其不需要外界信号或信息的辅助即能完成独立的定位、授时功能。

卫星导航及其增强系统、Loran-C 等陆基长波导航系统、TACAN 系统等微波定位系统、地磁导航、重力场导航等,都是典型的外源式定位授时手段。其本质是通过某种特定的时空坐标关联物理场,将时空基准传递到用户终端的过程,表现为系统端和用户终端相互协同的一系列操作,具体包括通常在系统端实施的时空基准的定义、时空关联物理场的构建,以及通常在用户终端实施的时空关联物理场感知与物理场参数测量、时空坐标反演计算等四个环节。

时空基准的定义,是任何一个外源式定位授时手段中的一个基础性工作,主要需考虑以下几个方面的因素:首先是用户使用的方便性,体现为时空坐标表达的简洁性、对用户使用习惯的匹配性等;其次是稳定性,体现为时空坐标系是否需要频繁更新参数,更新参数的操作是否方便等。此外,时空基准的定义,需要与定位授时手段所依赖的物理机理相配合,适当地确定其适用的区域范围和表达方式,这对于用户终端计算其时空坐标,具有重要的意义。另外,特定定位授时系统时空基准的定义,应该可以方便地转换为其他定位授时手段所用的时空基准,转换应满足一定的精度要求,以方便不同定位授时手段之间的协同。

时空关联物理场是连接时空基准与用户终端的桥梁。在定位授时系统中,系统端通过部署特定的播发手段加以实现,并由系统运营者维持运行。其作用在于,选定某种物理量(通常表现为某种信号或信息),将时空基准信息调制到这种物理量上,设计和建立信号或信息发播渠道,形成时空关联物理场,供用户测量使用。最为典型的时空信息播发系统,是卫星导航系统中的地面运控系统、卫星系统(含平台和有效载荷)构成的卫星导航信号播发系统。时空关联物理场可分为合作型和非合作型两类。合作型时空关联物理场,通常是人造的,专门为定位授时而设计,如卫星导航系统在 L 频段播发的导航信号物理场。非合作型时空关联物理场,通常指那些不是为我方定位授时用户而设计,但能承载定位授时功能的物理场。这类物理场有的是天然的,如地磁场、重力场、偏振光场、自然光场、星图、脉冲星信号等,对应着地磁导航、重力导航、偏振光导航、视觉导航等定位授时手段,还有的是人工建立的,但不是为定位授时专门建立的物理场,如 WLAN/蓝牙网络发出的电磁波场等,对应着 WLAN/蓝牙指纹导航等 PNT 手段。衡量时空关联物理场构建水平的标准,可以从以下几个要素加以考察:第一,是其需要具备一定的覆盖性,决定了定位授时能力的可达范围,还需具备一定的可靠性和坚韧性,决定了定位授时能力的抗干扰能力、报警能力等。第二,是物理场的可测性,即:物理场应该具备特定的可测量参数,且这些参数应该随着时空坐标的变化而变化,从而为用户定位授时打下基础;物理场的可测性在很大程度上还决定了终端传感器的成本和使用中的资源占用。第三,是物理场可测参数在时空中的变化梯度及模糊性,可测参数随时空坐标变化越敏感,可测参数与时空坐标之间映射的模糊度越低,用户反演时空坐标的误差就越小。第四,是物理场对时空坐标表达的准确性,体现为物理场参数映射到时空坐标时,对系统性偏差的控制水平,决定了用户反演时空坐标时系统误差的大小。第五,是物理场参数与时空坐标映射关系的可描述性,体现为建立物理场可测参数与时空坐标映射关系的工程难度、向用户传递这些映射关系的难度,以及用户基于这些映射关系反演用户时空坐标的难度。第六,是物理场播发系统对资源的占用,最小的资源占用往往是特定定位授时系统性能的核心考察因素,如频率资源、功率资源、站点资源、平台资源、建设运营资源等。

时空关联物理场感知与参数测量系统,一般是在用户端当地实现的。其作用在于,接收时空关联物理场播发系统播发的信号或信息,有时与播发系统产生双向交互(如卫星无线电测定业务(RDSS)系统),对物理场信号或信息进行测量,得到包含用户时空信息的物理量参数原始观测量。最典型的时空关联物理量参数测量系统是卫星导航用户接收机,其接收并测量散布在空间中的卫星导航信号,产生伪距、载波相位、星历等时空关联信息。时空关联物理场的感知与参数测量,需要与物理场播发系统进行配套设计和实现。时空关联物理场感知与测量的实现成本、测量精度、对信号和信息的灵敏度、用户使用的便利性、对环境的适应性等,都是考察时空关联物理场感知与测量系统效能的重要因素。

时空坐标的反演计算,是用户获取其时空信息过程的最后一个环节。其作用在于从时空关联物理场原始观测量出发,计算用户的时空坐标。对于某一种特定的定位授时系统,时空坐标的反演通常可以和时空关联物理场感知与参数测量环节融为一体。比如,一般的卫星导航接收机就兼具信号测量和时空坐标反演两项功能。在多源融合导航终端中,时空坐标反演计算环节有着十分特殊的地位,终端融合使用多源化的时空关联物理场参数进行时空坐标计算。在用户时空坐标的反演计算过程中,物理场参数时空关联数学模型起着重要的作用。衡量某种 PNT 手段效能的关键要点就在于其对应的物理场参数时空关联数学模型的复杂度和使用的便捷性。卫星导航之所以取得巨大的成功,原因之一就在于其以伪距参数为核心的时空关联数学模型非常简单,采取四球交汇的简单几何原理确定用户的时空坐标,在精度要求较高时,所采用的大气修正模型或差分改正模型,也非常简单。地磁和重力导航借用天然的地球物理场,节省了构建物理场的负担,但其在构建场强沿时空的变化的数学模型方面,不得不花费巨大的代价,其需要在服务区内,精细测绘地磁图和重力场图,而且还需要定期更新。另外,向用户终端传递和更新地磁图和重力图也是一项必须承受的负担。

非外源式手段是相对于外源式定位授时手段需要外界特定的物理场进行支撑而言的,最典型的非外源式定位授时手段是惯性类定位授时手段,包括陀螺仪、加速度计、时钟(晶振、原子钟)、里程计等。近年来,出现了 PDR、视觉里程计等,不需要特定的外界合作信号或信息的支撑,也可以纳入非外源式定位手段的范畴。非外源式定位授时手段,一般是以开始工作时的时空坐标点为起点,用推算的方式得到用户后续轨迹的时空坐标,有五方面的特点:①非外源式定位授时手段不依赖特定的外界物理场,不需要在系统端建立相应的基础设施,即可在起始点时空坐标的基础上,由终端自身完成时空轨迹的推算。②非外源式定位授时手段是全自主的,对外界的各种干扰天然免疫。③非外源式定位授时手段的连续性非常好,一般主要受限于器件的采样密度。④非外源式定位授时手段不能独立确定用户在广域坐标系下的绝对位置和时间,必须依靠其他定位授时手段标定起始点的时空坐标。⑤推算有积累误差,依靠非外源式定位授时手段进行导航,一般需在用户行进过程中进行定期或不定期的标校。

9.1.2.3 PNT 体系总体架构设想

PNT 体系的设计和构建,首先需要明确体系的服务对象和适用场合,聚焦于绝大多数用户人群和行业的最大共性需求。现阶段,绝大多数定位导航授时的用户集中在地表周围的物理空间中,上至在地球轨道空间活跃的人造地球卫星,中间涵盖在近地空间(含地表、水面、航空空间)活跃的各种航空器、车辆、人群、机械,下至在水下及采矿坑道中活跃的人员和作业机械。我们认为,现阶段 PNT 体系的总体设计和构建,应当围绕上述用户和适用场景来进行。对于深空飞行器、深海机器人等用户数量很少、要求特殊的用户需求,可以在 PNT 体系架构的基础上,建立针对性的定位导航授时手段加以应对。

围绕 PNT 体系的最大共性需求,PNT 体系的总体架构应当是清晰明确的。PNT 体系的总体架构,可以从不同的视角加以分析和理解。从本书所关注的多源融合导航技术的视角,PNT 体系可以被分解为由三个互相紧密承接的子体系,即时空基准体系、定位授时物理场体系和用户终端与应用体系,如图 9.7 所示。

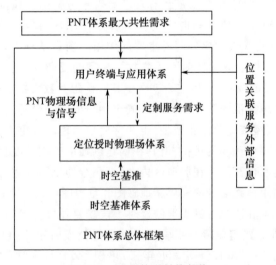

图 9.7　PNT 体系总体架构

时空基准体系主要解决 PNT 体系中各种不同定位授时手段之间的时空参考系统的问题,奠定不同定位导航授时手段对应的定位授时结果或原始观测量具备相互融合的基本基础。定位授时物理场体系主要解决不同外源式定位授时手段对应的时空关联物理场的构建和运维问题,为多源融合导航终端提供多样化的、可供测量的物理场,架起时空基准与用户终端之间的桥梁。用户终端与应用体系通过测量物理场的特定参数,反演用户的时空坐标,进而以时空坐标为基础,向用户提供各种位置关联的信息服务,完成导航的功能。

PNT 体系中的定位授时手段是多源化的,对应着多样化表达方式的时空基准。时空基准的不同表达方式既是统一溯源,并可相互转换的,又是分类呼应多样化的定位授时手段,并方便灵活使用。前者是 PNT 体系中不同手段定位授时信息得以进行融合的前提,后者是降低不同定位授时手段建设和维护的复杂度并简化用户终端设计的基础。此外,PNT 体系的主要服务对象分布在地表、大气层、室内、水下等人类活动空间,以及人造地球卫星飞行的地球轨道空间。PNT 体系中的空间基准,应该以覆盖上述区域的某种空间坐标系为溯源的原始源头。

PNT 体系空间基准总体架构示意图如图 9.8 所示。在空间基准方面,卫星导航系统所采用的地固坐标系,如 CGCS2000,能够实现面向下至水下、地下,上至地球卫星轨道空间中各类用户空间坐标的有效表达,满足覆盖性的要求,可以作为 PNT 体系的基础空间坐标的基准源头。地基长波无线电体制的导航等广域导航系统,也可方便地直接采用 CGCS2000 进行定位和授时计算。对于作用范围限于区域或局域的导航手段,如服务于机场飞机起降的 TACAN 系统等地基伪卫星导航系统,以及服务于室内环境的 WLAN/蓝牙/图像匹配导航手段,采用基于局域控制点的区域/局域空间坐标系,使用起来最为方便。但这些区域/局域空间坐标系,应该溯源至 PNT 体系的源头基准坐标系,且溯源精度应与其对应的区域/局域定位手段的服务精度相匹配,以确保定位结果在与其他定位手段联合使用时的有效性。

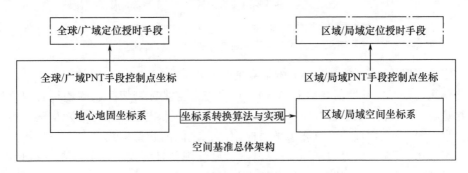

图 9.8　PNT 体系空间基准总体架构示意图

PNT 体系时间基准总体示意图如图 9.9 所示。在时间基准方面,不同定位授时手段客观上都需要某种形式的时间基准系统作为支撑。对于以多节点间无线电测距为基础观测手段的定位授时系统,如 GPS、BDS、Loran-C 等陆基长波导航系统以及地基无线电伪卫星网络等,对时间基准的精度有着很高的要求,达到纳秒量级才有可能保证米级的定位精度。对于 WLAN/蓝牙/图像匹配等局域非无线电测距定位手段,一般不涉及多节点间的无线电信号传播时差的测量,其手段内部对时间基准精度的要求相对比较低。从 PNT 体系中多手段之间定位结果的联合使用角度看,PNT 体系可以采用现行比较成熟的 UTC 作为体系的统一时间基准,其他手段通过可靠的授时手段向其进行基准溯源,并通过本地守时维持时间基准的连续性。PNT 体系中不同手段之间时间基准的溯源同步精度要求,在很大程度上取决于其共同关注的用户对象或物理过程的运动速度。对于百公里时速运动车辆,毫秒精度的时间基准溯源误差,对应着厘米的位置偏差;对于超声速飞行器,微秒级的时间基准溯源误差最多对应着毫米级的位置偏差;但对于两个点(两个点分别用不同定位手段进行定位)之间的无线电波传播测量问题,纳秒级的时间基准溯源误差将对应着分米量级的位置偏差。

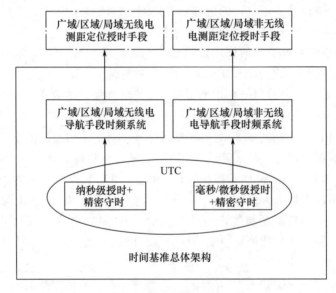

图 9.9　PNT 体系时间基准总体架构示意图

定位授时物理场体系是 PNT 体系最主要的建设内容,其示意图如图 9.10 所示,具体体现为在时空基准的基础上,向用户提供与时空坐标密切关联的各种物理信号或物理场,作为用户获取自身时空坐标的基础;同时提供与物理信号相对应的各种辅助信息,用于建立物理信号可测参数与时空坐标之间的映射关系。在合作型物理场定位手段中,最典型的是卫星导航,其时空关联物理信号表现为在 L/S 等导航频段,由卫星播发的标准导航信号,与导航信号相关联的辅助信息体现为卫星轨道、钟差、电离层等信息,以及各种卫星导航增强系统提供的差分改正信息等。在地磁/重力匹配等非合作物理场定位手段中,时空关联物理场体现为地球空间固有的磁场、重力场,省去了人工布设的负担;地磁/重力匹配定位的辅助信息至关重要,体现为地磁图/重力场图,其作用在于将地磁/重力观测量与空间坐标联系起来,需要花费巨大的人力物力来进行构建和维持。

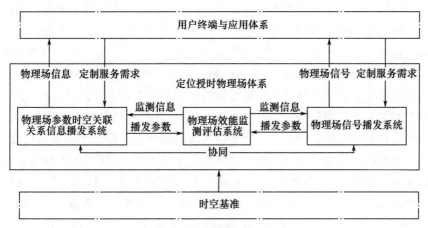

图 9.10　定位授时物理场体系

相较于传统的单一手段物理场构建方式来说,PNT 体系架构下定位授时物理场的构建方式,有其丰富的新增内涵。第一,PNT 体系的物理场,应强调多手段对应用场景(含用户特性、环境、精度、连续性、完好性、用户使用便捷性、终端成本等要素)的协同覆盖,综合利用不同种类手段物理场的优势,以优势互补为主要抓手,在追求最低的建设和运维成本的同时,达到对应用场景的适度冗余覆盖。比如,对卫星导航手段来说,应适当放弃其对室内弱信号环境的覆盖功能,改为由视觉匹配定位、5G 定位等手段来进行室内应用场景的覆盖。第二,从用户定位终端的视角看,定位授时物理场体系对应着外源式导航手段。在 PNT 体系的架构下,由外源式导航手段获取的定位授时结果,需要与终端内部自有的非外源式导航手段进行融合,共同达成统一的定位授时结果。基于此,在物理场体系的构建,还应结合非外源式导航手段对场景的覆盖能力进行统一规划,在适度冗余覆盖应用场景的前提下,尽量减低物理场体系建设和运维的成本。第三,每一种外源式定位授时手段,除了需要构建实际的物理信号之外,通常还需要向用户传递相应的辅助信息,协助用户建立物理场参数与时空坐标的定量映射关系。在 PNT 体系的架构下,可以考虑建立统一的辅助信息播发通道,避免每一种定位授时手段独立建立其辅助信息播发渠道。比如,在 PNT 体系的架构下,可以考虑利用移动通信的信息传播手段,播发卫星导航的星历信息。这样做既可以综合降低辅助信息播发渠道的成本,又可以更好地保证每种单项手段辅助信息播发的效率和可靠性,还可以节省出一定的频谱和功率资源保证物理场实际物理信号的播发质量。第四,定位授时物理场体系还应具有对实际播发的物理场信号与信息的外场监测功能,用于监测不同类型定位授时手段同时向用户提供服务的协调性,并对物理场信号传播和辅助信息传递的环境进行预警,进而反馈给物理场信号和信息播发系统进行实时调整,或向用户发出预警。

用户终端与应用体系定位于面向不同种类的用户,直接承载 PNT 体系面向最大共性需求所承诺的定位导航授时服务,是连接定位授时物理场体系和各类用户之间的桥梁,如图 9.11 所示。用户终端与应用体系的核心要点是在终端侧进行多源 PNT 信息一体化接收、处理与融合,并尽量降低用户接收、使用 PNT 信息的负担。用户终端与应用体系内部分为四个有机融合的组成部分。一是感知定位授时物理场体系播发的外源式定位授时手段物理场,并测量相应的时空坐标关联物理场定位授时参数,同时获取与时空关联物理场参数相配套的定位授时计算辅助信息。二是集成于用户终端内部的非外源式定位授时手段传感器,如惯导、时钟、航位推算、里程计等,获取对应于时空坐标增量的观测量。三是在前两部分基础上进行观测量信息融合,给出唯一性的定位授时结果。四是在唯一性定位授时结果的基础上,接入外部输入的时空关联信息,如地理信息系统(GIS)信息、POI 信息等,对用户提供定位导航授时服务。传统的卫星导航系统用户终端一般是被动地接收导航卫星播发的无线电导航信号,但在 PNT 体系中,用户终端与定位授时物理场播发端之间应该保持某种双向的信号或信息交互,以提升在卫星导航不适用场景下的定位授时性能。比如,用户终端可以通过与局地伪卫星之间的双向测量来完成测距,或者用户可以通过通信信道向云端大数据库发出视觉匹配导航数据申请,支撑完成视觉匹配定位。

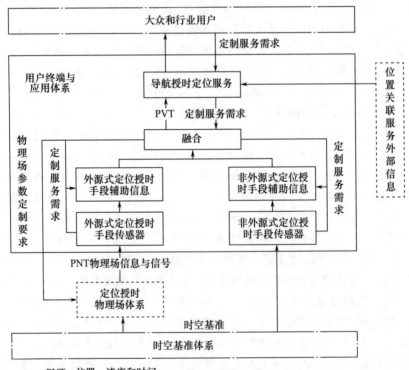

PVT—位置、速度和时间。

图 9.11 用户终端与应用体系

9.1.3　非 GNSS 导航技术发展动向

为了满足未来各类用户对 PNT 服务的需求,美国等卫星导航大国近年来借助世界范围内的科研机构,提出和开发了多种不依赖 GNSS 进行导航的新技术,包括伪卫星导航技术、Micro-PNT 技术、随机信号导航(NAVSOP)技术、天文导航定位技术等。站在多源融合导航的视角,这些新型的导航源,未来极有可能成为多源融合导航必须纳入的导航源,应当引起足够的重视。

9.1.3.1　伪卫星导航技术

伪卫星导航技术通过在地面部署类似于天基导航卫星的节点设备并组网,利用伪卫星发射的导航定位信号实现 PNT 功能。伪卫星导航技术能够增强卫星导航系统的可行性、可靠性、完整性和精确性,可广泛应用于飞机着陆、都市环境下的交通导航、建筑物变形监测等领域。

伪卫星导航技术在概念上并不是近期才提出的,如在航空中广泛使用的 VOR 系统、TACAN 系统就属于典型的伪卫星定位系统。一种较新出现的伪卫星技术是本书第 2 章介绍的 Locata。目前,Locata 通过采取多种创新技术克服了传统伪卫星的不足,形成了商业化应用产品。从 2006 年开始陆续应用到采矿、仓储等行业领域,并于 2011 年 9 月首次发布了定位信号接口控制文件。2011 年 5 月,澳大利亚政府在提交给国际民航组织(ICAO)关于替代性 GPS 技术的报告中,将 Locata 系统定义为替代 GPS 的"新标准"。2011 年 11 月,美国联邦航空管理局提交给国家天基 PNT 执行委员会的报告中,计划将 Locata 作为其下一代空中交通管制系统的重要组成部分。2012 年 12 月,美空军授予 Locata 公司多年期合同,在白沙靶场部署以 Locata 为核心的下一代参考系统,为机载和地基试验平台提供 GPS 被干扰欺骗环境下的高精度导航定位解决方案。除 Locata 之外,利用移动通信网络的基础设施播发导航信号,也是研究的热点,但目前尚未见到形成规模化应用的报道。

9.1.3.2　Micro-PNT 技术

Micro-PNT 技术本质上属于惯性导航技术与时钟技术的范畴。其相对于传统惯性技术和时钟技术的突出特点是,基于 MEMS 技术和芯片原子钟技术,通过对授时、惯性导航装置,以及一些非惯性传感器的微小型化与集成,实现芯片级的自主导航。该技术利用芯片级的 IMU 取代传统的 PNT 手段,可降低系统尺寸、重量和功耗,可用于多种武器平台,在降低各种弹药和军用平台对 GPS 依赖的同时,为它们提供在各种作战条件下的可靠服务。

2010 年 1 月,美国国防高级研究计划局(DARPA)启动了"Micro-PNT"项目的研发工作,如图 9.12 所示[10],该计划有 4 个关键研究领域,分别是时钟、惯性传感器、微尺度上的集成以及试验与鉴定。4 个领域共包含 10 个具体的研究计划,涉及新型制造、深度集成以及自校验等技术。除此之外,"Micro-PNT"还将开发"即插即测"(plug-and-test)的体系架构。通过 Micro-PNT,美军希望提升惯性传感器的动态应用范围,降低时钟和惯性传感器的长期漂移,开发可以提供位置、方向和时间信息的超小芯片,并且为多项相关研究成果建立一个通用和灵活的测试、评估平台。2012 年,"Micro-PNT"项目下的"微尺度速率积分陀螺"(MRIG)和"芯片级组合原子导航仪"(C-SCAN)两个子项目均取得阶段性进展。

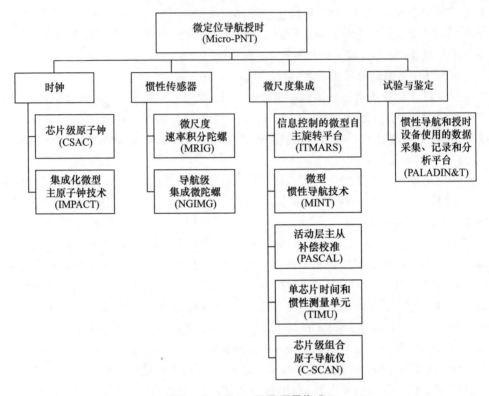

图 9.12 Micro-PNT 项目构成

具体来说,在微时钟技术方面,早在 2002 年,DARPA 启动了芯片级原子钟(CSAC)的攻关研究,目标是,微原子钟体积减小到 $11cm^3$,功耗从 10W 减小到30mW,精度指标为 $10^{-11}s$,稳定度达到 1ms/天。目前已达到部分技术指标,但离大规模实际应用还存在相当大的差距。在微陀螺技术方面,原子陀螺具有小型化的潜力。原子陀螺可概括分为原子干涉陀螺和原子自旋陀螺。2011 年出现了利用微原子核磁共振(NMR)效应的陀螺仪。格鲁曼公司研制的微核磁共振陀螺仪体积小、稳定性好,性能好于市场上所有微机械陀螺。半导体光源的利用促进了核磁共振陀螺仪(NMRG)的小型化。由于核磁共振陀螺仪无须机械运动部件,所以对振动或振荡不敏感,具有高分辨率和高稳定性等特点。在微惯导集成技术方面,DAPAR 在 2005年启动了导航级集成微陀螺(NGIMG)研究,目标是尺寸仅为 $1cm^3$、功耗小于 5mW、定向随机游走小于 $0.001(°)/\sqrt{h}$,漂移小于 $0.01(°)/h$、尺度因子稳定度优于 50×10^{-6}、测程大于 $500(°)/s$、300Hz 带宽。2008 年美国启动微型惯性导航技术(MINT)

研究,旨在开发微型、低功耗导航传感器,具备数小时到数天的自主导航能力。MINT 的目标是体积达到 $1cm^3$(能用于步行导航,如嵌入鞋体),功耗不高于 5mW,要求步行 36h 后精度仍能保持 1m。美国 2010 年启动了 MRIG、芯片级微时间和惯性测量单元(TIMU)、活动层主从补偿校准(PASCAL)和 PALADIN&T 项目,MRIG 的主要目标是提升惯性传感器的动态测程,以便适应动态载体的大范围机动,将动态测程扩大到 $15000(°)/s$,角度相关的可重复度为 $0.1(°)/h$,与偏差相关的漂移可重复度达到 $0.01(°)/\sqrt{h}$,工作温度拓展至 $-55\sim85℃$,随机游走 $0.001(°)/\sqrt{h}$。TIMU 的主要目标是发展超小型定位和守时综合装置,要求该装置体积控制到 $10mm^3$、功耗 200mW、CEP 达到 1n mile/h,具备自主导航能力。PASCAL 的主要目标是减小时钟和惯性传感器的长期漂移,以便在无 GNSS 的情况下,实现长时间自主导航。PALADIN&T 发展具有普适性的柔性测试平台,支撑早期的野外技术验证。2012 年,DARPA 启动 C-SCAN 计划,寻求将不同物理特性的惯性传感器集成到单一的微尺度 IMU 上,主要目标为:将不同高性能固态惯性传感器进行综合,发展综合集成技术,将不同物理原理的各组件集成为一个整体,并实现小型化;同时,发展相应的数据融合处理方法。C-SCAN 拟集成一个多陀螺和多加速度计的单一的 IMU,精度达到 $10^{-4}(°)/h$,偏差稳定性达到 $10^{-6}g$,角度随机游走达到 $5×10^{-4}(°)/\sqrt{h}$,速度随机游走达到 $5×10^{-4}(m/s)/\sqrt{h}$。尺度偏差为 $1×10^{-6}$,动态测程达到 $1000g$。C-SCAN 组件具有 3 个旋转轴和 3 个加速度传感器,在恶劣环境下可为军用载体提供定位导航服务。

9.1.3.3　NAVSOP 技术

NAVSOP 在本质上属于无线电导航技术的范畴。与传统无线电导航基于合作信号进行导航定位的模式有所不同,随机信号导航主要利用充斥在用户周围成百上千种的非合作无线电信号(诸如 WLAN 信号、无线电台信号、蜂窝基站信号等)来估算自己的位置,如图 9.13 所示[11]。NAVSOP 技术可以抵抗敌方的干扰和欺骗,还能够通过获取起初未能识别的信号来建立越来越精确和可靠的定位结果。在某些情况下,它甚至可以利用 GPS 干扰机所发射的信号来进行辅助导航。

2012 年 6 月,英国 BAE 系统公司设计开发了"NAVSOP"系统[11]。系统工作所需要的基础设施都是现成的,同时所需要的硬件都已经是商业上可获得的,不需要为它建立费用高昂的发射机网络。"NAVSOP"系统另外一个优点是它可以被集成到现有的各种定位设备中,从而提供比 GPS 更为优越的性能。系统可以在建筑物密集的城区和建筑物内部深处等 GPS 信号不可达的地方发挥作用,也可以通过捕获各种信号(包括低轨道卫星的和其他民用设备的)在北极等世界上最偏远的地区发挥作用。NAVSOP 技术在军事方面有广泛的应用潜力,它可以用来帮助士兵在边远地区和建筑物密集的城区行动,也可以用来提高无人机的安全性。BAE 系统公司认为,该技术改变了导航对抗领域的"游戏规则"。

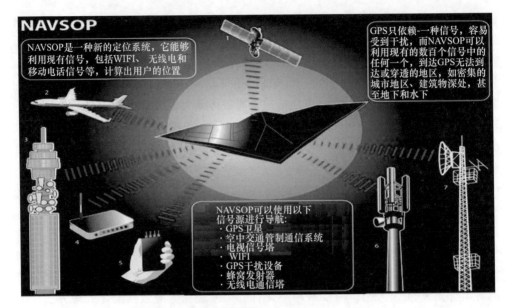

图 9.13　随机信号导航技术原理图(见彩图)

9.1.3.4　基于脉冲星的天文导航定位技术

最近十几年以来,面向深空导航的需求,导航领域开始关注脉冲星导航技术,是天文导航的最新发展动向。

所谓"脉冲星"是指在宇宙中存在很多"死亡"以后的恒星,其自转速度很快,会从磁极方向发射出功率强大且又有规律的电磁脉冲信号。天文导航定位就是利用多颗脉冲星发出的规律电磁脉冲信号实现空间定位。由于脉冲星自身特点,使其具备用于导航的技术潜力。GPS 卫星信号仅覆盖地球表面,而脉冲星信号可覆盖至星际空间,是实现太阳系内甚至更远距离星际旅行的理想导航方案。

目前,脉冲星导航技术的原理研究比较成熟。2004 年初,DARPA 提出了"基于 X 射线源的自主导航定位验证计划"(XNAV),主要验证应用脉冲星实现地球轨道飞行器位置、姿态和时间确定的可行性。该项目完成了 X 射线脉冲星数据库的建立、导航算法开发和探测器原型设计与实验验证。2013 年 5 月,NASA 研发完成了名为"戈达德"(Goddard)的测试平台,以模拟脉冲星发射脉冲,并计划在国际空间站上进行相关实验,验证 XNAV 项目的相关导航技术。

◢ 9.2　多源融合导航的未来地位与使命

无论是美国自 2010 年前后开始论证的美国国家 PNT 体系,还是我国学者提出的"综合 PNT""微型定位导航授时体系""新时空服务体系"的概念,乃至本书作者提出的关于 PNT 体系的若干观点,其共性的核心要点之一,就是未来的定位导航授时服务,客观上需要依赖多种不同物理机制的单项定位导航授时手段,共同支撑对不同种类用户,在不同应用场景下的定位导航授时服务。而多源融合导航之所以受到重视,恰恰源于多源融合导航是连接不同种类导航源和用户应用需求的桥梁。

如图9.14所示,如果把多源融合导航视为未来导航终端的核心,那么站在多源融合导航的角度看导航源,导航源可以被看作是多源融合导航的供给侧,其向多源融合导航提供各种不同物理机理的定位导航授时信号或信息,而导航终端的服务对象,可以被看成是多源融合导航的消费侧。多源融合导航未来的地位和作用,可以分别从未来导航信号/信息的供给侧,以及体现用户需求的消费侧两个角度加以理解和认识。

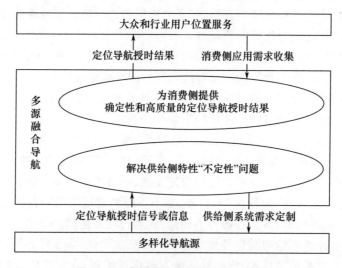

图9.14　多源融合导航的地位与使命

从多源融合导航的供给侧角度考虑,在 GNSS 时代,导航终端主要依靠接收和处理卫星导航信号进行定位导航授时,一般不涉及除 GNSS 之外更多的"源"。在"一般"之外,少数的特例涉及了 GNSS 与惯性导航(武器制导等)、天文导航(航空/航天器导航)等的"组合导航",应用场景比较简单,一般是在预先规划过的路径上应用,且主要针对特定用户,用户对成本的敏感性一般也不高。因此,GNSS 时代的组合导航还不能称为真正意义上的多源融合导航。

在 GNSS 后时代,定位导航授时需求拓展到 GNSS 信号受干扰,或受物理遮挡的环境。对 GNSS 信号而言,这些干扰或物理遮挡环境常常是时断时续的,其可用性具有时空上的"断续性",这就要求终端既要利用 GNSS 信号,又不能依赖 GNSS 信号。GNSS 信号的特性,在地表及近地空间具有一定的时段上的"稳定性"和区域间的"一致性",GNSS 信号在美国的特性与其在中国的特性之间,在南半球的特性与其在北半球的特性之间,不存在显著的差异。而 GNSS 之外其他"源"的特性,往往具有显著的"地域性"和"时段性"。比如:基于局域无线电信号的 WLAN 和蓝牙指纹定位,在WLAN 或蓝牙节点密集的区域,其性能将明显优于节点稀疏的区域;单个 WLAN 和蓝牙节点覆盖区域最大百米左右,在节点不覆盖区域,甚至无法完成定位功能。再比如磁场/重力场匹配导航,即使地磁图在全球完全覆盖,用户终端定位的精度还强烈地依赖于磁场/重力场空间分布的梯度特性,在磁场/重力场沿空间变化比较平缓的地区,定位精度要差很多,具有明显的"地域性"特征;对于基于太阳光的偏振光导航,夜晚无法使用,具有明显的"时段性"特征;视觉导航的性能,也跟每天不同时段下的背景光照度密切相关,且受光线遮挡影响,也具有显著的"地域性"和"时段性"特征;地基微波伪卫星导航手段,虽然对抗电磁干扰的能力相对较强,但区域覆盖范围相对较小,受物理遮挡的影响也比较严重;地基远程长波导航,单站覆盖范围可达数千千米,也能穿透一般的地物遮挡,但受电离层和长距离地波传输路径上大地电导率的影响较大,其定位导航授时精度也具有"地域性"。

对于受到广泛重视的惯性导航,特别是微型惯性导航手段而言,其特点也十分突出。首先是其优点,惯性导航的性能对终端所处的环境依存度较低,只要不因环境因素受到物理破坏,其定位导航授时的性能不受其处在室内还是室外、白天还是黑夜、空中还是地下的影响,能够提供连续的定位导航授时服务,也就是说,惯性导航的功能和性能不受区域和时段的影响,没有"地域性"和"时段性"的特征。其弱点在于,其定位导航授时功能的实现和精度的保证,需要对初始时间和位置速度进行标定,在定位导航授时过程中,误差会随着时间快速发散,一般需要定期标定,也就是说,惯性导航对外部标定源具有"依赖性"。另外,基于不同测量机理的惯性测量器件种类繁多,性能指标、成本代价、体积功耗各不相同,误差特性方面的差异也非常大。具体来说,惯性导航器件的原始观测量是角增量、角速率、加速度、频率等,对应着陀螺、加速度计、时钟等基础测量器件;陀螺的种类就有微机械陀螺、光纤陀螺、激光陀螺、核磁共振陀螺、原子陀螺等多种;时钟方面,也有晶体振荡器、传统原子钟、芯片原子钟等多种;加速度计也有微机械加速度计、石英加速度计等多种。总之,惯性导航器件原始测量信息的特性具有"多样性"。

从多源融合导航的消费侧考虑,导航终端的服务对象种类繁多,分布在空中、地表到地下、水下乃至整个地球空间,具体的使用要求(精度、动态、成本、体积、功耗、可靠性等)和使用场景(地面单兵手持、车载、干扰环境、遮蔽环境等)千差万别。除地表和近地空间中无遮挡且无干扰的使用场景下,能够使用单一的卫星导航手段满足应用需求之外,很难再找出某一类导航源单独解决某一类用户需求的例子。比如:对于人员导航,其活动路径很可能是在室外开阔地带、室内环境、车辆内部、有WLAN/蓝牙区域、无 WLAN/蓝牙区域等多类环境中往复穿越;对军事作战场景来说,无论是用户或单兵,活动区域中会出现不可预计的无线电信号遮挡和中断(被干扰、被欺骗、发射站被摧毁等);车辆导航中,无人驾驶车辆对导航可靠性和精度的要求,以及行驶环境的多变性更不允许终端单独依靠少数几种导航源进行导航。这就要求多源融合导航终端,能够自适应地应对用户导航全路径上的导航源性能变化。

另外,尽管导航终端的服务对象种类众多,应用环境也极为复杂,但不可能针对每一种用户和每一种应用环境,都单独开发并向用户装备特定的导航终端;不同种类用户和不同应用场景的导航终端,应该尽量通用化,用共性的技术体制架构和物理形态,满足用户最大共性需求。也就是说,多源融合导航技术的未来发展,应该能够在共性的技术体制架构下,以最少的终端物理形态,承载不同种类用户和应用场景的共性定位导航授时需求。

根据以上对多源融合导航供给侧和消费侧特点的分析,可以归纳出多源融合导航在未来 PNT 体系建设中的地位与使命:

(1) 在未来 PNT 体系中,多源融合导航是连接各种信息源与定位导航授时服务的桥梁,体现为指导导航终端总体设计、研制生产、规模应用的核心理论体系和演进方向;融合多种导航源提供的定位导航授时信号或信息,向用户提供确定性的(而不是模棱两可的)和高质量(实时性、高精度及精度评价、完好性、可靠性)的定位导航授时结果,是多源融合导航的核心使命。

(2) 卫星导航信号受干扰或物理遮挡导致的"断续性"以及其他定位导航授时手段普遍存在的"区域性"和"时段性"问题,造成供给侧导航源特性在用户导航路径上具有"不定性",进而可能导致多源融合导航结果存在"不定性"的风险。在 PNT 体系中,多源融合导航势必将承担解决导航源特性"不定性"问题的责任。

(3) 在 GNSS 时代,卫星导航终端(含传统的组合导航终端)导航源与导航终端间的信号或信息流,绝大多数是单向的,导航终端基本上是被动地接受导航源提供的制式化的标准导航信号或信息,导航源不会应个体用户的个性化需求而改变参数配置。在 GNSS 后时代的 PNT 体系中,多源融合导航终端有条件通过比对不同导航源的测量结果,诊断各个导航源的特性,进而反馈给导航源,优化导航源的参数配置,使其更有针对性地向导航终端发送定位导航授时信息,这也是 PNT 体系中多源融合导航区别于传统组合导航的重要特征。

(4) 定位导航授时信息是未来信息时代人类开展各种生产生活活动的基础,定位导航授时用户的种类和数量将会明显增长。如果针对每一类用户,还沿用 GNSS 时代传统组合导航终端的研发生产模式,都从底层单独研发和生产出一套多源融合导航终端,势必造成终端成本居高不下,并对终端的应用和维护升级带来难度,进而影响对新出现的新型导航源的接纳速度;因此,未来 PNT 体系中的多源融合导航,需要建立共性的多源融合导航技术体制架构,统一制定导航终端的技术规范,满足最大数量用户的共性应用需求。

9.3　微惯性技术背景下的多源融合导航

惯性导航是一种基于推算体制的导航手段,原始观测量是通过陀螺得到的载体转动信息(角增量或角速率),通过加速度计得到的加速度信息,以及通过高精度时钟得到的频率信息。其最突出的优点是,在经过初始标定后,不需接收外部数据或信号,即可提供连续的导航结果,不受运行环境的影响,对无线电信号电磁干扰和物理阻隔具有天然的免疫性。惯性导航的主要缺点是,在启动开始工作时,需要初始对准;初始对准的参数包括初始位置、姿态等。此外,其导航误差会随着推算时间的延长而剧烈增长,一般需要在导航过程中利用其他手段进行间歇式校准。

无线电导航,如卫星导航、陆基长波、地基伪卫星等,其特点与惯性导航正好互补,其连续性较弱,在地形遮挡或电磁干扰情况下,服务会发生中断,但定位精度不存在随时间漂移的情况。匹配导航,如地磁导航、重力导航、图像匹配导航等,在基础数据库覆盖的区域,能够实现导航定位,而在基础数据库不覆盖的区域,服务会发生中断;匹配导航的精度还会受到相关物理场(地磁场、重力场、图像)特征显著度的影响,在特征不显著的区域,定位精度受到明显限制。

因此,惯性导航良好的"连续性"特性与卫星导航等其他定位导航授时手段精度在时间上的"稳定性"之间形成了良好的互补关系。也正是这一原因,使得惯性导航与其他手段组成的组合导航系统一直受到追捧,特别是惯性导航/GNSS 组合导航系统,在武器制导等场合,一直作为主要的解决方案被应用。近些年来,随着消费级低成本惯性导航器件的快速发展,惯导/GNSS 组合导航在民用领域也受到高度重视。在多源融合导航中,惯性导航与其他定位导航授时手段之间的搭配关系势必将得到延续和发展。

传统的惯性导航器件,如光学陀螺等,在体积功耗和造价等方面的代价往往都比较大,高精度晶振和传统原子钟也是如此。而最近十几年,随着 MEMS 技术的发展,陀螺和加速度计的尺寸功耗大为降低,芯片原子钟也逐步从实验室走向了应用。目前 MEMS 导航组件的纯推算精度,在试验验证中已经达到了 30min 5 ~ 10m 的水平。此外,随着量子技术的发展,微型化核磁共振陀螺、原子自旋陀螺等的工程化潜力得到普遍认可,以相干布局囚禁(CPT)技术为基础的 CSAC 逐渐走向成熟,相应的陀螺技术指标将较 MEMS 微陀螺提升几个数量级,意味着惯导推算精度将有大幅提升。芯片原子钟产品方面,目前已有小批量的货架产品,达到了 10^{12} 量级的稳定度指标,意味着校准一次后,可在 24h 甚至 30d 的时间内,获得优于微秒至毫秒级的守时精度,满足绝大部分最终用户的时间同步需求。微型化惯性导航与芯片原子钟技术的上述快速进步,使得在定位导航授时用户终端上大规模配置惯性导航手段成为可能,这势必将会影响惯性导航源以及除惯性导航之外的其他导航源在多源融合导航中的各自角色定位与演进方向。

当我们审视每个单项定位导航授时技术的发展方向时,可以采用两种视角。一是站在各个单项定位导航授时技术自身的视角,二是站在多源融合导航的视角。视角的不同,将带来结论的差异。下面以微惯性导航技术的快速发展为背景,以多源融合导航的视角为主线,分析惯性导航以及其他导航源在多源融合导航中的各自角色定位与演进方向。

从用户所需的定位导航授时服务需求看,描述定位导航授时服务的技术指标通常包括精度、连续性、完好性、可用性、覆盖性等。这些性能指标在概念上有时是互相交叠和关联的。在 GNSS 时代,向用户提供的定位导航授时服务主要是通过卫星导航来实现的,因此,用户对定位导航授时服务的指标要求,往往就直接地转换为对卫星导航系统的指标要求。也就是说,从单独依靠卫星导航满足用户需求的角度看,衡量一个卫星导航系统性能优劣,需要同时关注其定位导航授时结果与真值之间的差距(精度)、向用户提供定位导航授时结果的频度是否满足需求(连续性)、当不能向用户提供满足要求的定位导航授时结果时的报警能力(完好性)以及卫星导航信号对各种复杂应用场景的覆盖能力(覆盖性)等,可用性是在精度、连续性、完好性基础上的一个综合的概念,反映了在特定任务场景下(隐含了覆盖性要求),卫星导航系统同时满足精度、连续性和完好性要求的能力。在这种逻辑架构下,卫星导航的发展方向无疑是既追求精度,又追求连续性,还追求完好性和覆盖性,也就催生了诸如极弱卫星导航信号(低于正常卫星导航信号以下 20dB)跟踪、卫星导航抗强干扰、卫星导航多天线测姿、基于冗余卫星导航信号的用户机自主完好性监测等技术的持续发展。

站在多源融合导航的视角,考虑到惯性导航具有良好的连续性,当把惯性导航与卫星导航作为一个整体来考虑时,卫星导航在满足用户定位导航授时需求过程中所起的作用可在一定程度上进行重新定义。

第一,可以将用户定位导航授时的连续性需求承载于惯性导航手段,即:不必再继续强调卫星导航信号在时间上的连续性,从而节省卫星导航信号的功率资源和时隙资源(现有的卫星导航信号都是连续播发的),可以将卫星导航信号设计成脉冲式的高功率猝发信号,在惯性导航(含微时钟)需要进行位置、速度、时间、频率标定时,对惯性导航进行高精度的定期标定。例如,如果未来的微惯导技术,可以在分钟量级乃至更长的时间间隔内,将用户的位置精度保持在可用的范围之内,那么我们就可以将卫星导航的服务间隔设计成 1 次/min(在考虑用户首次定位时间需求时,可适当加密)。另外,猝发信号可以强化卫星导航信号对连续波干扰的对抗能力(通过在时间上剔除高功率猝发信号播发时隙以外的干扰信号的方式);此外,猝发信号还可以通过优化不同卫星间猝发信号的时隙分配,提升不同导航卫星信号之间的兼容性。

第二,由于惯性导航观测量对无线电信号物理遮挡和电磁干扰天然免疫,可以用于帮助检测卫星导航信号的接收质量。已有的研究结果表明,这样可以有效提升卫星导航信号完好性检测的性能。因此,随着微惯导(含微时钟)器件性能的不断提升,在多源融合导航中,可以利用惯性测量的辅助,大幅改善卫星导航信号的完好性检测能力,特别是降低原有的接收机自主完好性监测(RAIM)对卫星信号数目的依赖。

第三,由于惯性导航观测量对无线电信号物理遮挡和电磁干扰天然免疫,当微惯导(含微时钟)普遍用于未来的多源融合导航终端时,可以不再苛求卫星导航接收机刻意追求在遮挡条件(极弱信号)或干扰背景下(低信干比信号)对卫星的跟踪能力,降低接收机成本和复杂度。

第四,基于惯性器件原始的角增量(角速率)和加速度观测量的推算算法,在导航的过程中,除了需要对位置和速度进行初始标定和定期校准外,还需要对载体的姿态进行标定和校准,特别是对载体航向的标定和校准比较困难。目前,已有的标定和校准方法主要有三种:一是利用惯性器件自身感应地球自转进行标定和校准,这需要惯性器件具有很高的测量精度,且需要较长的初始化时间,对微惯性器件来说不太现实;第二种是利用双天线或多天线的卫星导航测姿技术进行标定,代价也比较大;第三种是利用地磁场等对航向敏感的物理场进行标定,易受干扰。因此,惯性导航的航向标定技术必将成为未来微惯性器件有效用于多源融合导航的难点,需要着力发展便捷和高精度的载体姿态测量技术,作为微惯导在多源融合导航中有效发挥效能的关键。

以上针对未来多源融合导航中惯性导航对卫星导航作用与地位影响的分析,对于卫星导航之外的其他导航源也基本适用。比如,对于地基或空基无线电伪卫星来说,微惯导的加入,可以大大缓解对伪卫星定位导航授时连续性的要求,以及对信号完好性检测和覆盖性的要求;对于地磁、重力等地球物理场导航来说,不必再要求在磁场或重力场变化平稳地区的精度。

总之,在多源融合导航的概念下,微惯导技术的发展,将在很大程度上更新传统上各个其他单项导航源的设计约束和运转模式,进而影响 PNT 体系中从单项导航源建设、导航源协同到导航信息融合的全过程。

9.4　通信对多源融合导航的支撑作用

通信技术已成为现代信息化社会的基础,特别是在移动通信技术的快速更新发展的推动下,无论军用还是民用,移动通信终端已经成为民众和单兵,乃至各种车辆的必配装备,深深地改变了人类的生产和生活方式。民用方面,当前基于地面蜂窝网的移动通信几乎已经覆盖了人口稠密的城市和乡村环境下室内和室外的各个角落,正在大力发展卫星移动通信技术,也正在将沙漠和海洋纳入移动互联的覆盖范围。军用方面,各种战术数据链的大量应用,也越来越紧密地将战场上的大量士兵个体和移动作战单元连为一体,高速的战场数据和信息交换成为现实。以大带宽、低时延、广覆盖为特征的移动通信技术和相关基础设施的快速发展,也催生了一系列新的信息交换和开发利用模式,如云存储、云计算、大数据的云端汇聚与人工智能等,已成为当前社会经济发展最热门的增长点,并将继续深深地改变人类的生活。

目前的组合导航较少依赖通信的基础设施资源,以最为常见的卫星导航与惯性导航组合导航为例,组合导航系统设计的关注点往往在于组合导航的应用场景的定义、惯导器件的选型配置、组合模式的选择(松耦合、紧耦合、超紧耦合)以及组合算法参数的优化配置等。形成这种情况的部分原因在于:一方面传统的组合导航涉及的导航源比较少,组合导航系统的设计也往往针对特定的具体应用场景(而不是多数用户的"最大共性需求"），如弹药投掷制导、高完好性要求的飞机进近着陆等，不需要也不能过分依赖通用的通信设施进行组合导航；另一方面，虽然移动通信技术的发展和基础设施的进步十分迅猛，但其在定位导航授时领域的应用技术还缺乏充分的时间进行积淀，业界对移动通信的潜在作用、地位以及如何做到通信与导航的深度融合，还没有形成统一的观点，处于技术探索阶段。

在 GNSS 后时代发展 PNT 体系的历史趋势下，通信在定位导航授时服务中的地位和作用越来越受到重视。比如，在美国的 PNT 体系架构中，多处强调了通信的作用，提出了"充分利用通信手段增强 PNT 能力，与通信系统相结合，使利用传统无线电导航频谱以外的频率资源进行 PNT 服务成为可能，提供并增强 PNT 能力的稳健性，以及用户之间的联通性"以及"推动 PNT 与通信的协同，确定并评估将定位导航授时与通信系统进行融合的方法、标准和潜在能力"。在国内，导航通信一体化技术、基于通信网络卫星导航信息增强技术、与 5G 相结合的导航信号增强技术等，也逐渐成为导航领域各种学术会议的热点话题；李德仁院士提出的卫星定位、导航、授时、遥感、通信一体（PNTRC）化天基信息实时服务系统中，通信和导航是两个密切关联的核心要素[12]。

以未来国家 PNT 体系建设为背景，从多源融合导航的视角进行分析，通信（特别是移动通信）与多源融合导航之间的相互支撑作用主要体现在以下几个可能的方向。

第一，鉴于移动通信网络提供的泛在的数据互联互通能力以及"云对端"和"端对端"实时数据通信能力，在多源融合导航中，移动通信可以为以"数据"为形式的导航信息从导航源传递到多源融合导航终端提供传输通道。比如，通过移动通信网络向多源融合导航终端传递卫星导航轨道、钟差、区域大气折射误差精细改正模型参数、完好性监测结果、干扰信号监测结果等，作为"数据类"导航源参与多源融合，从而丰富多源融合导航的导航源种类和数量。这种模式同样适用于高精度地图、地磁图、重力图、WLAN/蓝牙场强地图、视觉等匹配类导航中数据的传递。

第二，鉴于地面蜂窝移动通信网络在城市及乡村的布站密度已十分密集，加之低轨移动通信星座未来将对海洋和边远地区进行有效覆盖，从定位导航授时的几何构型关系角度看，这些通信基础设施资源具有用作播发导航信标信号的潜力。利用上述移动通信系统的频点、带宽和功率资源，播发无线电导航信标信号，并由多源融合导航终端接收，参与多源融合导航计算，可以为多源融合导航提供一类新的"信号类"导航源，从而进一步丰富多源融合导航的导航源种类和数量。当然，要完成这一设想，还必须解决导航通信一体化信号体制设计、时空基准的建立与动态维持、复杂场景下地基无线电信号传播路径精确建模与误差修正以及强信号下同频弱信号的接收测量等关键技术。

第三，建立在移动通信网络互联互通基础上的云存储、云计算、云端大数据处理等新兴技术，有望成为多源融合导航技术创新发展的有力抓手，具体可从以下几个角度加以理解。

（1）既有的组合导航技术主要是立足于组合导航终端进行数据融合计算，当多源融合导航终端采集的各种导航源信息越来越多时，立足于终端当地的计算能力，可能不足以完成实时的多源融合导航信息解算。在云存储和云计算的概念下，在移动通信的能力范围内，完全可以考虑将导航终端当地测量到的各种原始观测信息，发送至云端进行存储、加工和处理，计算完毕后，再将结果通过移动通信网络发回终端，完成多源融合定位导航授时服务。

（2）在局域多用户群体协同定位的场合，通过对不同用户相互之间的相对距离、相对角度或相对位置进行实时测量，汇集加入多源融合导航中的融合计算，可以互助得到更加精确与更加可靠的定位导航授时结果。两两用户之间的相对距离、角度或相对位置的测量，有的是直接的，有的是以第三者用户为支点间接得到的，在通过移动通信网络进行汇集时，相对于汇集到终端进行多源融合处理而言，汇集到云端进行集中处理，可以节省通信容量，并有利于在不同用户间保护个体用户的隐私。

（3）通过移动通信汇集到云端的多用户时空关联信息，经过必要的大数据积累，有潜力通过机器学习和人工智能的方法，提供全新的多源融合导航解决方案，为多源融合导航技术的发展开辟新的研究空间。

（4）在9.2节分析多源融合导航在PNT体系中的作用与地位时，我们曾提到，PNT体系背景下的多源融合导航的工作模式之一，将是导航信号源和信息源与多源融合导航终端之间的双向互动参数调节与配置优化。移动通信系统在多源融合导航终端与导航源供给侧之间搭建起来的通信信道，可以作为这种双向调节机制的基础。

比如，在室内导航应用场景下，服务区内活跃用户可以通过移动通信网络，激活其临近的室内伪卫星节点播发导航信号；进而可以借鉴5G移动通信中的多输入多输出（MIMO）技术的思路，动态探测室内伪卫星与多源融合导航终端间的测量信道特性，并根据信道特性实时调整伪卫星的播发信号的参数。

再比如，在用户以微惯导为基础进行多源融合导航的工作模式下，当用户认为微惯导推算时间已经较长，需要进行校准时，可以借助移动通信网络，让云端指示适合于惯导校准的运动路径，并开启相应的高精度校准信号源，及时向路过的用户提供校准服务。

◣ 9.5　全源导航与多源融合导航的关系

9.5.1　DARPA"全源导航"计划

所谓"全源导航"名词来源于2010年11月DARPA的一份报告。在这份报告中，针对美军在地下、水下、室内、城市、高山峡谷、GPS服务被干扰、被阻断等场景下的导航定位问题，提出了"全源定位导航（ASPN）"计划。ASPN计划在国内引起了一定的关注和讨论，借鉴国内的习惯说法，本书将ASPN称为"全源导航"。

全源导航计划拟发展一种技术(以下称为"全源导航技术"),旨在从多种传感器和测量源接收数据,如激光测距仪、相机和磁力计等,并利用导航过滤(融合)算法从中提取导航信息,从而实现精确导航。全源导航技术能以实时和即插即用方式大量、快速增加传感器和获取测量数据,以及在系统中添加现有或未来新出现的传感器。全源定位导航技术不依赖 GPS,但也使用 GPS 的信息,可用于任何作战平台和作战环境,可在徒步士兵、无人机、潜水器、轮式车、履带车、飞机、小型机器人等平台上使用,以及水下、地下、丛林、树冠下、郊区、城市建筑物下、建筑物内部、开阔地带等多种战场环境下使用。

从美军提出全源导航技术的背景来看,一方面,"全源导航"计划是由美国国防高级研究计划局提出的,明确针对美军在 GPS 服务性能被限制应用场合的 PNT 需求;另一方面,与"全源导航"相关的项目计划与美国国家 PNT 体系同步实施,在思路上有别于多源融合导航、组合导航等传统套路,强调从体系化角度统筹设计,与其国家 PNT 体系的总体筹划相关联。

从美军全源导航技术的特征看,全源导航技术拟解决的问题是,面向任意平台、任意环境,如何低成本、快速给出导航定位解决方案,强调传感器的即插即用性和系统的快速集成与重构。相关的项目计划将发展与任意导航传感器和敏感器组合方案相关的快速集成和重新配置的架构、抽象方法及滤波算法,降低系统集成成本,为用户提供无 GPS 服务条件下的高精度定位、导航与授时能力,满足不断变化的任务需求与环境变化的要求。ASPN 技术具有如下的特点:具有兼容大范围、多样化传感器/敏感器的能力;支持传感器的即插即用;强调快速集成与可重新配置;具有开放架构的协同、增效作用。

美国国防高级研究计划局的 ASPN 计划将分三个阶段进行。第一阶段主要工作目标是开发导航算法和数据处理方法,以及"即插即用"软件体系结构、算法和体系结构,支持 10 种以上类型的传感器。第二阶段开发小体积原型硬件系统并配置实时算法软件,对任意传感器组合,都能获得定位结果,且当应用场景切变导致传感器组合发生变化时,能保证定位结果的连续性。第三阶段的主要工作是演示和验证,提出单兵便携型以及车载和机载型导航系统的解决方案[13]。

第一阶段工作由 Draper Lab 和 Argon ST 公司完成,完成了整体系统设计、抽象方法设计以及快速导航传感器融合与重构的导航滤波算法设计,同时对该导航系统的适配性和即插即用进行了验证;第二阶段于 2012 年 6 月开始,由 SAIC、Vesperix 和 Systems & Technology 三家研究机构进行,工作主要是开发实时算法,并将算法与硬件结合,完成对多种传感器信号的接收,并完成全源导航系统原型的系统演示与评估,如图 9.15 所示。ASPN 计划第一阶段获得了阶段性成果,目前针对 APSN 计划的相关研究主要是美国诺斯洛普格拉曼公司 Omar Aboutaliba、Bruce Awalta、Alex Fung 等人提出的一种 GPS 失效情况下能够实时全源自适应融合所有可用的导航数据以及美国乔治理工大学 VadimIndelman 等人提出的一种基于因子图的多源导航信息融合系统。这两项系统使用的传感器数据有惯性测量单元、测高仪、星敏感器、无源成像传感器和数字高程数据库等。仿真和实验说明其在 GPS 失效情况下具有很好的导航性能,并且能够降低目标定位误差。

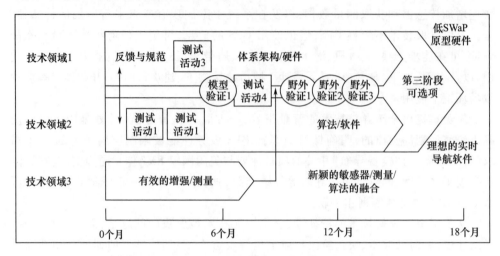

图 9.15　美国 ASPN 项目第二阶段的发展路线图

9.5.2　全源导航理念对多源融合导航的借鉴作用

目前尚无美国全源导航技术研究成果的详细报道,因此,在目前阶段,还谈不上全源导航已经形成了某种完善的解决方案或技术体系,也就无法评估全源导航技术对未来定位导航授时领域的发展将会带来哪些具体的影响。尽管如此,从 DARPA 描述全源导航计划的寥寥数语中,我们还是可以感受到全源导航技术的一些核心理念,与本书多源融合导航的主题存在密切的关系。

第一,全源导航技术强调了对 GPS 失效场景的适用性,旨在解决无 GPS 服务时的定位导航授时问题,同时也不排除在 GPS 可用时使用 GPS 提供的服务,这与多源融合导航的目标场景完全一致。此外,从全源导航计划的表述上看,该技术主要是针对用户终端的,而不强调根据用户的需要适时动态调整导航源配置的内容,这与本章前面提出的多源融合导航的思路有所区别。

第二,全源导航技术强调了低成本,预示着全源导航是面向普通用户的一种通用技术,而不是面向特定场景和专用用户的特殊解决方案;全源导航技术在理念上强调了面向任意平台和任意环境的快速组合能力,可以理解为全源导航技术应该对不同种类的平台和平台所处的环境,具有普遍的适用性,且能在平台切换或环境改变时,快速地给出导航定位解决方案。所谓对不同平台和不同环境的普遍适用性,可以有两种进一步的理解方式:一是理解为,DRAPA 期望同一个用户搭载不同平台或工作在不同的环境时,利用同一套终端装置,即可快速自适应地接入可及的各种导航信号和导航信息,并加以组合或融合,达成稳定可靠的定位导航授时服务能力;二是理解为,

DRAPA 期望用户可以在现场通过快速便捷的操作,重新配置终端的软硬件配置,形成一套新的终端,进而满足用户的定位导航授时需求。显然,第一种方式对用户来说更加智能和便捷,但难度更高,可以作为技术发展的中长期追求;第二种方式需要用户进行干预,但可实现性更强,可以作为传统组合导航向多源融合导航演进的要点与方向。

第三,全源导航技术强调了传感器的即插即用性和系统(终端)的快速集成与重构,强调发展快速集成和重新配置架构、抽象方法及滤波算法,用以支持任意导航传感器和敏感器的动态组合,这些都可以被理解为在任务需求与环境发生变化时,非专业用户可以通过对终端的简单操作,快速形成适用的定位导航授时能力。所谓即插即用,可能指的是硬件模块的即插即用,也可能还包括对融合软件的即插即用。所谓可重新配置的架构,可以理解为用于对不同种类、不同类型、硬件和软件的集成;而抽象方法及滤波算法强调对特定导航源的依赖,需具备对各种导航源的普适性。

总之,美国 DRAPA 部署的全源导航计划,适用对象主要是含普通用户在内的各种定位导航授时用户终端,客观上,与本章讨论的多源融合导航有着比较密切的耦合。其解决问题的主要技术途径,是通过稳定的终端硬件基础架构和通用的融合软件,接入即插即用的传感器,完成定位导航授时功能。这一技术途径,完全可以借鉴于多源融合导航技术的发展。

9.6　多源融合导航产业设想

9.6.1　卫星导航产业发展模式剖析

自 20 世纪 90 年代开始,随着 GNSS 的不断成熟和完善,以及卫星导航服务在各行各业的渗透,定位导航授时已经发展成了一个庞大的产业。由于卫星导航是当前卫星导航授时的主用手段,现阶段的定位导航授时产业主要是围绕如何更有效地利用卫星导航系统空间导航信号而逐步构建和发展起来的,可主要分为三个方面。

一是围绕加强卫星导航空间信号质量而发展出来的卫星导航增强系统(SNAS)产业。除用于保障民航飞行的增强系统由国家主导建设和运营之外,在市场上陆续出现了一些商业运营的卫星导航增强系统,如各国家和地区最近十几年来大力建设的 CORS 以及各种卫星导航 SBAS 和 GBAS 等。其面向不同种类的用户需求,向终端用户提供多样化的数据产品,用以提升卫星导航定位精度、精度告警信息等。这些商业化的卫星导航增强系统,涉及了卫星导航基准站设备研制生产、基准站部署与运维、基准站数据实时传输网络的建设与服务、卫星导航增强信息计算平台建设与运维、增强信息播发平台建设与数据服务等细分环节。

二是卫星导航终端生产与销售产业,属于电子产品制造业的范畴。卫星导航终端涉及卫星导航接收处理芯片(含射频芯片和基带芯片)、接收机板卡、天线、测试设备设施(导航信号模拟源、测试场等)、整机封装集成等细分环节,已经形成了一个相对独立的产业链条。卫星导航终端产品种类繁多,既有面向行人和车辆出行的低成本单频导航终端,也有面向高价值应用的机载、弹载和星载多频多系统导航终端,还有面向复杂电磁环境的抗干扰导航终端,以及面向精密测绘行业的测量型导航终端等。此外,目前更多的卫星终端不再是以独立的设备形态出现,而是嵌入了多功能信息终端内部,随着智能手机等多功能信息终端的普及,更广泛地融入了人类的日常生活,极大地带动了导航芯片产业的发展。目前,作为卫星导航终端核心的导航芯片年产量已数以亿计,创造了巨大的社会财富。

三是基于卫星导航定位结果的基于位置的服务(LBS)产业,属于信息服务业的范畴。这是当前整个卫星导航产业中最具创新活力的部分。其主要以高精度电子地图数据和POI信息为依托,通过移动通信和移动互联网信息传递渠道,向手机终端和车载导航终端推送路况信息和路线指引服务,以及各种各样的增值服务。

从卫星导航的产业的发展进程看,卫星导航系统的每一次大的进步,都极大地刺激了卫星导航产业的跨越式发展。比如,美国政府在 2000 年宣布取消其对 GPS 信号的选择可用性干扰,开启了卫星导航服务大规模走向民用的闸门。其后,我国的北斗卫星导航系统、欧盟的 Galileo 系统陆续投入服务,以及俄罗斯的 GLONASS 性能逐步恢复,乃至各个 GNSS 陆续投入新的民用导航信号,又都不断刺激了卫星导航产业大规模扩张。反过来,卫星导航产业的大规模发展,也在客观上促进了卫星导航系统及相关的增强系统的更新和发展。

此外,卫星导航产业近年来的快速发展,也得益于移动通信网络在全球的大规模部署和智能终端的大规模普及,不但促进了传统的导航芯片、板卡、导航仪产品规模的大幅扩张,而且还催生了将导航芯片嵌入智能终端的新的产品模式,更是创新了以位置服务为代表的卫星导航新产业模式。

9.6.2　多源融合导航产业热点设想

在卫星导航基础上发展 PNT 体系,是未来导航技术与系统发展的主流方向[14]。从卫星导航走向 PNT 体系,核心的着力点无非落脚在导航信号或信息的"源端"和"宿端"两个方面。在源端,就是在卫星导航能力的基础上,体系化地有序发展更多种类的导航源,强化卫星导航不适场景下的定位导航授时物理场覆盖水平和精度质量。在宿端,进一步分为两个方面:一是强化导航终端接收融合各种导航源信号信息,获取时空位置信息的能力;二是基于更加可靠、更加精确的时空位置信息,提供更具多样化位置信息增值服务的能力。源端能力的建设,与宿端应用水平的发展,势必将呈现出互为良性驱动、交替跨越发展的态势。

相比于在卫星导航时代,导航源产业主要落脚于各种卫星导航增强系统建设和服务的传统发展模式,在以多源融合导航为核心特征之一的 PNT 体系源端系统建设中,在国家主导统筹统建核心导航源的基础上,将会有更多的导航源以民间产业的模式开展建设和服务。国家统筹统建的导航源,主要是涉及国家安全和社会运转,或是占用大量国家基础资源(如频谱资源、卫星轨道资源等)的核心定位导航授时系统，如卫星导航系统、陆基长波导航授时系统、涉及航空飞行安全的卫星导航精度与完好性增强系统等。对于在此基础上，旨在解决区域乃至局域定位导航授时问题的导航源，如面向室内和隧道匹配导航的磁场地图、视觉特征点分布图、WLAN 场强分布图、面向行人航位推算定位的室内地图、面向地基伪卫星定位的伪卫星基站等，都具有巨大的产业化空间。这些导航源的共同特征是：他们需要在每一个需要提供服务的场所开展细致的测绘和制图工作，并需定期或不定期地进行更新，涉及巨大的工作量，适合于借助市场的力量加以部署。此外，这些导航源还可能涉及隐私信息或对私有财产的利用，不太适合于在国家层面统筹统建。除上述这些导航源之外，在新型导航手段层出不穷的技术发展背景下，未来将会不断涌现出各种新的适合于产业化建设的导航源，值得导航产业界持续关注。

以产业化的方式发展多源融合导航中的部分导航源，需要在国家层面制定统一的技术标准和管理法规加以引导和规范。其必要性体现在两个方面：一是确保当用户终端接收不同导航源产业化主体所建设和运维的导航源时，都能得到一致性的导航定位授时结果；二是有利于促进不同的导航源建设主体可以共享导航源相关技术，降低导航源建设和运维成本。

相比于在卫星导航时代，用户终端都是接收标准化的卫星导航空间信号，并主要向室外用户提供时空坐标信息的传统发展模式，在以多源融合导航为核心特征之一的 PNT 体系用户终端中，势必将能够接收处理更多种类的导航源，并将服务对象拓展至室内、电磁干扰等更广泛的应用场景。这必将给导航终端的产业化发展带来巨大的推动力量，孕育着巨大的产业化发展前景。比如，未来的多源融合导航终端将会带动 Micro-PNT 器件、微时钟器件、伪卫星信号接收处理模块、视觉匹配传感器(用于视觉匹配导航)、磁场传感器(用于磁场匹配导航)等传感器组件的大规模产业化发展，还将带动多源融合导航算法及相应的嵌入式软件的发展，对于承载融合计算的处理器产业的发展也将有巨大的带动作用。多源融合导航终端在应用场景上的拓展，将会激发产生更为五彩缤纷的终端形态，为终端的携带性设计、续航能力保障设计、自主完好性保障设计等，带来巨大的创新动力，值得导航产业界持续关注。

相比于在卫星导航时代，主要依托卫星导航信号可见区域的位置信息开展位置服务的既有发展模式，多源融合导航将在更为广泛的环境下提供更为精准可靠的位置信息，位置服务可依托的位置信息更为丰富，位置服务的深度和广度将得到极大拓展。比如，基于室内精准位置信息的行人室内精细导航、室内外无缝智能辅助驾驶、室内动态多变场景下自动化机械控制、位置信息辅助的金融安全支付等。另外，鉴于 PNT 体系中导航信号与信息的多源化，以及导航源建设运营主体的多样性，基于位置信息的导航完好性信息服务将有可能成为位置服务产业新的业务方向。用以根据用户所处的粗位置，向用户提供面向特定局部区域的导航精度提醒信息和完好性预警信息，并可向用户导航终端推荐针对性的局地导航源，甚至向用户提供针对性的融合算法软件下载服务。此外,随着导航源种类数量的日趋增多,传统上基于用户终端本身的计算能力进行定位导航授时计算的模式,将面临终端成本、功耗、造价等方面的巨大压力,特别是在处理视觉匹配等大数据量计算处理时,终端面临巨大的计算负担。在5G即将普及、边缘计算技术快速发展的技术背景下,通过5G向局地网络端的计算资源提供导航原始观测数据并完成导航解算,也将可能成为未来位置服务的新模式。与此类似,基于5G和边缘计算的多用户协同定位服务,更有利于在多用户间共享导航定位原始观测数据的同时,保持用户隐私,并提升导航定位的水平。

9.6.3　多源融合导航终端产业模式

从导航终端的既有发展历程上看,导航信号源或导航信息源的每一次创新发展,以及移动通信系统的每一次跨代升级,都极大地促进了导航终端产业的发展。这不但反映在导航终端产业规模的扩大上,而且还体现在终端产品形态的创新以及产业链的延长和细分上。目前,导航系统源端能力的建设重点,正处于从卫星导航转向PNT体系的过渡期。导航源端能力的跨代升级,将促使传统的卫星导航终端产业模式逐步转变为围绕多源融合导航的新产业模式。

导航终端产业模式的转变,根本动力在于具体而明确的新增应用需求牵引,所导致的终端功能和物理形态上的变化,可从多源融合导航终端与卫星导航终端的应用需求角度加以分析。卫星导航终端主要建立在卫星导航系统的基础上,其对导航源的选择余地相对很少,即便是可以选择各种卫星导航增强系统作为导航源,也只能带来辅助性的效能。与此同时,卫星导航终端只适合于在相对开阔的室外环境中工作,用户对终端场景适应性方面的需求相对单一。用户在使用卫星导航终端时,一般也仅需进行简单的开关机操作,没有必要以某种方式介入选择导航源或选择导航算法。由此,卫星导航终端产业呈现出以卫星导航基础芯片以及天线等相关附件为源头,到板卡模块,再到导航仪整机集成简单链条模式,如图9.16所示。这种模式的鲜明特征是,传统的卫星导航终端是以终端集成厂家为核心来领头实施的。

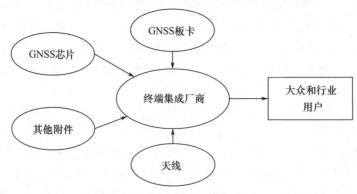

图 9.16　卫星导航终端产业链模式

相比而言,多源融合导航终端需要接入种类更多的导航源,导航信号和信息的接入环节将更加复杂。在多个导航源共同覆盖的区域,还需要进行信息融合,用以达成具有唯一性的最优结果。此外,PNT 体系的能力所及的地理范围,不再限于卫星导航擅长的室外开阔场景,强化了室内场景和室内外过渡场景下的服务能力,对于穿梭于室内外不同类型应用场景的用户而言,还需要导航终端具备快速适应场景切换的能力。此外,在多源融合导航终端的演进过程中,有可能涉及借助用户对当地导航源配置和所处场景的经验,由用户介入导航源和导航算法的动态调配。由此,未来的多源融合导航终端产品可由多源融合导航终端基础板卡、外置传感器模块和多源融合导航软件三类相对独立的软硬件模块产品,配以外置天线等相关附件产品,由用户在应用现场动态组合的方式来实现,其架构如图 9.17 所示。与此相呼应,未来导航终端产业链模式,将从以终端整机厂家的产品集成需求为中心,逐渐转变为以用户个性化定制集成需求为中心,如图 9.18 所示。

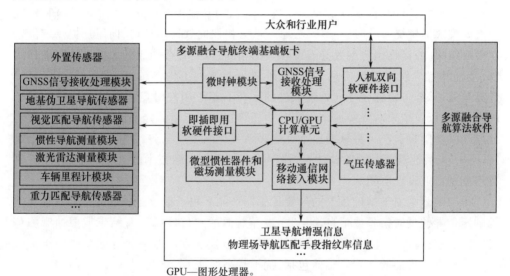

图 9.17　多源融合导航终端通用架构示意图(见彩图)

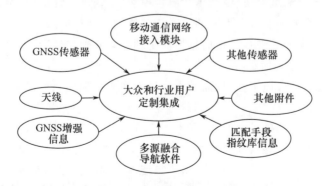

图 9.18　多源融合导航终端产业链模式

构成多源融合终端的三大类软硬件模块产品的主要构成及核心功能描述如下。

第一类是多源融合导航终端基础板卡产品。其内置集成 GNSS 信号接收处理模块、星基/地基卫星导航区域/广域增强系统信息接收模块、Micro-PNT 惯性器件和微时钟模块、用于地磁匹配导航以及气压测高的磁传感器模块和气压传感器等,这些传感器的共性特征是成本较低,且具有广域普适的导航能力。此外,基础板卡还应配置移动通信(4G/5G/WLAN 等)网络接入模块,用于多源导航信息融合计算的 CPU/GPU 计算模块、人机交互的通用软硬件接口,以及接入外围定位导航授时传感器的通用即插即用软硬件接口等。基础板卡主要功能分为七个方面:一是板载 GNSS 信号接收处理模块,输出 GNSS 定位导航授时结果,以及伪距、载波相位和星历信息;二是板载移动通信(4G/5G)网络接入模块,通过移动通信网络与远程用户进行交互,或接收卫星导航差分信息、气压基准站信息、磁场/WLAN 匹配导航指纹信息等导航增强信息;三是板载微型惯性器件和磁场测量模块,用于航位推算和磁场匹配导航计算;四是板载微时钟(晶振或芯片原子钟)模块,为其他板载传感器(GNSS 等)和外置导航源模块提供统一的时频参考;五是板载人机双向软硬件接口,向用户提供定位导航授时结果,并接收用户配置导航源参数的指令;六是板载通用的即插即用软硬件接口,接入外置导航源测量信息,并配置外置导航源的工作参数;七是板载 CPU/GPU 计算单元,承载多源融合导航处理软件的运行。鉴于用户对定位导航授时服务需求的多样性,以及用户对终端成本、体积、功耗等资源消耗承载能力的多样性,多源融合导航终端基础板卡产品将呈现出个性化和系列化的发展态势,并随着 GNSS 导航源、Micro-PNT 惯性器件及微时钟技术、移动通信技术等基础技术的进步而不断创新,具有广阔的产业发展空间。

第二类是独立于基础板卡的外置传感器产品。用于接收各种区域或局域性导航源的定位导航授时信号或信息,得到相应导航源的定位导航授时结果或原始观测信息,并通过支持即插即用功能的通用软硬件接口发送到多源融合导航基础板卡上进行融合处理。可能的外置传感器包括:抗干扰高性能 GNSS 信号接收处理模块、陆基长波广域导航系统信号接收处理模块、地基伪卫星导航传感器、视觉匹配导航传感器、高性能惯性导航测量模块、激光雷达测量模块、车辆里程计模块、重力匹配导航传感器等。这些外置传感器可由不同的厂家依据通用的即插即用软硬件接口标准进行研发和生产,接口标准的内容包括信息传输物理接口软硬件标准、信息内容及编排标准、时空统一标准(导航信息时空参考点、信息传输时延)等,对不同厂家生产的多源融合导航基础板卡具有通用性,从而催生一批专注于单项导航源产品的厂家,形成面向多源融合导航终端产品的导航传感器产业。

第三类是运行于基础板卡 CPU/GPU 计算单元上的多源融合导航算法软件。用于融合基础板卡板载传感器和外置传感器实时输出的定位导航授时结果及相关原始观测信息比特流,进行多源融合计算,得出最终的实时定位导航授时结果。

多源融合导航算法软件应该具备与特定定位导航授时传感器无关(device independent)的特性,可以通过对传感器输出信息进行合理的抽象分类,以及在此基础上对传感器输出信息进行抽象化标准化表达来加以实现。采用与传感器无关的多源融合导航算法软件进行融合导航计算,可以避免多源融合导航算法软件研发从业者花费不必要的精力来适应不同厂家的基础板卡和不同机理传感器产品,使得多源融合导航算法和软件研发从业者所提供的产品,对于不同厂家、不同机理的导航源组合具有普适性,这是引导多源融合导航算法和软件走向产业化研发和服务的前提和基础。在信息抽象分类的具体方式上,可分为位置域信息(各类导航源输出的定位导航授时结果)和测量域信息(各类导航源输出的原始观测信息,如测距、测角、场强等)两大类,并可进一步划分为若干子类。相应地,多源融合导航算法软件可以采取三种融合模式:一是位置域融合;二是测量域融合;三是位置域-测量域混合融合。

随着导航源在种类和性能方面的不断更新、CPU/GPU 计算能力的不断增长、定位导航授时应用场景的不断细分以及信息融合基础理论方法的不断进步,多源融合导航算法软件产业将持续迸发巨大的创新活力。

值得强调说明的是,多源融合导航终端的上述产业模式,需要建立在国家或行业层面的一系列技术标准的基础上,具体包括以下四个方面的技术标准。

(1)不同类型导航源导航信号和信息接口技术标准。除卫星导航及其增强系统等广域导航源技术标准之外,尤其要建立各种区域或局域定位导航授时手段的信号和信息接口技术标准,用以明确定义多源融合导航终端上的各类传感器如何接收处理外部定位导航授时信号和信息,并确保多源融合导航终端对不同导航源建设主体所提供的定位导航授时信号与信息的普适性。

(2)多源融合导航终端基础板卡与外置传感器之间的即插即用通用硬件接口技术标准。用以确保不同厂家生产的基础板卡,以及不同厂家生产的外置传感器,在应用现场终端动态集成过程中的通用性和互换性。

(3)不同机理导航源传感器输出定位导航授时信息的抽象分类标准。主要是将不同机理导航源传感器所输出的导航信息进行抽象,映射到时空坐标(与坐标系选择相关)、距离(真距、伪距、时延、距离变化率等)、角度(绝对角度、相对角度、角速率、角增量等)、场强(磁场、重力场、WLAN/蓝牙场强等)、视觉定位特征点集等维度,并明确定义不同机理导航源传感器输出的导航信息在此新维度下的具体表达方法,用以确保多源融合导航算法软件的传感器无关性,以及对不同厂家和不同机理导航源的普适性。

(4)多源融合导航终端最终输出定位导航授时结果表达方式技术标准。除了输出特定坐标系下的时空坐标之外,多源融合导航终端还应该输出与时空坐标相关联的精度评价信息、完好性评价信息等,支撑 LBS 内容创新和服务质量提升。相应地,需要建立相关的表达方式技术标准,用于确保不同多源融合导航终端接入不同种类 LBS 时的通用性和便利性。

图 9.17 所示的多源融合导航终端架构将在应用和产业两方面产生积极的作用。在应用上,便于用户根据个性化的应用需求定制适用的多源融合导航终端,达成最优的效费比。多源融合导航终端基础板卡上集成有卫星导航及其增强系统、Micro-PNT 器件和 WLAN/蓝牙场强匹配导航等常用导航手段传感器,单独使用就能够满足部分用户的应用需求,考虑到这些传感器在技术成熟度、成本以及资源占用等方面的优势,作为通用的标配传感器加以使用不会给用户带来明显的负担。当上述板载传感器不能完全满足应用需求时,用户可以根据自身的个性化需求,附加购买和配置其他专用的导航源传感器,并在必要时通过即插即用的软硬件接口接入多源融合导航终端基础板卡,从而强化终端的定位导航授时服务能力。用户除了可以自主选择和配置传感器之外,还可以通过通信网络购买和下载个性化的多源导航信息融合处理算法软件,从而在既定的导航源传感器配置下,从融合软件上达成对个性化定位导航授时需求的最优匹配。此外,在导航源技术快速更新发展的背景下,用户可以在保留和沿用大部分既有传感器模块和融合软件的基础上,针对性地购买和增添新型的传感器或融合软件,以相对较低的代价持续提升多源融合导航终端的性能。

在产业上,将促使导航终端产业链从以终端集成厂家的产品集成需求为中心,逐步转换为以用户个性化定制集成需求为中心,有利于激发导航终端产业链上各个环节的创新活力。在图 9.17 所示的多源融合导航终端产业链模式下,无论是多源融合导航终端基础板卡厂家,还是外置传感器模块厂家,乃至多源融合导航算法软件研发者,都将直接面向最终用户提供产品。由此不但会加快应用需求从用户反馈至厂家的节奏,从而使得厂家能够更快速地对用户需求做出反应,还将提升技术创新从实验室走向应用的时效性,从而更有效地促进多源融合导航技术快速进步和终端整体性能的持续提升。

总之,多源融合导航终端将呈现出与卫星导航终端完全不同的产业模式,孕育着巨大的产业创新机遇和市场商机,值得关注。

参考文献

[1] 谢军,刘庆军,边朗. 基于北斗系统的国家综合定位导航授时(PNT)体系发展设想[J]. 空间电子技术,2017(5):1-6.

[2] DYKE K V. National positioning, navigation, and timing architecture[C]//AGU Fall Meeting, San Francisco,2009.

[3] 刘春保. 美国国家 PNT 体系与 PNT 新技术发展[J]. 卫星应用,2016(4):34-39.

[4] 张凤国,张红波. 美国 PNT 体系结构研究方法[J]. 全球定位系统,2016,41(1):24-31.

[5] 杨元喜. 综合 PNT 体系及其关键技术[J]. 测绘学报,2016,45(5):505-510.

[6] 杨元喜. 弹性 PNT 基本框架[J]. 测绘学报,2018,47(7):5-10.

［7］杨元喜,李晓燕.微 PNT 与综合 PNT［J］.测绘学报,2017,46(10):1249-1254.

［8］尤政,马林.构建微型定位导航授时体系,改变 PNT 格局［J］.科技导报,2015,33(12):116-119.

［9］曹冲,景贵飞,苗前军.中国新时空服务体系概论［M］.北京:科学出版社,2015.

［10］訾兰.微 PNT 技术现状研究［J］.山东工业技术,2015(13):139.

［11］Navigation via Signals of Opportunity（NAVSOP）［EB/OL］.［2020-02-12］https://www.baesystems.com/en/product/navigation-via-signals-of-opportunity-navsop.

［12］李德仁,沈欣,李迪龙,等.论军民融合的卫星通信、遥感、导航一体天基信息实时服务系统［J］.武汉大学学报(信息科学版),2017,42(42):1505.

［13］宋丽君,薛连莉,董燕琴,等.全源定位与导航的发展与建议［J］.导航与控制,2017,16(6):27,102-108.

［14］杨长风.中国北斗导航系统综合定位导航授时体系发展构想［J］.中国科技产业,2018,348(6):34-37.

缩 略 语

1PPS	1 Pulse per Second	1 秒脉冲
3GPP	3rd Generation Partnership Project	第三代合作伙伴计划
A-GNSS	Assisted-GNSS	网络增强系统
AL	Alert Limit	告警门限
ANN	Artificial Neural Network	人工神经网络
AOA	Alert of Arrival	到达角度
ARMA	Autoregressive Moving Average	自回归滑动平均
ART	Adaptive Resonance Theory	自适应共振理论
ASPN	All Source Position and Navigation	全源定位导航
AT	Atomic Time	原子时
AV	Allan Variance	Allan 方差
BDS	BeiDou Navigation Satellite System	北斗卫星导航系统
BDT	BDS Time	北斗时
BIH	Bureau International de l'Heure	国际时间局
BN	Bayesian Networks	贝叶斯网络
BP	Back Propagation	后传
C-SCAN	Chip-Scale Combinatorial Atomic Navigation	芯片级组合原子导航仪
CAN	Controller Area Network	控制器局域网络
CCD	Charge Coupled Device	电荷耦合元件
CDMA	Code Division Multiple Access	码分多址
CEP	Circular Error Probability	圆概率误差
CGCS2000	China Geodetic Coordinate System 2000	2000 中国大地坐标系
CGI	Cell Global Identity	小区全球识别码
CI	Cell Identity	小区识别码
CID	Cell Identity	基站小区号
COO	Cell of Origin	起源蜂窝
CORS	Continuously Operating Reference Stations	连续运行参考站
CPHCH	Common Physical Channel	公共物理信道
CPT	Coherent-Population-Trapping	相干布局囚禁

CPU	Central Processing Unit	中央处理器
CSAC	Chip Scale Atomic Clock	芯片级原子钟
CSNC	China Satellite Navigation Conference	中国卫星导航学术年会
DARPA	Defense Advanced Research Projects Agency	美国国防高级研究计划局
DLL	Delay Locked Loop	延迟锁相环
DME	Distance Measure Equipment	距离测量设备
DOP	Dilution of Precision	精度衰减因子
DS	Dempster-Shafer Theory of Evidence	证据理论
E-CID	Enhanced Cell ID	增强小区身份识别号
ECEF	Earth Centered Earth Fixed	地心地固(坐标系)
EKF	Extended Kalman Filter	扩展卡尔曼滤波器
EM	Expectation Maximization	期望最大
EMIF	External Memory Interface	外部存储器接口
ENU	East North Up	东北天(坐标系)
eLoran	Enhanced Loran	增强型罗兰
GBAS	Ground Based Augmentation Systems	地基增强系统
GDOP	Geometry Dilution of Precision	几何精度衰减因子
GEO	Geostationary Earth Orbit	地球静止轨道
GIS	Geographic Information System	地理信息系统
GLONASS	Global Navigation Satellite System	全球卫星导航系统
GLONASST	GLONASS Time	GLONASS 时
GNSS	Global Navigation Satellite System	全球卫星导航系统
GNSST	GNSS Time	GNSS 时
GPS	Global Positioning System	全球定位系统
GPST	GPS Time	GPS 时
GPU	Graphic Processing Unit	图形处理器
GSM	Global System for Mobile Communication	全球移动通信系统
GST	Galileo System Time	Galileo 系统时
HMM	Hidden Markov Model	隐马尔科夫模型
I^2C	Inter-Integrated Circuit	集成电路总线
ICAO	International Civil Aviation Organization	国际民航组织
ICCP	Iterative Closest Contour Point	迭代最近轮廓点
ICP	Iterative Closest Point	迭代最近点
ID	Identity	身份识别号
IGS	International GNSS Service	国际 GNSS 服务

IGSO	Inclined Geosynchronous Orbit	倾斜地球同步轨道
IMM	Interacting Multiple Model	交互多模型
IMPACT	Integrated Micro Primary Atomic Clock Technology	集成化微型主原子钟技术
IMU	Inertial Measurement Unit	惯性测量单元
INS	Inertial Navigation System	惯性导航系统
INU	Inertial Navigation Unit	惯性导航单元
ION	Institute of Navigation	导航协会
ION ITM	The Institute of Navigation International Technical Meeting	导航协会国际技术会议
IPDL	Idle Period Downlink	下行空闲周期
IPIN	Indoor Positioning and Indoor Navigation	室内定位与室内导航会议
IR	Integrity Risk	完好性风险
ITMARS	Information Tethered Micro Automated Rotary Stages	信息控制的微型自主旋转平台
JDL	Joint Directors of Laboratories	实验室理事联合会
L-AII	Legacy-Accuracy Improvement Initiative	精度改进计划
LAC	Location Area Code	位置区代码
LAI	Location Area Identity	位置区识别码
LBS	Location Based Service	基于位置的服务
LMU	Location Measurement Unit	定位测量单元
LTE	Long Term Evolution	长期演进
LTE-A	LTE-Advanced	LTE 增强
MAC	Media Access Control	媒体接入控制
MCC	Mobile Country Code	移动网络国家代码
MEMS	Micro-Electro-Mechanical System	微机电系统
MEO	Medium Earth Orbit	中圆地球轨道
MIMO	Multiple-Input Multiple-Output	多输入多输出
MIMU	Micro Inertial Measurement Unit	微惯性测量单元
MINT	Micro Inertial Navigation Technology	微型惯性导航技术
Micro-PNT	Micro-Technology for Positioning, Navigation and Timing	微 PNT
MNC	Mobile Network Code	移动网络代码
MRIG	Micro Scale Rate Integrating Gyroscopes	微尺度速率积分陀螺
MST	Mean Solar Time	平太阳时
NASA	National Aeronautics and Space Administration	美国国家航空航天局
NAVSOP	Navigation via Signals of Opportunity	随机信号导航

NB	Naive Bayes	朴素贝叶斯
NED	North East Down	北东地（坐标系）
NGA	National Geospatial-Intelligence Agency	美国国家地理空间情报局
NGIMG	Navigation Grade Integrated Micro Gyroscope	导航级集成微陀螺
NGS	National Geodetic Survey	美国国家大地测量局
NIST	National Institute of Standards and Technology	美国国家标准与技术研究所
NMR	Nuclear Magnetic Resonance	核磁共振
NMRG	Nuclear Magnetic Resonance Gyroscope	核磁共振陀螺仪
NN	Neural Networks	神经网络
NSA	National Security Agency	美国国家安全局
NSSO	National Security Space Office	美国国家安全航天办公室
NTP	Network Time Protocol	网络时间协议
NTRIP	Networked Transport of RTCM via Internet Protocol	通过互联网进行 RTCM 网络传输的协议
NTSC	National Time Service Center	中国科学院国家授时中心
OTDOA	Observed Time Difference of Arrival	观测到达时间差
PALADIN&T	Platform for Acquisition, Logging, and Analysis of Devices for Inertial Navigation & Timing	惯性导觖和授时设备使用的数据采集、记录和分析平台
PASCAL	Primary and Secondary Calibration on Active Layer	活动层主从补偿校准
PCI	Peripheral Component Interconnect	外设部件互连（标准）
PDF	Probability Density Function	概率密度函数
PDR	Pedestrian Dead Reckoning	行人航位推算
PLL	Phase Locked Loop	锁相环
PNT	Positioning, Navigation and Timing	定位、导航与授时
PNTRC	Positioning-Navigation-Timing-Remotesensing-Communication	定位、导航、授时、遥感、通信一体
PNTS	Position Navigation and Timing System	定位导航授时体系
PNTU	Position Navigation and Timing Unit	定位导航授时单元
POI	Point of Interest	兴趣点
PPP	Precise Point Positioning	精密单点定位
PRN	Pseudo Random Noise	伪随机噪声
PRS	Positioning Reference Signaling	定位参考信号
PSD	Power Spectral Density	功率谱密度
PVT	Position, Velocity and Time	位置、速度和时间
PVTA	Position, Velocity, Time, Attitude	位置、速度、时间、姿态
RAIM	Receiver Autonomous Integrity Monitoring	接收机自主完好性监测

RDSS	Radio Determination Satellite Service	卫星无线电测定业务
RF	Radio Frequency	射频
RINEX	Receiver Independent Exchange Format	与接收机无关的交换格式
RMS	Root Mean Square	均方根
RMSE	Root Mean Square Error	均方根误差
RNSS	Radio Navigation Satellite Service	卫星无线电导航业务
RP	Reference Point	参考点
RSSI	Received Signal Strength Indication	接收信号强度
RTCM	Radio Technical Commission for Maritime services	海事无线电技术委员会
RTK	Real Time Kinematic	实时动态
RTT	Round-Trip Time	往返时间
SBAS	Satellite Based Augmentation Systems	星基增强系统
SINS	Strapdown Inertial Navigation System	捷联惯性导航系统
SIR	Sampling-Importance Resampling	二次采样算法
SIS	Sequential Importance Sampling	序列重要性采样
SMC	Sequential Monte-Carlo	序贯蒙特-卡罗
SNAS	Satellite Navigation Augmentation System	卫星导航增强系统
SPP	Standard Point Positioning	标准单点定位
ST	Sensor Time	传感器时
SVM	Support Vector Machine	支持向量机
TA	Timing Advance	提前发送量
TACAN	Tactical Air Navigation	塔康(战术空中导航)
TAI	International Atomic Time	国际原子时
TD-SCDMA	Time Division-Synchronous Code Division Multiple Access	时分同步码分多址
TDOA	Time Difference of Arrival	到达时间差
TIMU	Timing and Inertial Measurement Unit	时间和惯性测量单元
TOA	Time of Arrival	到达时间
TRMS	Time Real Root Mean Square Error	时间真均方根误差
TTA	Time to Alert	告警时间
UAV	Unmanned Aerial Vehicle	无人机
UKF	Unscented Kalman Filter	无迹卡尔曼滤波
UPINLBS	Ubiquitous Positioning, Indoor Navigation and Location-Based Service	定位、室内导航和基于位置的服务会议
USB	Universal Serial Bus	通用串行总线
USNO	United States Naval Observatory	美国海军天文台

UT	Unscented Transformation	无迹变换
	Universal Time	世界时
UTC	Coordinated Universal Time	协调世界时
VOR	Very High Frequency Omni Directional Range	甚高频全向信标
WAAS	Wide Area Augmentation System	广域增强系统
WCDMA	Wideband Code Division Multiple Access	宽带码分多址
WGS-84	World Geodetic System 1984	1984 世界大地坐标系
WLAN	Wireless Local Area Network	无线局域网
XNAV	X-Ray Navigation and Autonomous Positioning Verification	基于 X 射线源的自主导航定位验证计划